养羊手册

第 3 版

张英杰　主编

中国农业大学出版社
·北京·

图书在版编目(CIP)数据

养羊手册/张英杰主编.—3版.—北京:中国农业大学出版社,2014.7

ISBN 978-7-5655-1011-3

Ⅰ.①养… Ⅱ.①张… Ⅲ.①羊-饲养管理-手册 Ⅳ.①S826-62

中国版本图书馆 CIP 数据核字(2014)第 147910 号

书　名	养羊手册　第3版
作　者	张英杰　主编

策划编辑	赵　中	责任编辑	田树君
封面设计	郑　川	责任校对	王晓凤　陈　莹

出版发行　中国农业大学出版社

社　　址　北京市海淀区圆明园西路2号　　邮政编码　100193

电　　话　发行部 010-62818525,8625　　读者服务部 010-62732336

　　　　　编辑部 010-62732617,2618　　出　版　部 010-62733440

网　　址　http://www.cau.edu.cn/caup　　**e-mail**　cbsszs @ cau.edu.cn

经　　销　新华书店

印　　刷　北京鑫丰华彩印有限公司

版　　次　2014 年 7 月第 3 版　　2014 年 7 月第 1 次印刷

规　　格　850×1 168　　32 开本　　13.25 印张　　330 千字

定　　价　28.00 元

图书如有质量问题本社发行部负责调换

主　　编　　张英杰

副主编　　刘月琴　刘　洁　彭增起

编　　者　　郭云霞　刘锡胜　李　菲　赵克强
　　　　　　赵金华　孙世臣　张玉成　赵香胜

前　言

由于养羊成本低，见效快，且羊不易生病，容易饲养，不少地区已通过发展养羊业而脱贫致富奔小康，在一定程度上带动了毛纺工业、制毯业、制革和制裘、肉食、肠衣及乳品加工业的发展，丰富了人们的物质生活，促进了市场经济的发展。

目前，全国养羊业发展迅速，人们养羊积极性很高。但很多地方的饲养场（户）还缺乏养羊科学饲养管理技术，生产效率较低。为了普及科学养羊知识，改变传统落后的养羊方式和方法，提高群众科学养羊技术水平，加快我国养羊业发展的步伐，我们在原《养羊手册》第2版编写的基础上，结合自己近几年的工作实践和当前养羊业生产实际需要，对原内容进行了修改和补充，编写此书。

本书着重介绍了羊的品种及引种、繁育、营养与饲料、饲养管理、羊舍建设与设备、羊产品及其加工和疾病防治等技术。在内容上密切结合我国当前养羊生产实际，并收集、汇总了近年来一些国内外养羊的先进技术、科研成果和经验，具有实用性和先进性，适合专业技术人员和广大养羊场（户）及基层畜牧兽医工作者参考、应用。

因作者水平有限，书中缺点和不足之处敬请读者批评指正。

编　者
2014 年 3 月

目　录

第一章　概　　况

第一节　发展养羊业的意义

我国是养羊历史悠久的国家,已有八千多年的历史,随着人类生产的发展,养羊业已成为一项重要的产业。在牧区,羊是牲畜中饲养数量最多的畜种,不仅是牧民重要的生产资料,羊产品也是他们主要的生活资料之一。山区农民素有养羊习惯,在半农半牧区和农区,羊的饲养量近年来逐年增加,发展很快。羊的产品羊毛、山羊绒、羊肉、羊皮、羊奶等都是高价值的商品,粪尿是优质肥料。在广大农村、牧区和老、少、边、穷地区,可以利用草场、荒山以及河边、田间地边养羊,是农民脱贫致富的一项重要产业。

养羊业在我国国民经济和人民生活中具有如下重要意义。

一、提供工业原料

羊毛、羊绒是毛纺工业的主要原料,可以制成绒线、毛毯、呢绒、工业用呢、工业用毡,还可以加工成精纺毛料及羊毛和羊绒衫、裤。毛纺品美观耐用,保温力强,具有其他纺织品所不及的优点,而羊绒制品更是以其轻、薄、暖等优点备受消费者欢迎。羊皮是制革工业的重要原料,可以制成皮革服装、皮帽、皮鞋、箱包。羊肉、羊奶是食品加工业不可缺少的原料,可以加工成各种烧烤、腌腊、熏制、罐头食品以及奶酪、奶粉、炼乳等。羊肠衣可以灌制香肠、腊肠,加工成琴弦、网球拍、医用缝合线。羊毛、羊肉、羊奶、羊皮、肠衣等是毛纺工业、食品工业、制革工业、医药、化工等方面不可缺少的重要原料,养羊业的发展直接关系到这些部门。此外,养羊业与轻工业、造纸、轮胎和国防业也有密切关系。

二、改善人民生活

养羊能增加农牧民的经济收入,改善生活状况。羊肉营养价值高,风味独特,是少数民族、广大牧民、山区人民喜爱的食品。在城镇羊肉的消费量也很大,并以其涮、烤、煎、炸等多种吃法,深受消费者喜爱。羊毛、羊绒织品美观大方、穿着舒适、保暖性好,人们以穿羊毛、羊绒衣物作为高档时尚的表现。皮板加工成的皮革衣物,轻薄柔软、结实耐穿,极受人们欢迎,羔皮和裘皮服装是冬季御寒和装饰用佳品。羊奶营养丰富,容易消化吸收,是婴幼儿及老年人的理想食品。

随着国民经济的发展,人民生活水平的日益提高,对羊产品的需求越来越高,而市场的需求激发了养羊业的发展、养羊数量的增加及质量提高,这样一方面使养羊户的收入增加;另一方面又为广大城乡人民提供了更多更好的产品,从而进一步改善人民生活。

三、提供出口物资,换取外汇

我国的羊毛、山羊绒、羊皮、羊肠衣等产品,是传统的出口物资,在对外贸易上占有一定地位。地毯远销美国、日本及欧洲各国,在国际市场上享有很高的声誉。山羊板皮、青猾子皮、湖羊羔皮、滩羊二毛皮等亦受国际市场的欢迎。特别应该强调的是,我国的山羊绒细软洁白,手感滑爽,质地优良,深受各国欢迎,我国每年出口的分梳净绒及羊绒织品占国际贸易量的一半,是重要的出口创汇产品。

近年来,随着我国工业加工水平的提高,羊的产品出口已不仅限于提供原料,经过深加工后的高档纺织品、服装、皮革制品等也已远销国外,从而大大提高了养羊产品的价值,其兑换汇率也进一步提高。

四、为农田提供优质肥料

羊粪尿是各种家畜粪尿中肥力最浓的,含有丰富的氮、磷、钾元素,可以增高地温,改善土壤团粒结构,防止板结,特别是对改良盐碱土和黏土,提高肥力都有显著效果。

长期以来,广大劳动人民积累和创造了许多养羊积肥的经验。据测定,一只羊全年可排粪 750～1 000 千克,含氮量 8～9 千克,相当于 35～40 千克硫酸铵的肥效,可施 1.0～1.5 亩地。多养羊可以积肥,多施肥是增加农作物产量的重要措施之一。在牧区,还将羊粪作燃料,是供作牧民生活能源的重要来源之一。当然,积肥只是养羊业的副产品,不是养羊业的目的,发展养羊业主要是要提高毛、绒、肉、奶、皮等的产量和品质。

五、繁荣产区经济,增加养羊户收入

随着国家各项农村经济政策的贯彻落实,我国的养羊业生产已从集体经营为主转变为以家庭经营为主,这对调动城乡广大养羊户的生产积极性,推动养羊业生产的发展创造了有利条件。特别是近年来,随着农业产业结构的调整和市场发展的需要,在全国广大农村牧区,掀起了发展养羊业的热潮,取得了初步成果和明显的经济效益,对增加养羊户收入、繁荣产区经济起到了积极作用。

第二节　我国养羊业现状与发展方向

一、我国养羊业生产现状

我国养羊历史悠久,早在夏商时代就有养羊文字记载。特别是近 20 年来,我国养羊业发展迅速,已跨入世界生产大国行列。

目前,中国绵羊、山羊的饲养量、出栏量、羊肉产量、生绵、山羊皮产量、山羊绒产量均居世界第 1 位。

据 2012 年统计,我国绵、山羊存栏 2.8 亿只(其中:绵羊 1.39亿只,山羊 1.41 亿只),绵羊毛产量 36 万吨,山羊绒产量 1.8 万吨,羊肉产量 390 万吨,出栏羊胴体重平均 15 千克。

我国列入《中国羊品种志》及各省《畜禽品种志》的地方绵羊、山羊品种达 80 多个。此外,先后引入国外毛用、肉用、羔皮用、奶用的绵、山羊种 20 多个,提高了我国绵、山羊的生产性能,丰富了绵、山羊品种资源,有力地促进了我国养羊生产的发展,使养羊生产水平得到显著提高。

养羊业快速发展的同时,我国种羊场的建设也取得了长足发展,且布局日趋完善。目前,我国已建设了一定规模的种羊场近1 000 个,他们担负着我国良种羊的繁育和供种工作,每年可提供种羊 40 多万只,为我国良种繁育体系建设和养羊业生产的发展起到了重要的推动作用。目前羊的良种覆盖率及良种的供应能力已逐渐提高。

我国细毛羊生产主要集中在新疆、内蒙古、青海、甘肃牧区和东北部分地区,生产主要仍以天然草场放牧辅以补饲的方式进行。肉羊生产在牧区、农区和半农半牧区均有饲养,同时,我国羊肉生产体现出如下新的特点。

第一,主要生产区域从牧区转向农区。1980 年,排在羊肉产量前 5 位的是新疆、内蒙古、西藏、青海和甘肃 5 大牧区省份,其羊肉产量占到全国的 49%,2012 年已下降到 30%。目前,除新疆和内蒙古的羊肉产量在国内仍位居前列以外,山东、河南、河北、四川、江苏、安徽等几大农区省份的羊肉生产均已大大超过了其他几个牧区省份,上述 6 省的羊肉产量占全国的比重已从 1980 年的35%上升到了 2012 年的 55%。

第二,养殖方式逐步由放牧转变为舍饲和半舍饲。以往我国传统牧区养羊主要是以草原放牧为主,很少进行补饲和后期精饲料育肥。这种饲养方式的优点是生产成本低廉,但随着草地载畜量的逐年增加,很容易对草地资源造成破坏,同时,这种饲养方式周期较长,肉质较粗糙,且肌间脂肪沉积量较少,口感较差,要求的烹制时间较长,经济效益也较差。目前在部分条件较好的农区,对肉羊进行后期育肥或全程育肥的饲养方式越来越普遍,舍饲既是发展优质高档羊肉的有效措施,也是保护草原生态环境,加快肉羊业发展的重要途径。

第三,千家万户分散饲养正在向相对集中方向转变。目前,我国羊肉生产中千家万户的分散饲养仍然是主要的饲养方式。在农村特别是在中原和东北,羊的饲养规模已经出现了逐步增大的趋势,饲养规模在百头以上的养殖大户和养殖小区的数量也有了较大幅度的增加。

二、当前我国养羊业存在的问题

(一)传统的饲养习惯和千家万户的分散饲养制约着养羊生产水平的提高

目前,在我国的农村牧区,绵、山羊基本上实行千家万户分散饲养。在农区由于农业产业结构调整,广大农户发展养羊业的积极性空前高涨,种草养羊、舍饲养羊、科学养羊在我国农村正在兴起,发展势头强劲。但是,存在品种的良种化水平不高、畜舍简陋、设备落后、饲养管理粗放、农牧户科技文化素质低、市场观念差、科学技术普及推广困难等问题。在牧区,养羊主要作为牧民谋生的一项重要产业,饲养规模一般较农区大,对主要生产环节的组织和羊群的饲养管理比较重视,但由于生态经济条件的制约,饲养管理和经营比较粗放,不少地区至今仍未摆脱靠天养畜的局面。这种分散经营和粗放管理方式,在市场经济迅速发展的今天,不能充分有效地利用当地资源;不能目标明确地批量生产适销对路的产品;

不能有效地进入市场和参与市场竞争;不利于采用先进实用的综合配套技术,提高产品的产量和质量;不利于抗御自然或人为灾害,严重制约养羊业的进一步发展。

(二)绵、山羊品种良种化程度低,生产力水平不高

尽管我国在引入国外优良品种、开展杂交改良,培育生产力高的绵、山羊品种方面,以及在选育提高地方品种方面,做了大量的工作,取得了显著成效。但时至今日,我国绵、山羊良种化程度依然不高,仅占全国绵羊总数的 38%;而在山羊业中,良种化程度则更低,这就大大影响了我国养羊业的总体生产水平和产品质量的提高,使我国养羊业水平与发达国家相比差距较大。生产水平高的专门化肉羊品种只是近几年少量从国外引进,杂交利用也仅限于小范围的试验阶段,羊肉生产仍以地方品种或细毛杂种羊为主。细毛羊及半细毛羊的良种普及率也较低。在养羊业发达的国家,基本上实现了品种良种化、天然草场改良化和围栏化,以及饲料生产工厂化、产业化,主要生产环节机械化,并广泛利用牧羊犬,同时,电子商务技术得到了广泛应用,整个养羊业生产水平和劳动生产率提高。

(三)草场严重退化,单位面积畜产品产值很低

一方面,草原面积被大量的开垦种田和乱挖矿藏及药材,遭到严重毁坏;另一方面,有些地方牲畜头数不断地无计划地猛增,造成草地过度放牧,致使各类天然草原产草量下降。我国北方天然草原因自然条件限制,豆科牧草比例偏低,蛋白质饲料严重缺乏。

我国的天然草地资源辽阔,天然草场和草山草坡仍然是我国饲养绵、山羊的主要放牧地。天然草场的兴衰,直接影响着绵羊、山羊的营养状况、生长发育、繁殖力和生产性能。然而,多年来,许多地区单纯盲目地发展牲畜数量,掠夺式地利用天然草原,对草原重用轻养,放牧过度,长期超载,加上滥垦、乱挖和鼠、虫害的严重破坏,草原沙化严重。

(四)羊毛、羊绒生产形势严峻

我国绵羊业虽然经历了 50 年的品种改良,草场基地建设和新品种的不断培育成功(细毛、半细毛羊品种近 20 个),使毛用羊数量、质量得到发展提高,但生产方式落后,优质细毛羊数量和细羊毛产量增长缓慢,个体产毛量及羊毛综合品质等方面与澳洲美利奴羊之间差距较大;细羊毛的数量、质量远远不能满足国内毛纺工业的需求,造成羊毛进口量年年增长,也造成国产羊毛的积压;又由于饲养毛用羊成本高、效益低,挫伤了农牧民养羊积极性;毛用羊新品种培育与选育提高不能持之以恒,致使已经育成的品种退化、混杂现象严重,削弱了产品在国内及国际市场上的竞争力。

随着人们生活水平的提高,国内外市场对山羊绒制品的需求量与日俱增。近 30 年来,我国绒山羊品种由辽宁绒山羊和内蒙古绒山羊发展到近 10 个品种,饲养绒山羊的省(区)数量也大大增加,但良种及改良绒山羊的比例较低,从全国看不足 50%(内蒙古也仅为 68%),特别是优质绒山羊,仅在 25% 左右;绒山羊个体平均产量低而且差异较大(0.17~1.50 千克),羊绒综合品质也不理想,近年来有羊绒变粗的趋势;优质高产绒山羊种羊缺乏,又由于绒山羊比绵羊更耐粗饲,它所处的饲养环境较恶劣,相对加剧了草原的退化、沙化,致使绒山羊的发展受到自然环境与生态的制约,可持续发展受到较大限制;还有绒山羊作为我国独特的稀有的优良品种资源,但在科研、品种选育等方面的投入不足,影响其生产性能提高及开发利用。

三、我国养羊业发展的重点和策略

目前,我国养羊生产中生产方式和经营方式落后,生产效率低。必须用现代科学技术和商品经济观点来指导和研究我国养羊生产。要改变已经过时的传统生产方式和经营方式,建立适合我国国情的比较先进的养羊生产体系。

(一)加快发展肉羊和肉毛兼用羊

近年来,由于国际市场对羊肉需求量的增加和羊肉价格的提高,使得羊肉产量持续增长。顺应日益增长的国际市场需求,很多国家的绵羊业生产方向已由过去的单纯的毛用改为肉毛兼用或完全肉用。在我国多数地区的生态经济条件下,应当借鉴国外的经验,适应世界养羊业的发展趋势和国外市场对羊肉日益增长的要求,大力发展我国的肉用羊或肉毛兼用羊。发展措施和方法:引用国内外优良的肉羊品种公羊(绵、山羊)与当地绵羊和山羊进行经济杂交或轮回杂交,利用杂种优势生产肉羊,特别是肉用肥羔;应利用羔羊生长发育快和饲料报酬高的特点,积极推广羔羊当年出栏,还要配合羔羊育肥技术,使当年羔羊达到理想的屠宰水平。在大面积杂交的基础上,在生态经济条件和生产技术条件比较好的地区和单位,通过有目的、有计划地选育,培育出适应我国不同地区生态条件的若干个各具特色的早熟、高产、多胎和抗逆的专门化肉羊新品种。

(二)提高现有细毛羊的净毛产量和品质,突出发展超细型绵羊

我国的细毛羊改良工作,主要从 20 世纪 30 年代开始,80 多年来,取得了显著成绩。20 世纪 50～60 年代先后培育出新疆细毛羊、内蒙古细毛羊、东北细毛羊等诸多品种。1972 年在农业部的统一领导下,新疆、内蒙古、黑龙江、吉林等省区相继开展了引进澳、美公羊培育我国新型细毛羊的工作,到 1986 年我国正式命名中国美利奴羊品种,包括新疆型、新疆军垦型、科尔沁型和吉林型。中国美利奴羊育成后各地继续进行选育提高,经过 10 多年努力,又先后培育出细毛型、无角型、多胎型、强毛型、毛密品系、体大品系、毛质好品系、U 品系等一系列新类型和新品系,极大地丰富了品种的基因库。由于我国绵羊数量主要以产毛量低的地方品种居多,细毛羊、半细毛羊及其改良羊数量较少,超细毛羊又刚起步,且在我国育成的细毛羊、半细毛羊新品种中,只有中国美利奴羊的产毛量、羊毛质量接近或达到世界先进水平,其他育成的品种羊其生产水平与世界先进水平差距较大。我国绵羊个体的平均原毛产量只有2.20千克,净毛产量只有1.15千克,远低于世界养羊业发达的澳大利亚和新西兰,还达不到世界平均水平。因此,应当继续从澳大利亚引入优良的澳洲美利奴种公羊,利用引进的澳洲美利奴超细型优秀种羊和集中国内现有的超细型优秀种羊,按照不同类型的选育目标和现有基础羊群特点,通过品系繁育和开放式合作育种体系,培育出中国美利奴羊超细和细毛新类型。在新疆、内蒙古、黑龙江、吉林等地,择优选择种羊场和繁育场,建立我国优质细毛羊育种核心群体及优质细羊毛生产基地,形成细毛羊改良区和优质细羊毛生产区。同时,逐步建立以提高羊毛商业价值为宗旨的羊毛现代化管理体系,完善剪毛分级房、剪毛机械、分级台、打包机等基础设施,推广澳式剪毛、新法分级、客观检验、公开拍卖等与国际接轨的技术措施,使国产羊毛的质量标准、检验标准接近并达到WTO和SAA标准,以适应我国加入WTO后的羊毛市场交易。

(三)不断选育和提高我国的绒山羊

中国绒山羊的数量、品种、产绒量及羊绒品质,在世界上首屈一指。可以自豪地说,中国的绒山羊,特别是内蒙古白绒山羊、辽宁绒山羊,是我国甚至世界绒山羊业中两颗璀璨的明珠,是我们国家的"国宝",应当采取一切措施,不断提高这些品种的产绒量和羊绒品质,以确保它在国际上无与伦比的地位。但是,我国的绒山羊分布地域辽阔,产区生态环境除少数地区外比较严酷,生态经济条件和饲养管理水平比较差,在全国范围内,不同的绒山羊品种、不同个体的生长发育和生产性能差异很大。因此,在生态经济条件适宜发展绒山羊的地区,应当有计划地采取积极有效的措施,以草定畜,控制数量,提高质量,以本品种选育为主,必要时可导入其他高产优质绒山羊品种的基因,努力提高本地绒山羊的产绒量和羊绒品质。

(四)大力发展规模化、集约化和标准化养羊

当前,我国养羊业的饲养管理和经营方式,主要以千家万户分散饲养为主,这样的饲养和经营方式,与现阶段我国市场经济的发展不相适应,因此,改变落后的生产方式,积极发展专业化、规模化、集约化和标准化养羊,突出重点,发挥优势,增强产品在国内外市场上的竞争能力,确保我国养羊业的持续发展。在条件较好的农村牧区,在千家万户分散饲养的基础上,积极引导和支持农牧户走专业化、规模化、集约化、标准化发展养羊业,特别是走集约化、标准化发展肉羊业的道路,生产无害化产品,实现小生产与大市场接轨。养羊业的规模化、集约化、标准化是一个渐进的发展过程,不可一蹴而就,各地要在不断摸索经验中稳妥地推进。在整个进程中,要紧紧抓住基地、龙头、流通等关键环节,积极探索和建设规模化、集约化、标准化的运行机制。在建设规模化生产基地的同时,要扶持发展规模大、水平高、产品新的龙头企业,并采取股份合作制等形式,引导龙头企业和农牧户建立起利益共享、风险共担的利益共同体。同时,要鼓励和支持各类中介服务组织,充分发挥其引导生产、连接市场的纽带作用。

(五)建立健全良种繁育体系

有了良好的羊种,但没有完整的良种繁育体系,同样不能适应现代养羊生产的需要。目前我国虽然在肉羊生产试点上已取得一定进展,但对全国肉羊生产来讲,肉羊的良种繁育体系尚未形成,因此,今后我们工作的重点仍应放在良种繁育体系的建设上。根

据我国现阶段肉羊生产现状和联合育种技术的需要,良种繁育体系应重点抓好原种场、种羊繁育场的建设,并结合杂交改良,积极推广羊人工授精技术,加快羊人工授精网站的建设,大力推广优秀种公羊的使用面。同时要与肉羊生产基地结合,真正做到有试点、有示范、有推广面,点面结合的肉羊生产商品基地。

(六)科学规划,合理布局

为了养羊业的正常健康发展和可持续发展,应从长远利益出发,加强我国养羊业的科学区划和合理布局。从我国目前的羊肉生产情况看,羊肉生产量较大的一是农区,主要集中在黄淮海及中原一带;二是牧区,主要是新疆、内蒙古等省(区)。前一类地区的绵、山羊数量基本各占一半,而后一类地区主要以绵羊为主,而且是我国细羊毛的主要生产基地。因此,在肉羊业发展上,一要抓好农区,利用农区自然条件好,饲料资源丰富,质量好等方面的优势,结合当前农业产业结构的调整,大力发展肉羊产业;二是在牧区要稳妥发展肉羊,可开展牧区繁育,农区肥育,农牧区联合开展肉羊生产;三是利用退耕还林(草)的机遇,在农牧交错地带发展肉羊产业。

(七)积极开展饲草、饲料的加工调制

无论羔羊繁殖和育肥,均需有充足的饲草饲料来源,要保证肥羔生产尤其需要有符合羔羊快速生长的优良草料。传统的养羊方式在放牧条件下,绵羊、山羊的饲草来源主要是天然草地、草山草坡中的自然植被,很少使用农副产品和精饲料补喂。根据羊的生物学特性及现代化肉羊生产的需要,首先要对天然草地进行人工改良,或种植人工牧草,在耕作制度和农业产业结构调整中实行三元结构,在青绿饲料丰富时重点放牧加补饲,在枯草期则可完全舍饲喂养加运动。为此,应加大秸秆类粗饲料的利用,研制秸秆类粗饲料的优良添加剂,使羊在枯草期能保证足够营养。

第三节　世界养羊业现状与发展趋势

一、世界养羊业现状

全世界羊存栏 19 亿只,其中绵羊 10.5 亿只,山羊 8.5 亿只。据联合国粮农组织(FAO)资料,1961 年至 1991 年的 30 年中,全世界绵羊净增 18.5％,山羊净增 59.9％,原毛净增 19.8％,羊肉净增 48.3％。从 1989 年到 1999 年 10 年间,全世界羊毛产量减少 0.09％,而羊肉产量却增长了 10.6％。从 2000 年到 2010 年 10 年间,羊毛产量减少 11％,羊肉产量增长了 20％。山羊发展快于绵羊,羊肉增长高于羊毛。这是 40 多年来养羊生产的显著特点和发展的基本定势。

近年来,全球市场羊肉需求量一直保持了持续上升的态势。据联合国粮农组织统计,1969—1970 年,全世界生产羊肉 727.2 万吨,1985 年增加到 854.7 万吨,1990 年达 941.7 万吨,2000 年增加到 1 127.65 万吨,2012 年达到 1 360 万吨。全世界人均年消费羊肉近 2 千克。顺应日益增长的国际市场需求,英国、法国、美国、新西兰等养羊大国现今的养羊业主体已变为肉用羊的生产,历来以产毛为主的澳大利亚、阿根廷等国,其肉羊生产也居重要地位。

二、世界养羊业发展趋势

(一)细毛羊向细型细毛羊、超细型细毛羊转化

20 世纪 20—50 年代,世界绵羊业以产毛为主,着重生产 60～64 支纱的细毛。进入 60 年代,由于合成纤维产量迅速增长和毛纺工艺技术的提高,在世界养羊生产中,羊毛尤其细羊毛 60～64 支纱的需求量下降,使单纯的毛用养羊业受到了冲击,羊毛产量和

销售一直徘徊不前。近10年来,世界羊毛品质方面出现了划时代的重大变革,主要表现在羊毛细度上,如澳大利亚近10年羊毛减产,但减产的羊毛几乎全是较粗的细羊毛,很细的细羊毛,非但没有减少,反而大幅度增产。20世纪90年代以来,随着毛纺织品朝着轻薄、柔软、挺括、高档方向发展,对66支纱以上的高支羊毛的需求剧增,价格也远远高于一般羊毛。市场需求的变化促使细毛羊业朝着超细类型发展。

(二)绵羊逐渐由毛用、毛肉兼用转向肉毛兼用或肉用

19世纪50年代以后,随着对羊肉需求量增长,羊肉价格的提高,单纯生产羊毛,而忽视羊肉的生产,经济上是不合算的,因而绵羊的发展方向逐渐由毛用、毛肉兼用,转向肉毛兼用或肉用,并由生产成年羊肉转向生产羔羊肉。羔羊生后最初几个月生长快、饲料报酬高,生产羔羊肉的成本较低,同时羔羊肉具有精肉多,脂肪少、鲜嫩、多汁、易消化、膻味轻等优点,备受国内、国际市场欢迎。在美国、英国每年上市的羊肉中90%以上是羔羊肉,在新西兰、澳大利亚和法国,羔羊肉的产量占羊肉产量的70%。欧美、中东各国羔羊肉的需求量很大,仅中东地区每年就进口活羊1 500万只以上。一些养羊比较发达的国家都开始进行肥羔生产,并已发展到专业化生产程度。

(三)饲养方式发生变化

由于育种、畜牧机械、草原改良及配合饲料工业等方面的技术进步,养羊饲养方式由过去靠天养畜的粗放经营逐渐被集约化经营生产所取代,实现了品种改良,采用围栏,划区轮牧,建立人工草地,许多生产环节都使用机械操作,从而大大提高了劳动生产率。中东一些国家或地区在发展养羊产业中,从肉用专用品种培育、经济杂交优势、现代化羊肉生产加工及改良天然草场、建立人工草地等方面具有成功的经验和模式。

第二章 羊的品种及引种技术

第一节 我国绵羊的主要品种

一、新疆细毛羊

新疆细毛羊育成于新疆伊犁巩乃斯种羊场,是我国培育的第一个毛肉兼用细毛羊品种。它具有适应性强、耐粗饲、产毛多、毛质好、体格大、繁殖力高、遗传稳定等优点。

外貌特征:新疆细毛羊具有一般毛肉兼用细毛羊的特征,躯体结构良好,体质健壮,骨骼结实。头较宽长,公羊有螺旋形大角,母羊无角,颈下有 1～2 个皱褶,鬐甲和十字部较高,四肢强健,高大端正,蹄质致密结实。

生产性能:新疆细毛羊剪毛后的周岁公羊平均体重为 45.0 千克,母羊 37.6 千克;成年公羊为 93.0 千克,母羊 46.0 千克。周岁公羊平均剪毛量为 5.4 千克,母羊为 5.0 千克;成年公羊为 12.2 千克,母羊为 5.5 千克。平均净毛量,周岁公、母羊为 2.8 和 2.6 千克;成年公、母羊为 6.1 和 3.0 千克。平均净毛率,周岁公、母羊为 50.9％和 51.1％;成年公、母羊为 49.8％和 54.0％。平均羊毛长度,周岁公、母羊为 8.9 厘米;成年公、母羊为 10.9 和 8.8 厘米。羊毛细度在 58～70 支之间,以 64 支和 60 支为主。母羊的平均产羔率为 135％左右。成年羯羊平均屠宰率为 49.5％,平均净肉率为 40.8％。

二、东北细毛羊

东北细毛羊是东北三省经多年努力育成的毛肉兼用细毛羊品种，主要分布在辽宁、吉林、黑龙江三省的中部和西部的农区和半农半牧区。

外貌特征：东北细毛羊的体质结实，结构匀称。头形正常，公羊鼻梁稍隆起，有螺旋形角，颈部有 1～2 个完全或不完全的横皱褶；母羊鼻梁平直，无角，颈部有发达的纵皱褶。皮肤适当宽松，体躯无皱褶。毛被白色，毛丛结构良好，呈闭合型。毛被密度良好。羊毛弯曲正常，细度均匀，油汗适中，多为乳白色或淡黄色。腹毛呈毛丛结构。羊毛覆盖头部至两眼连线，前肢达腕关节，后肢达飞节。胸宽深，背腰平直，四肢端正。

生产性能：育成公、母羊平均体重为 42.95 和 37.81 千克，成年公、母羊为 83.66 和 45.36 千克。种公羊平均剪毛量为 13.44 千克，成年母羊为 6.10 千克；14～16 月龄公、母羊分别为 7.15 和 6.58 千克。种公羊被毛平均长度为 9.33 厘米，成年母羊为 7.37 厘米；14～16 月龄公、母羊分别为 9.53 和 9.54 厘米。细度以 60 支和 64 支为主，净毛率为 35.0%～40.0%。64 支纱羊毛强度为 7.24 克，伸度为 36.9%；60 支羊毛相应为 8.24 克和 40.5%。油汗颜色：白色占 10.19%，乳白色占 23.80%，淡黄色占 55.13%，黄油汗色占 10.88%。成年公羊屠宰率为 43.64%，净肉率为 34.00%；成年母羊相应为 52.40% 和 40.78%，初产母羊的产羔率为 111%，经产母羊为 125%。

三、内蒙古细毛羊

内蒙古细毛羊是经过 20 多年的精心培育，于 1976 年 8 月育成于内蒙古自治区锡林郭勒盟的典型草原地带，主要分布于正蓝、大仆寺、多伦、镶黄、西乌等旗（县）。

外貌特征：内蒙古细毛羊的体质结实，结构匀称，公羊有 1～2 个完全或不完全的横皱褶，母羊有发达的纵皱褶。头形正常，颈长短适中，体躯长宽而深，背腰平直，四肢端正。公羊有发达的螺旋形角，母羊无角或有小角。毛被闭合性良好，细度 60～64 支，油汗为白色或浅黄色，油汗高度占毛丛的 1/2 以上。细毛着生头部至眼线，前肢至腕关节，后肢至飞节。

生产性能：育成公、母羊平均体重为 41.2 和 35.4 千克，成年公、母羊为 91.4 和 45.9 千克。育成公、母羊平均剪毛量为 5.4 和 4.7 千克，成年公、母羊为 11.0 和 5.5 千克。成年公、母羊平均羊毛长度为 8～9 厘米和 7.2 厘米。细度 64 支的净毛率为 36%～45%。1.5 岁羯羊屠宰前平均体重为 49.98 千克，屠宰率为 44.9%。经产母羊的产羔率为 110%～123%。

四、中国美利奴羊

中国美利奴羊是经 10 多年的培育，在新疆的巩乃斯种羊场和紫泥泉种山羊场、内蒙古的嘎达苏种畜场、吉林的查干花种羊场育成的。1985 年 12 月经鉴定验收正式命名。

外貌特征：中国美利奴羊体质结实，体型呈长方形。公羊有螺旋形角，母羊无角，公羊颈部有 1～2 个横皱褶或发达的纵皱褶，无论公、母羊躯干部均无明显的皱褶。被毛呈毛丛结构，闭合良好，密度大，全身被毛有明显的大、中弯曲，油汗白色和乳白色，含量适中，分布均匀。各部位毛丛长度与细度均匀，前肢着生至腕关节，后肢到飞节，腹部毛着生良好，呈毛丛结构。

生产性能：据嘎达苏种畜场 1985 年测定，种公羊剪毛后体重 91.8 千克，剪毛量 17.37 千克，净毛率 56.7%，净毛量 9.87 千克，毛长 12.4 厘米。一般成年母羊剪毛后体重为 42.9 千克，净毛率为 60.84%，毛长 10.2 厘米。

哲盟嘎达苏种畜场 1990 年测定:2.5 岁、3.5 岁、3.5～4.5 岁的中国美利奴羊屠宰胴体重分别为 18.52 千克、22.12 千克、22.24 千克,净肉重分别为 15.15 千克、18.95 千克、18.99 千克,屠宰率分别为 43.43%、44.37%、43.93%,净肉率分别为 35.50%、38.01%、37.51%,骨肉比分别为 1:4.50、1:5.98、1:5.82。

五、青海高原半细毛羊

青海高原半细毛羊是经过 20 多年的育种工作,培育出的毛肉兼用半细毛羊品种,主要育种基地分布在海南藏族自治州、海北藏族自治州和海西内蒙古族、藏族、哈萨克族自治州的省英德尔种羊场、省河卡种羊场、海晏县、乌兰县巴音乡、都兰县巴隆乡和格尔木市乌图美仁乡察汉乌苏牧业社。

外貌特征:青海高原半细毛羊分为罗茨新藏和茨新藏 2 个类型。相对而言,前者头稍宽短,体躯粗深,四肢稍矮,蹄壳多为黑色或黑白相间,公、母羊都无角;后者体型近似茨盖羊,体躯较长,四肢较高,蹄壳多为乳白色或乳白相间,公羊多有螺旋角,母羊无角或有小角。

生产性能:6 月上旬剪毛后周岁公、母羊体重为 44.43～55.66 千克和 23.98～35.22 千克;成年公、母羊为 64.08～85.57 千克和 35.26～46.09 千克。成年公、母羊平均剪毛量为 5.98 和 3.10 千克,幼年公、母羊为 4.36 和 2.63 千克。体侧平均净毛率为 61%。成年公、母羊平均毛密度分别为 2 286 和 2 261 根/米^2,毛的细度为 48～58 支。成年公、母羊平均毛长分别为 11.72 和 10.01 厘米,羊毛弯曲呈明显或不明显的波状弯曲。油汗多为白色或乳白色。青海高原半细毛羊 6 月龄幼年羯羊屠宰率为 42.71%,2.5～3.5 岁成年羯羊平均屠宰率为 48.69%,繁殖成活率 65%～75%。公、母羊一般都在 1.5 岁时第 1 次配种,多产单羔。

六、东北半细毛羊(东北中细毛羊)

东北半细毛羊分布在东北三省的东部地区,是以考力代公羊为父本,与当地蒙古羊及杂种改良羊杂交培育而成的。

外貌特征:公、母羊均无角,头较小,颈短粗,体躯无皱褶,头部被毛着生至两眼连线,体躯呈圆桶状,后躯丰满,四肢粗壮。被毛白色,密度中等,匀度好,腹毛呈毛丛结构。羊毛有大弯,油汗适中,呈白色。

生产性能:成年公羊平均体重 62.07 千克,平均剪毛量 5.96 千克,毛长 9 厘米以上者占 84.3%,羊毛细度 56～58 支者占 91.97%,成年母羊平均体重 44.38 千克,平均剪毛量 4.07 千克,毛长 9 厘米以上者占 52.93%,羊毛细度 56～58 支者占 85.04%。平均净毛率为 50%。母羊产羔率为 105.64%。

七、蒙古羊

蒙古羊为我国三大粗毛羊之一,是中国分布最广的一个绵羊品种,除内蒙古自治区外,东北、华北、西北均有分布。

外貌特征:蒙古羊由于分布地区辽阔,各地自然条件、饲养管理水平和选育方向不一致,因此体型外貌有一定差异。外形上一般表现为头狭长,鼻梁隆起。公羊多数有角,为螺旋形,角尖向外伸,母羊多无角。耳大下垂,短脂尾,呈圆形,尾尖弯曲呈"S"形,体躯被毛多为白色,头颈与四肢则多有黑或褐色斑块。毛被呈毛辫结构。

生产性能:成年公羊体重 45～65 千克,剪毛量 1～2 千克;成年母羊体重 35～55 千克,剪毛量 0.8～1.5 千克,屠宰率 40%～54%。成年公羊剪毛量 1.5～2.2 千克,成年母羊 1.0～1.8 千克,产羔率 100%～105%,一般 1 胎 1 羔。

八、西藏羊

西藏羊原产于西藏高原,分布于西藏、青海、四川北部以及云南、贵州等地的山岳地带。西藏羊分布面积大,由于各地海拔、水热条件的差异,因而形成了一些各具特点的自然类群。依其生态环境、结合其生产、经济特点,西藏羊主要分为高原型(或草地型)和山谷型两大类。

体形外貌:高原型(草地型)体质结实,体格高大,四肢端正较长,体躯近似方形。公、母羊均有角,公羊角长而粗壮,呈螺旋状向左右平伸,母羊角细而短,多数呈螺旋状向外上方斜伸。鼻梁隆起,耳大而不下垂。前胸开阔,背腰平直,十字部稍高,紧贴臀部有扁锥形小尾。毛色全白者占 6.85%,头肢杂色者占 82.6%,体躯杂色者占 10.5%。山谷型西藏羊明显特点是体格小,结构紧凑,体躯呈圆桶状,颈稍长,背腰平直。头呈三角形,公羊多有角,短小,向后上方弯曲,母羊多无角,毛色甚杂。

生产性能:高原型(草地型)成年公羊平均体重为 50.8 千克,成年母羊为 38.5 千克。平均剪毛量成年公羊为 1.42 千克,成年母羊为 0.97 千克,成年羯羊的平均屠宰率为 43.11%。山谷型成年公羊平均体重为 36.79 千克,成年母羊为 29.69 千克,成年公羊平均剪毛量为 1.5 千克,成年母羊为 0.75 千克。平均屠宰率为 48.7%。西藏羊一般 1 年 1 胎,1 胎 1 羔,双羔者极少。

九、哈萨克羊

哈萨克羊产于新疆维吾尔自治区,分布在天山北麓、阿尔泰山南麓及准噶尔盆地,阿山、塔城等地区。除新疆外,甘肃、青海、新疆三省(自治区)交界处也有哈萨克羊。

外貌特征:哈萨克羊鼻梁隆起,公羊有较大的角,母羊无角。耳大下垂,背腰宽,体躯浅,四肢高而粗壮。尾宽大,下有缺口,不具尾尖,形似 W。毛色不一,多为褐、灰、黑、白等杂色。

生产性能:成年公、母羊体重分别为 60～85 千克、45～60 千克,平均剪毛量成年公羊 2.61 千克,成年母羊 1.88 千克。平均净毛率分别为 57.8％和 68.9％。羊毛长度成年公羊毛辫长度为 11～18 厘米,成年母羊毛辫为 5.5～21 厘米。平均屠宰率为 49.0％左右。初产母羊平均产羔率为 101.24％,成年母羊为 101.95％,双羔率很低。

十、乌珠穆沁羊

乌珠穆沁羊是我国著名的肉脂兼用粗毛羊品种,主要分布在东乌珠穆沁旗,以及毗邻的阿巴哈纳尔旗、阿巴嘎旗部分地区。以其体大、尾大、肉脂多、羔羊生长快而著称。

外貌特征:乌珠穆沁羊头中等大小,额稍宽,鼻梁隆起,耳大下垂或半下垂,公羊多数有角,角呈半螺旋状,母羊多无角。体格高大,体躯长,胸宽深,背腰宽平,后躯发育良好,尾肥大,尾中部有一纵沟,把尾分成左右两半。毛色以黑头羊居多,约占 62.1％,全身白色者占 10％左右,体躯杂色者占 11％。

生产性能:乌珠穆沁羊生长发育快,公、母羔平均出生重分别为 1.58 和 3.82 千克,2.5～3 月龄公、母羔平均重为 29.5 和 24.9 千克,6～7 个月羔羊平均体重公羔为 39.6 千克,母羔为 35.9 千克,成年公、母羊平均体重为 74.43 和 58.4 千克。平均屠宰率为 51.4％,尾脂重一般为 3～5 千克,平均产羔率为 100.2％。

十一、阿勒泰大尾羊

阿勒泰大尾羊是哈萨克羊中的一个优良分支,以其体格大、肉脂性能高而著称。主要分布在新疆福海、富蕴、青河和阿勒泰县,其次还分布于布尔津、吉木乃和哈巴河 3 个县。

外貌特征:阿勒泰大尾羊体格大,体质结实。公羊有螺旋形大

角,母羊大部分有角。鼻梁隆起,耳大下垂,颈长中等,胸部宽深,
鬐甲平宽,背腰平直,四肢高大结实,肌肉丰满,脂尾大并有纵沟,
重量可达 7～8 千克。乳房发育良好,被毛多为褐色,全黑或全白
的羊较少,部分羊头部为黄色,体躯为白色。

生产性能:成年公、母羊平均体重为 92.98 和 67.56 千克,成
年公、母羊平均剪毛量为 2.04 和 1.63 千克,母羊平均产羔率为
110%,成年羯羊平均屠宰率为 53%。阿勒泰羔羊生长发育较快,
初生重为 4.0～5.4 千克,5 月龄屠前平均体重可达 37 千克,平均
屠宰率为 52.7%。

十二、大尾寒羊

大尾寒羊主要分布于黄河下游的河南、河北、山东 3 省相邻的
平原农业区,为我国优良地方品种,其特点是尾大、多胎,生长发育
快,繁殖率高,羊毛和裘皮质量较好。

外貌特征:大尾寒羊头稍长,鼻梁隆起,耳大下垂,公、母羊均
无角,体躯较矮小,胸窄,后躯发育良好,尻部倾斜,脂尾肥大,超过
飞节,个别拖及地面。被毛多为白色,少数羊头、四肢及体躯有
色斑。

生产性能:成年公、母羊平均体重为 72.0 和 52.0 千克,周岁
公、母羊为 41.6 和 29.2 千克。平均尾重 8 千克左右,一般成年母
羊 10 千克左右,种公羊最重者达 35 千克。成年公、母羊年平均剪
毛量 3.30 和 2.70 千克,毛长约为 10.40 和 10.20 厘米。毛纤维
类型重量比,无髓毛和两型毛约占 95%,粗毛占 5%。净毛率为
45.0%～63.0%。所产羔皮和二毛皮,毛色洁白,毛股一般有 6～
8 个弯曲,花穗清晰美观,弹性、光泽均好,轻便保暖。早熟,肉用
性能好,6～8 月龄公羊平均屠宰率 52.23%,2～3.5 岁公羊为
54.76%。性成熟早,母羊一般为 5～7 月龄,公羊为 6～8 月龄,母
羊初配年龄为 10～12 月龄,公羊 1.5～2 岁开始配种。一年四季

均可发情配种,可年产 2 胎或 2 年 3 产。产羔率 185%～205%。

十三、小尾寒羊

小尾寒羊分布于河南新乡、开封地区,山东的菏泽、济宁地区,以及河北中南部、江苏北部和淮北等地区,具有体大,生长发育快,早熟、繁殖力强、性能稳定、适应性强等优点。

外貌特征:小尾寒羊体型结构匀称,侧视略呈正方形,鼻梁隆起,耳大下垂,脂尾呈圆扇形,尾尖上翻,尾长不超过飞节,胸部宽深,肋骨开张,背腰平直,体躯长呈圆桶状,四肢高,健壮端正。公羊头大颈粗,有螺旋形大角。母羊头小颈长,有小角或无角。被毛白色、异质,少数个体头部有色斑。

生产性能:3 月龄公羊平均断奶体重 22 千克以上,母羔 20 千克以上;6 月龄公羔 38 千克以上,母羔 35 千克以上;周岁公羊 75 千克以上,母羊 50 千克以上;成年公羊 100 千克以上,母羊 55 千克以上。成年公羊平均剪毛量 4 千克,母羊 2 千克,平均净毛率60%以上。8 月龄公、母羊平均屠宰率在 53%以上,平均净肉率在40%以上,肉质较好,18 月龄公羊平均屠宰率为 56.26%。母羊初情期 5～6 个月,6～7 个月可配种怀孕,母羊常年发情,初产母羊产羔率在 200%以上,经产母羊 270%。

十四、同羊

同羊又名同州羊。主要分布在陕西渭南、咸阳 2 市北部各县,延安市南部和秦岭山区有少量分布。

外貌特征:耳大而薄(形如茧壳),向下倾斜。公、母羊均无角,部分公羊有栗状角痕。颈较长,部分个体颈下有一对肉垂。胸部较宽深,肋骨细如筋,拱张良好。背部,公羊微凹,母羊短直较宽,腹部圆大。尾大如扇,按其长度是否超过飞节,可分为长脂尾和短尾两大类型,90%以上为短直尾。全身被毛洁白,中心产区 59%

的羊只产同质毛和基本同质毛。其他地区同质毛羊只较少。腹毛着生不良,多由刺毛覆盖。

生产性能:周岁公、母羊平均体重为33.10和29.14千克,成年公、母羊为44.0和36.2千克。平均剪毛量成年公、母羊为1.40和1.20千克,周岁公母羊为1.20和1.00千克。毛纤维类型重量百分比:绒毛81.12%～90.77%,两型毛占5.77%和17.53%,粗毛占0.21%和3.00%,死毛占0～3.60%。平均羊毛细度,成年公、母羊为23.61和23.05微米。周岁公、母羊羊毛长度均在9.0厘米以上。平均净毛率为55.35%。周岁羯羊平均屠宰率为51.75%,成年羯羊57.64%,平均净肉率41.11%。同羊生后6～7月龄即达性成熟,1.5岁配种。全年可多次发情、配种,一般2年3胎,但产羔率较低,一般1胎1羔。

同羊肉肥嫩多汁,瘦肉绯红,肌纤维细嫩,烹之易烂,食之可口。具有陕西关中独特地方风味的"羊肉泡馍"、"腊羊肉"和"水盆羊肉"等食品,皆以同羊肉为上选。

十五、滩羊

滩羊是在特定的自然环境下经长期定向选育成的一个独特的裘皮羊品种。主要分布在宁夏贺兰山东麓的银川市附近各县,以及甘肃、内蒙古、陕西和宁夏毗邻的地区。

外貌特征:滩羊体格中等,公羊有大而弯曲呈螺旋形的角,母羊一般无角,颈部丰满,长度中等,背平直,体躯狭长,四肢较短,尾长下垂,尾根宽阔,尾尖细长呈"S"状弯曲或钩状弯曲,达飞节以下。被毛多为白色,头部、眼周围和两额多有褐色、黑色、黄色斑块或斑点,两耳、嘴端、四肢上部也多有类似的色斑,纯黑、纯白者极少。

生产性能:成年公、母羊平均体重为47.0和35.0千克,二毛皮是滩羊的主要产品,是羔羊出生后30天左右宰取的羔皮。此时毛股长7~8厘米,被毛呈有波浪形弯曲的毛股状,毛色洁白,花案清晰,光泽悦目,毛皮轻便,不毡结,十分美观。剪毛量成年公羊为1.6~2.6千克,成年母羊0.7~2.0千克。平均净毛率65%左右,成年羯羊平均屠宰率为45.0%左右。滩羊一般1胎1羔,产双羔者很少。

十六、湖羊

湖羊产于浙江、江苏太湖流域,主要分布在浙江的吴兴、嘉兴、海宁、杭州和江苏的吴江、宜兴等地区,以生长发育快、成熟早、繁殖性能高、生产美丽羔皮而著称。

外貌特征:湖羊头面狭长,鼻梁隆起,耳大下垂,公、母羊均无角,眼大突出,颈细长,体躯较窄,背腰平直,十字部较鬐甲部稍高,四肢纤细,短脂尾,尾大呈扁圆形,尾尖上翘。全身白色,少数个体的眼圈及四肢有黑褐色斑点。

生产性能:成年公羊体重为40~50千克,成年母羊为35~45千克。平均剪毛量成年公羊为2.0千克,成年母羊为1.2千克。平均产羔率为212%。湖羊的泌乳性能良好。在4个月泌乳期中可产乳130升左右。成年母羊的屠宰率为54%~56%。羔羊生后1~2天内宰剥的羔皮称为"小湖羔皮",羔皮毛色洁白,有丝一般的光泽,花纹呈波浪形,甚为美观。羔羊出生后60天内宰剥的皮为"袍羔皮",皮板薄而轻,毛细柔、光泽好,是上等的裘皮原料。

十七、甘肃高山细毛羊

甘肃高山细毛羊用新疆、高加索细毛羊为父系,当地蒙古羊、西藏羊和蒙藏混血羊为母系进行杂交,1980年育成。主要育成单位是甘肃省皇城绵羊育种试验场、肃南裕固族自治县皇城区和天祝藏族自治县的广大牧区的乡村。

外貌特征:体质结实,蹄质致密,体躯结构良好,胸宽深,背腰平直,后躯丰满,四肢端正有力。公羊有螺旋形大角,颈部有 1～2 个完全或不完全的横皱褶,母羊多数无角,少数有小角,颈部有发达的纵垂皮。被毛纯白,闭合性良好,密度中等以上,体躯毛和腹毛呈毛丛结构,被毛着生头部至两眼连线,前肢至腕关节,后肢至飞节。

生产性能:公羊体重 70～85 千克,母羊 36.3～43.8 千克;平均剪毛量成年公羊 7.5 千克,成年母羊 4.3 千克;平均羊毛长度成年公羊 8.20 厘米,成年母羊 7.58 厘米;羊毛细度 60～64 支;平均净毛率达 40% 以上。产羔率 110.0%;屠宰率 44.4%～50.2%。

十八、敖汉细毛羊

敖汉细毛羊主要分布于内蒙古赤峰市一带,是由蒙古羊与高加索细毛羊、斯达夫细毛羊杂交培育,于 1982 年育成的新品种。敖汉细毛羊具有适应能力和抗病力强等特点,适于干旱沙漠地区饲养,是较好的毛肉兼用细毛羊品种。

外貌特征:公羊体大,鼻梁微隆,大多数有螺旋形角。母羊一般无角,或有不发达的小角。被毛白色,为同质毛。多数羊的颈部有纵皱褶,少数羊的颈部有横皱褶。

生产性能:敖汉细毛羊体高 67～79 厘米,体长 69～81 厘米,体重 50～91 千克。成年公羊平均体重 91.0 千克,成年母羊 50.0 千克,平均剪毛量成年公羊 16.6 千克,成年母羊 6.9 千克,平均净毛率 34% 左右;平均羊毛长度成年公羊 9.8 厘米,成年母羊 7.8 厘米,羊毛细度 60～64 支;产羔率 120%～130%;平均屠宰率 46.0%。抓膘力强,成年母羊经 5 个月的青草期放牧,可增重 13 千克以上。

十九、中国卡拉库尔羊

中国卡拉库尔羊以卡拉库尔羊为父系,库车羊、哈萨克羊及蒙古羊为母系,采用级进杂交方法育成。主要分布在新疆的库车、沙雅、新和、尉犁、轮台、阿瓦提以及南疆生产建设兵团的相应团场和北疆的 150 团场;内蒙古自治区的鄂托克旗、准格尔旗、阿拉善左、右旗、乌拉特后旗等地区。

外貌特征:头稍长,耳大下垂,公羊多数有角。母羊多数无角,颈中等长,四肢结实,尾肥厚,基部宽大。该品种羊羔皮光泽正常或强丝性正常,毛卷多以平轴卷、鬈形卷为主,毛色 99% 为黑色,极少数为灰色和苏尔色。

生产性能:成年公羊平均体重 77.3 千克,成年母羊 46.3 千克,被毛异质,平均剪毛量成年公羊 3.0 千克,成年母羊 2.0 千克,平均净毛率 65.0%,产羔率 105%~115%,平均屠宰率 51.0%。

二十、兰州大尾羊

兰州大尾羊主要分布在甘肃省兰州市郊区及毗邻县的农村,20 世纪 80 年代后期以来发展很快,数量迅速增加。该品种羊具有生长发育快,易肥育,肉脂率高,肉质鲜嫩的特点。据说,在清朝同治年间(公元 1862—1875 年)从同州(今陕西省大荔县一带)引入几只同羊,与兰州当地羊(蒙古羊)杂交,经长期人工选择和培育,形成了今日的兰州大尾羊。

外貌特征:兰州大尾羊被毛纯白,头大小中等,公、母羊均无角,耳大略向前垂,眼圈淡红色,鼻梁隆起,颈较长而粗,胸宽深,背腰平直,肋骨开张良好,臀部略倾斜,四肢相对较长,体型呈长方形。脂尾肥大,方圆平展,自然下垂达飞节上下,尾中有沟,将尾部分为左右对称两瓣,尾尖外翻,紧贴中沟,尾面着生被毛,内面光滑无毛,呈淡红色。

生产性能:兰州大尾羊体格大,早期生长发育快,肉用性能好。周岁公羊平均体重为 53.10 千克,周岁母羊为 42.60 千克;成年公羊 58.9 千克,成年母羊 44.4 千克。10 月龄羯羊平均屠宰率

60.3%,成年羯羊 63.0%。被毛纯白,异质,干死毛占 17.5%,平均剪毛量成年公羊 2.5 千克,成年母羊 1.3 千克。母羔 7～8 月龄开始发情,公羔 9～10 月龄可以配种。饲养管理条件好的母羊一年四季均可发情配种,2 年产 3 胎。平均产羔率为 117.02%。

二十一、广灵大尾羊

广灵大尾羊主要分布在山西省广灵、浑源、阳高、怀仁和大同等地区。原产于山西省北部雁山地区的广灵县及其周围地区。是草原地区的蒙古羊带入农区以后,在当地生态经济条件和群众长期选择、精心饲养管理、闭锁繁育下形成的地方肉脂兼用的优良绵羊品种。

外貌特征:头中等大小,耳略下垂,公羊有角,母羊无角,颈细而圆,体型呈长方形,四肢强健有力。脂尾呈方圆形,宽度略大于长度,多数有小尾尖向上翘起。毛色纯白,杂色者很少。

生产性能:广灵大尾羊生长发育快,成熟早,产肉力高。周岁公羊平均体重 33.4 千克,周岁母羊 31.5 千克,成年公羊 51.95 千克,成年母羊 43.55 千克。成年公羊平均剪毛量 1.39 千克,成年母羊 0.83 千克,平均净毛率 68.6%。成熟早,产肉性能好,10 月龄羯羊平均屠宰率 94.0%,脂尾重 3.2 千克,占胴体重的 15.4%;成年羯羊的上述指标相应为 52.3%、2.8 千克和 11.7%;平均产羔率为 102%。6～8 月龄性成熟,初配年龄一般 1.5～2 岁,母羊春、夏、秋 3 季均可发情配种,在良好的饲养管理条件下,可 1 年 2 产或 2 年 3 产,产羔率 102%。

二十二、巴音布鲁克羊

该品种又称茶腾羊,主要分布在新疆和静县的巴音布鲁克区。

外貌特征:毛色以头颈黑色、体躯白色者为主,被毛异质,干死毛含量较多。

生产性能:成年公羊平均体重 69.5 千克,成年母羊 43.2 千克;平均剪毛量成年公羊 2.1 千克,成年母羊 1.48 千克。成年羯羊平均屠宰率 46.6%。平均产羔率 102%~103%。

二十三、和田羊

和田羊主要分布在新疆和田地区的平原与昆仑山草原上。

外貌特征:体质结实,结构匀称,头部清秀,大小中等,额平,脸狭长,鼻梁稍隆起,耳大下垂,公羊多数具有螺旋形角,母羊无角。胸深,背腰平直,四肢高大,短脂尾,毛色混杂。

生产性能:成年公羊平均体重 38.95 千克,成年母羊 33.76 千克。平均剪毛量成年公羊 1.62 千克,成年母羊 1.22 千克;平均净毛率 70%。平均屠宰率 37.2%~42.0%,平均产羔率 102.52%。

二十四、岷县黑裘皮羊

岷县黑裘皮羊又称岷县黑紫羔羊,原产于甘肃岷县,现在分布于甘肃、西藏等地海拔 2 500~3 000 米的草山草地地区,以生产二毛裘皮而闻名。

外貌特征:全身黑色,鼻梁隆起,背腰平直。尾为瘦型,短小呈锥状。公羊具有向外展的半螺旋形角,母羊多无角。岷县黑二毛皮的典型特点是:毛长不短于 7 厘米,毛股呈明显的花穗状,毛尖呈环状或半环状,基部有 3~5 个弯曲,毛纤维从尖到根全黑,光泽悦目,皮板较薄,面积 1 350 厘米^2。

生产性能:成年公羊体重 31.1 千克,成年母羊 27.5 千克,平均剪毛量 0.75 千克,屠宰率 44.23%,每年产羔 1 次,每胎多产双羔。公羊体高 55~56 厘米,体长 58~60 厘米,体重 30~31 千克。母羊稍小于公羊。1.5 岁初配,每年产 1 胎,产羔时间多在冬、春季节。

二十五、贵德黑裘皮羊

贵德黑裘皮羊又称贵德黑紫羔羊,或称青海黑藏羊,以生产黑色二裘皮著称,主要分布在青海省海南藏族自治州的贵南、贵德、同德等县。

外貌特征:属草地型西藏羊类型,毛色和皮肤均为黑色,公、母羊均有角,两耳下垂,体躯呈长方形,背腰平直,成年羊被毛分黑色、灰色和褐色。

生产性能:以生产黑色二毛皮著称,羔羊出生后 1 月龄左右屠宰所得的二毛皮称为贵德黑紫羔皮,毛股长度 4.0～7.0 厘米,具有毛色纯黑、光泽悦目、毛股弯曲明显、花案美观等特点。公羊平均剪毛量 1.8 千克,母羊 1.6 千克,为异质毛。肉质鲜嫩,脂肪分布均匀,羯羊屠宰率 46.0%,母羊为 43.4%。母羊发情集中在 7～9 月份,产羔率 101.1%。

二十六、洼地绵羊

洼地绵羊产于山东省滨州地区的惠民、滨州、无棣、沾化和阳信等县市。具有耐粗饲、抗病力强的特点,是适宜低洼地放牧,肉用性能好的地方肉毛兼用品种。

外貌特征:公、母羊均无角,鼻梁隆起,耳稍下垂。胸深,背腰平直,肋骨开张良好。四肢较矮,后躯发达,体呈长方形。被毛白色,少数羊头部有褐色或黑色斑块。

生产性能:成年公羊体重 60.40 千克,成年母羊体重 40.08 千克,周岁公、母羊体重分别为 43.63 千克、33.96 千克。在放牧条件下,10 月龄公羊体重 32.50 千克,胴体重 14.35 千克,净肉重 11.27 千克,屠宰率 44.14%。放牧加补饲条件下分别为 37.80 千克、18.15 千克、14.89 千克和 48.02%。性成熟早,公羊 4～4.5 月龄睾丸中就有成熟精子,母羊 182 天就可配种,一般 1.0～1.5

岁参加配种。一年四季均可发情配种,平均产羔率202.98%。

第二节　我国山羊的主要品种

一、关中奶山羊

关中奶山羊主要分布在陕西省渭河平原,以富平、三原、铜川等县市数量最多。

外貌特征:关中奶山羊体质结实,母羊颈长,胸宽,背腰平直,腹大不下垂,尻部宽长,倾斜适度,乳房大,多呈方圆形,乳头大小适中。公羊头大颈粗,胸部宽深,腹部紧凑,外形雄伟。毛短色白,皮肤粉红色,部分羊耳、唇、鼻及乳房有黑斑,颈下部有肉垂,有的羊有角、髯。

生产性能:成年公羊体重85~100千克,母羊50~55千克。关中奶山羊的性成熟期为4~5月龄,一般1周岁左右开始配种,产羔率为160%~200%,泌乳期6~8个月,年产乳量400~700千克,含脂率3.5%左右,成年母羊的屠宰率为49.7%,净肉率为39.5%。

二、崂山奶山羊

崂山奶山羊主要分布在山东半岛青岛市、崂山县及周围各县,是以萨能奶山羊与本地山羊杂交选育而成。

外貌特征:崂山奶山羊体质结实,结构匀称。额部较宽,公、母羊多无角,颈下有肉垂。胸部较深,背腰平直,母羊乳房基部宽广,上方下圆。乳头大小适中对称,后躯发育良好。毛色白,细短,部分羊耳部、头部、乳房部有浅色黑斑。

生产性能:成年公、母羊平均体重为75.5和47.7千克,年产奶量500~600千克,含脂率4.0%左右,母羊产羔率为180.0%,

成年母羊屠宰率为41.55%,净肉率为28.94%。

三、辽宁绒山羊

辽宁绒山羊主要产区为辽东半岛,分布于盖县、岫岩、复县、庄河、凤城、宽甸及辽阳等县,是我国优良的地方绒用品种。

外貌特征:辽宁绒山羊体格较大,体质结实,结构匀称,公、母均有角,有髯,公羊角大,向后外方伸展,母羊多板角。颈肩结合良好,背腰平直,后躯发达,尾短瘦、上翘。毛色全白,外层为粗毛,光泽强,内层为绒毛。

生产性能:成年公、母羊平均体重为52和44千克,周岁公、母羊为28和26千克,成年公、母羊平均抓绒量为0.57和0.49千克,平均剪毛量为0.47和0.49千克。山羊绒的自然长度5.5厘米左右,伸直长度8~9厘米,细度16.5微米左右,净绒率70%以上,粗毛长度16.5~18.5厘米。母羊产羔率110%~120%,成年公羊屠宰率50%左右。

四、内蒙古白绒山羊

内蒙古白绒山羊是绒肉兼用型地方品种,按主要产区可分为阿尔巴斯、二郎山和阿拉善地区白山羊。阿尔巴斯地区白山羊主要分布在伊克昭盟的鄂拖克旗、杭锦旗的部分苏木。二郎山地区白山羊主要分布在巴彦淖尔盟的乌拉特中旗、乌拉特后旗、乌拉特前旗和磴口县。阿拉善地区白山羊分布于阿拉善盟的阿拉善左旗、阿拉善右旗和额济纳旗的部分苏木。

外貌特征:体质结实,公、母羊均有角,公羊角粗大,向上向后外延伸,母羊角相对较小。体躯深长,背腰平直,整体似长方形。全身被毛纯白,外层为粗毛,内层为绒毛。

生产性能:成年公、母羊平均体重为46.9和33.3千克;成年公、母羊平均剪毛量为570和257克;抓绒量为385和305克;公、母羊平均绒毛长度为 7.6 和 6.6 厘米。公、母羊平均绒毛细度分别为 14.6 和 15.6 微米。成年羯羊屠宰率为 47%，母羊产羔率为 104%。

五、河西绒山羊

河西绒山羊原产于甘肃省河西走廊的武威、张掖、酒泉 3 地区，以肃北蒙古族自治县和肃南裕固族自治县为集中产区，产区大部分属于荒漠和半荒漠地带。

外貌特征：河西绒山羊体格中等，体型紧凑，公、母均有直立的扁角，公羊角粗长，略向外伸展，体躯似四方形，被毛以纯白居多，约占 60% 以上，其他还有黑、青、棕色和杂色。外层为粗毛，内层为绒毛。

生产性能：成年公、母羊平均体重为 38.5 和 26.0 千克，成年公、母羊产毛量分别为 316.7 和 382.6 克。成年公羊产绒量 323.5 克，母羊 279.9 克。绒的长度，公羊平均 4.9 厘米，母羊平均 4.3 厘米。成年母羊屠宰率 43.6%～44.3%。母羊年产 1 胎，1 胎 1 羔，产双羔者极少。

六、中卫山羊

中卫山羊主要产于宁夏的中卫、同心、海源，甘肃的靖远、景泰等县及邻近地区。为我国历史悠久的裘皮羊品种，该羊终年在荒漠和半荒漠草原上放牧饲养，适应性强。

外貌特征：中卫山羊体格中等，身短而深，近似方形。额部着生毛绺，垂直眼部，颌下有髯，公羊有向上、向后、向外伸展的螺旋大角，母羊为镰刀形细角，被毛多为白色，少数纯黑或杂色。

生产性能：成年公羊体重 42.7～54.3 千克，母羊 27.5～37.0千克；产绒量成年公羊为 164～200 克，母羊 140～190 克；粗毛产量公羊为 400 克，母羊为 300 克。成年羯羊屠宰率为 45% 左右，母羊产羔率 103％。

中卫山羊裘皮品质很好,初生羔毛股自然长度 4.4 厘米,羔羊生后 35 天左右,毛股自然长度达 7 厘米以上,毛股坚实具有整齐的弯曲,形成美丽的花穗,此时宰剥的毛皮称为中卫山羊的二毛皮,皮板地质柔软而致密。

七、济宁青山羊

济宁青山羊是我国特产青猾子皮和板皮山羊的品种,原产于山东省西南部的菏泽和济宁两地区的 20 个县。产区除梁山、巨野、嘉祥有零星山丘外,均为黄河冲积平原及洼地。

外貌特征:济宁青山羊体格小,群众称之为"狗羊",公、母羊均有角、有髯,额部有卷毛,被毛由少量绒毛和粗毛组成,全身由黑白毛混生而构成的青色毛,角、蹄和唇均为青色,前膝为黑色,故有"四青一黑"的特征。由于被毛中黑白色的比例不同,又可分为正青、粉青和铁青色 3 种。

生产性能:成年公、母羊平均体重为 28.76 和 23.14 千克,成年公羊产绒 50～70 克,产毛 200～300 克,成年母羊产绒 30～50 克,产毛 100～200 克,平均屠宰率为 42.5％,母羊产羔率 280％,最多者产 6～7 羔。

羔羊生后 1～3 天宰剥的羔皮为青猾子皮,经鞣制后美观光亮,色彩奇异,可制成皮外衣和皮帽等。

八、槐山羊

槐山羊主要产区为河南省周口地区的沈丘、淮阳、项城、郸城 4 县。槐山羊所产板皮好,历史上多集中于沈丘县的"槐店镇",因而命名为槐山羊。

外貌特征:槐山羊体格中等,分为有角和无角 2 个类型,公、母羊均有髯,额宽鼻直,面部微凹,眼大有神,结构匀称,呈圆桶形,四肢端正,蹄质结实,呈蜡黄色,毛色以纯白为主,占 90% 左右,也有黑、青、花色者。有角山羊具有三短的特征,即颈短、腿短、腰身短。无角型山羊有三长的特征,即颈长、腿长、腰身长。

生产性能:成年公羊平均体重 35 千克,母羊 26 千克。当年羔羊生长发育快,9 月龄可长到成年体重的 90% 左右。7～10 月龄的羯羊平均体重为 17.40 千克,屠宰率为 48.7%,净肉率为 39.02%。母羊初配年龄一般为 5～6 个月,产羔率为 239%。

槐山羊板皮品质好,其板皮致密、柔软、韧性和弹性大,分层性好,每张板皮可分为 6～7 层。是世界上高级"京羊革"和"苯胺革"原料。

九、马头山羊

马头山羊产于湘、鄂西部山区,主要分布在湖南省常德地区、黔阳地区以及湘西自治州各县,湖北省的郧阳、恩施地区。

外貌特征:马头山羊体格大,公、母羊均无角,头形似马头,两耳向前略下垂,有髯,部分羊颈下有肉垂,头颈结合良好,背腰平直,臀部宽大,体躯呈长方形,被毛以白色为主,部分有杂色、黑色和麻色。

生产性能:成年公羊体重 40～50 千克,成年母羊 30～35 千克。生后 2 个月断奶的羯羔在放牧加补饲的条件下,7 月龄体重可达 23.3 千克,屠宰率 52.34%,成年羯羊屠宰率 60% 左右。马头山羊性成熟一般为 4～5 月龄,初配年龄 10 月龄左右,母羊常年发情,产羔率为 200%。

十、成都麻羊

成都麻羊原产于四川省成都平原及附近山区,是乳、肉、皮兼用的优良地方品种。

外貌特征:成都麻羊公、母羊多有角,有髯,胸部发达,背腰宽平,羊骨架大,躯干丰满,呈长方形。乳房发育较好,被毛呈深褐色,腹毛较浅,面部两侧各有一条浅褐色条纹,由角基到尾根有一条黑色背线,在甲部黑色毛沿肩胛两侧向下延伸,与背线结成十字形。

生产性能:成年公羊体重 40~50 千克,母羊体重 30~35 千克,成年羯羊屠宰率 54%。成都麻羊性成熟早,一般 3~4 个月出现初情期,母羊初配年龄 8~10 个月,全年发情。产羔率 210%。产奶性能也较高,一个泌乳期 5~8 个月,可产奶 150~250 千克,含脂率达 6% 以上。

十一、板角山羊

板角山羊主要产于四川省东部地区万源、城口、巫溪、武隆等县。

外貌特征:板角山羊公母羊均有角,有髯,角形长而宽薄,向后方弯曲扭转,公羊角宽大,扁平。肋骨开张好,背腰平直,体躯呈圆桶状,四肢粗壮,尻部略斜,被毛绝大多数为白色,有少量黑色和杂色个体。为短毛型个体。

生产性能:成年公羊体重 40~50 千克,母羊 30~35 千克,屠宰率 50%~55%,性成熟期 6 月龄左右,1 岁左右配种,一般可 2 年 3 胎,产羔率为 184%。板角山羊的板皮质量较好,质地致密,弹性好,张幅大,周岁板皮面积 3 340~4 160 厘米^2,成年为 5 097~7 390 厘米^2。

十二、雷州山羊

雷州山羊主要分布于广东省湛江地区的雷州半岛,该品种耐粗饲、耐热、耐潮湿、抗病力强,适于炎热地区饲养。

外貌特征:雷州山羊体格大,体质结实,公、母羊均有角、有髯、颈细长,耳向两侧竖立开张,鬐甲稍高起,背腰平直,胸稍窄,腹大而下垂。被毛多为黑色,少数羊被毛为麻色或褐色,雷州山羊从体形上看可分为高腿和短腿2类型。前者体型高,骨骼较粗,乳房不发达;后者体形矮,骨骼较细,乳房发育良好。

生产性能:3岁以上公、母羊平均体重为54.0和47.7千克;2岁公、母羊为50.0和43.0千克;周岁公、母羊为31.7和28.6千克。平均屠宰率为46%左右。雷州山羊繁殖率高,3～6月龄达到性成熟,5～8月龄初次配种,一般1年2产,产羔率203%。

十三、海门山羊

海门山羊原产于江苏省海门县以及苏州市,上海市崇明县等地。

外貌特征:海门山羊体格小,公、母羊均有角、有髯,头呈三角形,面微凹,背腰平直,前躯较发达,后躯较宽深,尾小而上翘,四肢细长,被毛为全白色,为短毛型。公羊的颈、背部及胸部披有长毛。

生产性能:成年公羊体重30千克,母羊20千克,屠宰率46%～49%。海门山羊性成熟早,一般3～4月龄即有发情表现,6～8月龄配种,母羊四季发情,产羔率227%左右。

十四、承德无角山羊

承德无角山羊产于河北省东北部燕山山麓,以滦平、平泉、隆化等县数量最多。

外貌特征:公、母羊无角,只有角基,均有髯,头平直,胸宽深,背腰平直,肋骨开张良好,体躯呈圆桶形,四肢健壮有力,蹄质结实。毛色以黑色为主,少数为白色、青色。

生产性能:成年公、母羊平均体重60.0和43.0千克,平均屠宰率50%左右,公羊平均产毛量0.5千克,产绒245克,母羊产毛0.28千克,产绒140克。性成熟5月龄左右,一般1年1产,产羔率110%。

十五、太行山羊

太行山羊主要分布在太行山东西两侧,包括河北省的武安山羊、山西省的黎城大青羊和河南的太行黑山羊。

外貌特征:公、母均有角、有髯,角型分为 2 种:一种为两角在上 1/3 处交叉;另一种为倒"八"字形,背腰平直,四肢结实。毛色有黑、青、灰、褐等色,以黑色居多。

生产性能:成年公、母羊体重 36.7 和 32.8 千克,屠宰率 40%～50%;成年公羊抓绒量 275 克,母羊 165 克,绒细度 12～16 微米,绒的长度较短。性成熟年龄为 6 月龄左右,1.5 岁配种,1 年 1 产,产羔率 130%～140%。

十六、鲁山"牛腿"山羊

鲁山"牛腿"山羊产于河南省鲁山县,是在河南省鲁山县西部山区发现的体格较大的肉皮兼用山羊种群,其中心产区为鲁山县的四棵树乡。

外貌特征:"牛腿"山羊为长毛型白山羊,体型大,体质结实,骨骼粗壮;侧视呈长方形,正视近圆桶形,头短额宽,绝大部分羊有角,颈短而粗,背腰宽平,腹部紧凑,全身肌肉丰满,尤其臀部和后腿肌肉发达,故以"牛腿"著称。

生产性能:"牛腿"山羊生长发育快,周岁公、母羊体重平均分别为 23.0 千克和 20.6 千克,成年公、母羊为 41.2 千克和 30.5 千克。周岁羯羊宰前体重 20.84 千克,胴体重 9.59 千克,净肉重 7.72 千克,内脏脂肪重 0.52 千克,屠宰率 46.02%;成年羯羊上述指标相应为 50.22 千克、25.09 千克、21.69 千克、2.35 千克和 54.64%。性成熟,一般为 3～4 月龄,个别早到 2 月龄,母羊常年发情,但以春秋两季较多,母羊初配年龄为 5～7 月龄,一般母羊 1 年产 2 胎或 2 年产 3 胎,产羔率为 111%,其中双羔率 11%,羊群年

繁殖率为 204％,母羊繁殖年限为 6 年左右。公羊性成熟年龄为
4～5 月龄,体成熟年龄在 1.5 岁左右。公羊体侧毛长 12.00 厘
米,母羊为 11.70 厘米,剪毛量成年公羊 0.62 千克,母羊为 0.32
千克。

十七、南江黄羊

南江黄羊以努比亚山羊、成都麻羊、金堂黑山羊为父本,南江
县当地母羊为母本,采用复杂育成杂交方法培育而成,其间曾导入
吐根堡奶山羊血液。主要分布在四川省南江县,具有体型大、生长
发育快、四季发情、繁殖率高、泌乳力好、抗病力强、耐粗放、适应能
力强、产肉力高及板皮品质好等特性。

外貌特征:公、母羊大多有角,头型较大,颈部短粗,体型高大,
背腰平直,后躯丰满,体躯近似圆桶形,四肢粗壮。被毛呈黄褐色,
面部多呈黑色,鼻梁两侧有一条浅黄色条纹;从头顶部至尾根沿脊
背有一条宽窄不等的黑色毛带;前胸、颈、肩和四肢上端着生黑而
长的粗毛。

生产性能:成年公羊体重(66.87±5.03)千克,成年母羊体重
(45.64±4.48)千克。在放牧条件下,8 月龄屠宰前体重可达
(22.65±2.33)千克,屠宰率 47.63％±1.48％,12 月龄屠宰率为
49.41％±1.10％,成年羊为 55.65％±3.70％。母羊常年发情,
8 月龄时可配种,年产 2 胎或 2 年 3 胎,双羔率可达 70％以上,多
羔率 13％,群体产羔率 205.42％。

我国很多地方如浙江、陕西、河南等 22 个省区已先后引入南
江黄羊饲养,并同当地山羊进行杂交改良,取得了较好效果。

十八、黄淮山羊

黄淮山羊原产于黄淮平原的广大地区。如河南省周口市、商
丘市,安徽省及江苏省徐州市也有分布。具有性成熟早、生长发育

快、板皮品质优良、四季发情及繁殖率高等特性。

外貌特征：该品种羊鼻梁平直，面部微凹，颌下有髯。分有角和无角 2 个型，有角者公羊角粗大，母羊角细小，向上向后伸展呈镰刀状。胸较深，肋骨开张，背腰平直，体躯呈桶形。母羊乳房发育良好，呈半圆形。被毛白色，毛短有丝光，绒毛很少。

生产性能：成年公羊平均体重 34 千克，成年公羊为 26 千克。肉汁鲜嫩，膻味小，产区习惯于 7～10 月龄屠宰，此时平均胴体重为 10.9 千克，屠宰率 49.29%，而成年羯羊屠宰率为 45.9%。板皮呈蜡黄色，细致柔软，油润光泽，弹性好，是优良的制革原料。黄淮山羊性成熟早，初配年龄一般为 4～5 月龄，能 1 年产 2 胎或 2 年产 3 胎，平均产羔率为 238.66%。

十九、新疆山羊

新疆山羊分布在新疆境内。

外貌特征：公、母羊多有长角，有髯，角呈半圆形弯曲，或向后上方直立，角尖微向后弯。前躯发育好，后躯较差，乳房发育良好。被毛有白色、黑色、棕色及杂色。

生产性能：北疆成年公羊体重 50 千克以上，母羊 38 千克；屠宰率 41.3%，抓绒量成年公羊 552 克，成年母羊 229.4 克；南疆山羊体格较小，成年公羊体重 32.6 千克，成年母羊 27.1 千克；屠宰率 37.2%；产绒量 120～140 克，个别母羊产绒毛可达 600 克；母羊泌乳期 5～9 个月，日平均产奶 500 克左右。秋季发情，产羔率 110%～115%。

二十、西藏山羊

西藏山羊分布在西藏、青海、四川阿坝、甘孜以及甘南等地，产区属青藏高原。

外貌特征：该品种体格较小，公、母羊均有角，被毛颜色较杂，纯白者很少,多为黑色、青色以及头肢花色。体质结实,前胸发达,肋骨拱张良好,母羊乳房不发达,乳头小。

生产性能:成年公羊体重23.95千克,成年母羊21.56千克,成年羯羊屠宰率48.31%。剪毛量成年公羊418.3克,成年母羊339.0千克,抓绒量成年公羊211.8克,成年母羊183.8克;羊绒品质好,直径(15.37±1.1)微米,长度5~6厘米。年产1胎,多在秋季配种,产羔率110%~135%。

二十一、长江三角洲白山羊

长江三角洲白山羊原产于我国东海之滨的三角洲,主要分布在江苏省的南通、苏州、扬州、镇江,浙江省的嘉兴、杭州、宁波、绍兴和上海的郊县。

外貌特征:该品种羊体格中等偏小,公、母羊均有角,前躯较窄,后躯丰满,背腰平直,全身被毛色白而短直,羊毛洁白,挺直有峰,具光泽,弹性好,是制造毛笔的优良原料。是我国生产笔料毛的独特品种。

生产性能:成年公羊体重28.58千克,体长75.7厘米,体高61.6厘米;成年母羊18.43千克,体长51.2厘米,体高49.2厘米。繁殖能力强,大多数2年产3胎,年产羔率228.5%。该品种羊肉肥嫩,味鲜美,产区以连皮吃居多,连皮山羊屠宰率1岁羊为48.65%,2岁羊为51.7%。

二十二、隆林山羊

隆林山羊原产于广西西北部山区,广西隆林县为中心产区。具有生长发育快、产肉性能好、繁殖力高、适应性强等特点。

外貌特征:该品种羊体质结实,结构匀称,公、母羊头大小适中,均有角和髯。少数母羊颈下有肉垂。肋骨开张良好,体躯近似长方形,四肢粗壮。毛色较杂,其中白色占38.25%,黑白花色占

27.94％,褐色占 19.11％,黑色占 1.7％。

生产性能:成年公羊体重 57(36.5～85.0)千克,成年母羊体重 44.71(28.5～67.0)千克。成年羯羊胴体重平均为 31.05 千克,屠宰率 57.83％,肌肉丰满,胴体脂肪分布均匀,肌纤维细,肉质鲜美,膻味小。一般 2 年产 3 胎,每胎多产双羔,1 胎产羔率平均为 195.18％。

二十三、福清山羊

福清山羊原产于福建东南部沿海冲积平原地区,福清和平潭两县为中心产区。

外貌特征:福清山羊体型中等,公、母羊均有角,耳薄小,胸宽,背平直。四肢短细,蹄黑。毛色一般为深浅不一的褐色或灰褐色,背部自颈脊开始有一带状黑毛向后延伸,四肢及腹部也为黑毛,体躯被毛粗短。

生产性能:成年公羊体重为 27.9 千克,体长 58.3 厘米,体高 53.4 厘米;成年母羊为 26.0 千克,体长 55.1 厘米,体高 49.1 厘米。经过育肥的 8 月龄的羯羊,体重平均可达到 23.0 千克,1.5 岁的羯羊可达 40.5 千克,羯羊屠宰率(以带皮胴体重计算)平均为 55.84％,产区群众喜食当年羯羊,习惯上吃带皮羊肉。福清山羊 3 月龄达性成熟,能 1 年产 2 胎,1 胎产羔率平均为 179.61％。

二十四、建昌黑山羊

建昌黑山羊原产于青藏高原与云贵高原之间的横断山脉延伸地带,主要分布在海拔 2 500 米以下地区。

外貌特征:该品种羊体格中等,体躯匀称,略呈长方形,公、母羊大多数有角。毛被光泽好,大多为黑色,少数为白色、黄色和杂色,毛被内层生长有短而稀的绒毛。

生产性能:成年公羊体重 31.0 千克,体长 60.6 厘米,体高

57.7厘米;成年母羊为28.9千克,体长58.9厘米,体高56.0厘米。生长发育快,肉用性能好,周岁公羊体重相当于成年公羊体重的71.6%,周岁母羊相当于成年母体重的76.4%。成年羯羊胴体重21.6千克,屠宰率51.4%,净肉率38.2%。其板皮张幅大,厚薄均匀,富于弹性,是制革的好原料。性成熟早,但繁殖力不高,产羔率平均为116.0%。

二十五、宜昌白山羊

宜昌白山羊原产于湖北西部及与其毗邻的湖南、四川等省也有分布。

外貌特征:宜昌白山羊公、母羊均有角,背腰平直,后躯丰满、十字部高。被毛白色,公羊毛长,母羊毛短,有的母羊背部和四肢上端有少量长毛。

生产性能:成年公羊体重(35.7±9.4)千克,成年母羊(27.0±6.1)千克。屠宰率周岁公羊为47.41%,2～3岁羊为56.39%。性成熟早,年产2胎者占29.4%,2年产3胎者占70.6%,1胎产羔率为172.7%。皮板呈杏黄色,厚薄均匀,致密,弹性好,拉力强,油性足,具有坚韧、柔软等特点,为鞣制革皮的原料。

二十六、陕南白山羊

陕南白山羊原产于陕西南部汉江两岸的安康、紫阳、旬阳等十余县。

外貌特征:公、母羊多无角,体躯略呈长方形,被毛90%以上为白色,其余为黑、褐有色个体,按被毛状况可分为短毛型和长毛型2类。

生产性能:成年公羊体重33千克,成年母羊27千克。肉用性能好,羯羊屠宰率50%以上。母羊性成熟早,常年发情,产羔率259%。

二十七、贵州白山羊

贵州白山羊原产于贵州省东北部乌江中下游的沿河、思南，以及铜仁、遵义等地县。具有产肉性能好、繁殖力强、板皮质量好等特点。

外貌特征：头宽额平，公、母羊均有角，公羊额上有卷毛，少数母羊颈下有一对肉垂。胸深，背宽平，体躯呈圆桶形，体长，四肢较矮，被毛以白色为主，其次为麻、黑、花色，为短毛型品种。

生产性能：成年公羊体重 32.8 千克，成年母羊 30.8 千克。肉用性能良好肉质鲜嫩，1 岁羯羊屠宰率 53.3％，成年羯羊为 57.9％。板皮品质好、柔软、弹性强，是上等皮革原料，性成熟早，母羊常年发情，产羔率 273.6％。

第三节　引入的绵羊品种

一、澳洲美利奴羊

澳洲美利奴羊是世界上最著名的细毛羊品种，产于澳大利亚，其特点是毛品质优良，毛长、毛密，净毛率高。澳洲美利奴羊引入我国后，对培育我国美利奴羊新品种以及提高我国其他细毛羊品种的净毛率、被毛质量发挥了重大作用。

外貌特征：澳洲美利奴羊体格中等，体质结实，体形近似长方形，胸宽深，背部平直，后躯肌肉丰满。公羊有螺旋形角，母羊无角，公羊颈部有 1～3 个发育完全或不完全的横皱褶，母羊有发达的纵皱褶。毛被覆盖头部至眼线。毛色纯白，少数个体在耳及四肢有褐色或黑色斑点。

生产性能：澳洲美利奴羊根据体重、羊毛长度和细度分为细毛、中毛、强毛 3 个类型。

细毛型：成年公羊体重 60～70 千克，剪毛量 6～9 千克；成年母羊体重 36～45 千克，剪毛量 4～5 千克。羊毛细度 64～70 支，净毛率 55%～65%。

中毛型：成年公羊体重 65～90 千克，剪毛量 8～12 千克，成年母羊体重 40～44 千克，剪毛量 5～6 千克。毛长 9～13 厘米，羊毛细度 60～64 支，净毛率 62%～65%。

强毛型：成年公羊体重 70～100 千克，剪毛量 9～14 千克；成年母羊体重 42～48 千克，剪毛量 5～7 千克，毛长 9～13 厘米，净毛率 60%～65%。

二、苏联美利奴羊

苏联美利奴羊原产于俄罗斯，由兰布列、阿斯卡尼、高加索、斯塔夫洛波尔和阿尔泰等品种公羊改良新高加索和马扎也夫美利奴母羊培育而成。是前苏联分布最广的毛肉兼用细毛羊品种。我国自 20 世纪 50 年代引入，主要分布在内蒙古、河北、安徽、四川、西藏、陕西等地。在许多地区适应性良好，改良粗毛羊效果比较显著，并参与了东北细毛羊，内蒙古细毛羊和敖汉细毛羊新品种的育成。

外貌特征：前苏联美利奴羊体质结实，公羊有螺旋形大角，颈部有 1～3 个完全或不完全的皱褶，母羊多无角，颈部有纵皱褶，胸宽深，体躯较长，被毛呈闭合型，腹毛覆盖良好。

生产性能：成年公羊体重平均 101.4 千克，成年母羊 54.9 千克。剪毛量成年公羊平均 16.1 千克，母羊 7.7 千克，毛长 8～9 厘米，细度 64 支，净毛率 38%～40%。产羔率 120%～130%。

三、波尔华斯羊

波尔华斯羊原产于澳大利亚维多利亚的西部地区，属毛肉兼用细毛羊。我国从 1966 年起，先后从澳大利亚引入过，主要饲养在新疆和内蒙古等省(自治区),对我国绵羊的改良育种起了积极的作用。

外貌特征:波尔华斯羊的外形有美利奴羊的特征,体质结实,结构良好,四肢短,少数公羊有角,母羊无角。鼻镜上有黑斑,体躯无皱褶,被毛为闭合型。

生产性能:成年公、母羊平均体重 71.8 和 39.8 千克,成年公羊剪毛量为 8~10 千克,成年母羊 5~6 千克。毛长 10~12 厘米,净毛率为 65%~70%,细度 58~60 支,弯曲均匀,羊毛匀度良好。母羊产羔率为 120%左右,泌乳力好。

四、茨盖羊

茨盖羊属古老品种,很早以前繁育于巴尔干半岛,经罗马尼亚和匈牙利传入前苏联,为半细毛羊品种。中国 20 世纪 50 年代初从前苏联引入,现主要饲养在内蒙古、青海、西藏、甘肃和四川省(自治区)。

外貌特征:茨盖羊体质结实,体格大。公羊有螺旋形角,母羊无角或只有角痕。胸深,背腰宽平,被毛覆盖头部至眼线,前肢达腕关节,后肢达飞节。毛色纯白,个别羊只在脸、耳及四肢有褐色或黑色斑点。油汗为乳白色或乳黄色。

生产性能:成年公、母羊体重为 80~90 千克和 50~55 千克,剪毛量成年公羊 6~8 千克,成年母羊 3.5~4.0 千克,毛长 8~9 厘米,细度 46~56 支,净毛率 50%左右。产羔率 115%~120%,屠宰率 50%~55%。

五、林肯羊

林肯羊原产于英国东部的林肯郡,属半细毛品种。中国从 1966 年开始先后从英国、澳大利亚和新西兰引入,饲养于江苏、内蒙古、云南、山东、吉林等省(自治区)。

外貌特征：林肯羊体质结实，体躯高大，结构匀称。公、母羊均无角，头较长，颈短。前额有丛毛下垂。背腰平直，腰臀宽广，肋骨弓张良好。羊毛有丝光光泽。

生产性能：成年公、母羊体重 120～140 千克和 70～90 千克，剪毛量成年公羊 8～10 千克，母羊 6.0～6.5 千克，净毛率 60％～65％，毛长 20～30 厘米，细度 36～44 支，母羊产羔率 120％左右。

六、夏洛莱羊

夏洛莱羊原产地为法国，自 1987 年引入我国，主要饲养在河北、内蒙古等省（自治区）。

外貌特征：头无毛，粉红色或黑色，有时带有黑色斑点。公、母羊均无角，额宽，眼眶距离大。耳朵细长，与头部颜色相同。颈短粗，肩宽平，胸宽而深，肋部拱圆，背部肌肉发达，体躯呈圆筒状，四肢较矮，肉用体型良好，被毛同质、白色。

生产性能：成年公羊体重 100～150 千克，母羊 75～95 千克。10～30 日龄公羔平均日增重 255 克，母羔 245 克，30～70 日龄公羔平均日增重 302 克，母羔 276 克。育肥 5 月龄羊体重可达 45 千克，胴体重 23 千克，屠宰率 55％以上。母羊产羔率平均 185％。

七、无角道赛特羊

无角道赛特羊原产于澳大利亚和新西兰。以雷兰羊和有角道赛特羊为母本，考历代羊为父本进行杂交，杂种羊再与有角道赛特公羊回交，然后选择所生的无角后代培育而成。从 20 世纪 80 年代以来，新疆、内蒙古、中国农业科学院畜牧研究所等，先后从澳大利亚引入无角道赛特羊。在目前我国肉羊业发展过程中，许多省（区）均引用该品种公羊作主要父本与地方绵羊杂交，效果良好。

外貌特征：体质结实，头短而宽，公、母羊均无角。颈短粗，胸宽深，背腰平直，后躯丰满，四肢粗短，整个躯体呈圆桶状，面部、四肢及被毛为白色。

生产性能：6 月龄羔羊体重为 55 千克，周岁公羊可达 110 千克；母羊母性好，泌乳力强，产羔率 120%～150%。该品种羊生长发育快，早熟，全年发情配种产羔。经过肥育的 4 月龄羔羊的胴体重公羔为 22.0 千克，母羔为 19.7 千克，成年公羊体重 90～110 千克，成年母羊为 65～75 千克，剪毛量 2～3 千克，净毛率 60% 左右，毛长 7.5～10.0 厘米，羊毛细度 56～58 支。产羔率 137%～175%。

八、萨福克羊

萨福克羊原产于英国英格兰东南部的萨福克、诺福克、剑桥和埃塞克斯等地。该品种是以南丘羊为父本，当地体型较大、瘦肉率高的旧型黑头有角诺福克羊为母本进行杂交培育，于 1859 年育成。是目前世界上体型、体重最大的肉用品种。我国从 20 世纪 70 年代起先后从澳大利亚、新西兰等国引进，主要分布在新疆、内蒙古、北京、宁夏、吉林、河北和山西等地。

外貌特征：萨福克羊体型较大，头短而宽，鼻梁隆起，耳大，公、母羊均无角，颈长、深，且宽厚，胸宽，背、腰和臀部宽而平；肌肉丰满，后躯发育良好。头和四肢为黑色，并且无羊毛覆盖。被毛白色，但偶尔可发现有少量的有色纤维。

生产性能：成年公羊体重 100～136 千克，成年母羊 70～96 千克，剪毛量成年公羊 5～6 千克，成年母羊 2.5～3.6 千克，毛长 7～8 厘米，细度 50～58 支，净毛率 60% 左右。该品种早熟，生长发育快，产肉性能好，经育肥的 4 月龄公羔胴体重 24.2 千克，4 月龄母羔为 19.7 千克，并且瘦肉率高，是生产大胴体的优质羔羊肉的理想品种。美国、英国、澳大利亚等国都将该品种作为生产羔羊肉的终端父本品种。产羔率 141.7%～157.7%。

九、德克赛尔羊

德克赛尔羊原产于荷兰德克赛尔岛而得名。20世纪初用林肯、莱斯特羊与当地马尔盛夫羊杂交,经长期的选择和培育而成。该品种已广泛分布于比利时、卢森堡、丹麦、德国、法国、英国、美国、新西兰等国。自1995年以来,我国黑龙江、宁夏、北京、河北和甘肃等省、市、自治区先后引进。

外貌特征:德克赛尔羊头大小适中,颈中等长、粗,体型大,胸圆,鬐甲平,个别个体略微凸起,背腰平直,肌肉丰满,后躯发育良好。

生产性能:成年公羊体重115~130千克,成年母羊75~80千克;成年公羊平均剪毛量5.0千克,成年母羊4.5千克,净毛率60%;羊毛长度10~15厘米,羊毛细度48~50支。羔羊70日龄前平均日增重为300克,在最适宜的草场条件下,120日龄的羔羊体重40千克,6~7月龄达50~60千克,屠宰率54%~60%。早熟,泌乳性能好,产羔率150%~160%。对寒冷气候有良好的适应性。该品种羊寿命长,产羔率高,母性好,产奶多。羊肉品质好,肌肉发达,瘦肉率和胴体分割率高,市场竞争力强。

十、波德代羊

波德代羊产于世界上著名的羔羊肉产地——新西兰南岛的坎特伯里平原,是新西兰在20世纪30年代,用边区来斯特羊与考历代羊杂交,从一代中进行严格选择,然后横交固定至4~5代,培育而成的肉毛兼用绵羊品种。2000年我国首次引进波德代羊,在甘肃省永昌肉用种羊场饲养。

外貌特征:该羊体质结实,结构匀称,体型大,肉毛兼用体型明显。头长短适中,额宽平。眼大而有神,公、母羊均无角。头与颈、颈与肩结合良好,颈短、粗,胸深,肋骨开张良好,背腰平直,后躯丰满,发育良好。四肢健壮,肢势端正,蹄质结实,步态稳健。全身白色,眼眶、鼻端、唇和蹄均为黑色。羊毛同质,被毛呈毛丛结构,羊毛密度、匀度、弯曲、光泽油汗良好,毛长 10～15 厘米,细度 48～56 支,净毛率 65％以上。本品种耐干旱、耐粗饲、适应性强,母羊难产少,同时性成熟早,羔羊成活率高。

生产性能:据甘肃省永昌肉用种羊场饲养管理条件下测定,成年公羊体重 75～95 千克,成年母羊平均体重 55～70 千克。剪毛量 4.56 千克。羊毛纤维品质优良,羊毛细度 46～56 支。羊毛油脂率为 11％左右,净毛率 72％。母羊发情季节集中,繁殖率高,产羔率 120％～160％,双羔率为 62.26％,产 3 羔率为 6.27％。平均初生重公羔 4.87 千克,母羔 4.41 千克。周岁公羊体重 62.79 千克,母羊 49.56 千克。

与引入地土种羊杂交,效果显著。杂种一代初生重比当地土种羊提高 1.5 千克,1 月龄和 4 月龄体重分别提高 10.87％和 33.48％,4 月龄断奶羊屠宰平均胴体重达 16.59 千克。

十一、杜泊羊

杜泊羊原产于南非共和国,是该国在 1942—1950 年间,用从英国引入的有角道赛特品种公羊与当地的波斯黑头品种母羊进行杂交,经选择和培育育成的肉用绵羊品种。该品种已分布到南非各地,主要分布在干旱地区。

外貌特征:头颈为黑色,体躯和四肢为白色,也有全身为白色的群体,但有的羊腿部有时出现色斑。一般无角,头顶平直,长度适中,额宽,鼻梁隆起,耳大稍垂,既不短也不过宽。颈短粗、宽厚,背腰平直,肋骨拱圆,前胸丰满,后躯肌肉发达。四肢强健,肢势端正。长瘦尾。

生产性能:杜泊绵羊早熟,生长发育快,100 日龄公羔重 34.72 千克,母羊 31.29 千克。成年公羊体重 100～110 千克,成年母羊体重 75～90 千克。1 岁公羊体高 72.7 厘米,3 岁公羊体高 75.3 厘米。杜泊绵羊的繁殖表现主要取决于营养和管理水平,因此在年度间、种群间和地区之间差异较大。正常情况下,产羔率为 140%,其中产单羔母羊占 61%,产双羔母羊占 30%,产 3 羔母羊占 4%。在良好的饲养管理条件下,可 2 年产 3 胎,产羔率 180%。同时,母羊泌乳力强,护羔性好。

杜泊绵羊体质结实,对炎热、干旱、潮湿、寒冷多种气候条件有良好的适应性。目前我国很多省区用于改良当地绵羊。

十二、考摩羊

考摩羊原产于澳大利亚,用考力代×细毛型美利奴羊育成,也有用波尔华斯×考力代×美利奴羊培育的。20 世纪 70 年代末我国从澳大利亚引入过,在我国云南省纯种繁育和杂交改良效果良好。

外貌特征:羊体质结实,体格大而丰满,胸部宽深,颈部皱褶不太明显,四肢端正。毛被呈闭合型,羊毛洁白柔软,光泽好。

生产性能:成年公羊体重 90 千克以上,成年母羊 50 千克。成年公羊剪毛量 7.5 千克,成年母羊 4.5 千克。细度 60 支,毛长 10 厘米以上,净毛率高。

十三、康拜克羊

康拜克羊原产于澳大利亚的塔斯马尼亚州,用波尔华斯羊及若尼斯羊为母本,用美利奴羊为父本进行杂交于 20 世纪 80 年代育成的新品种。属于毛肉兼用型,对寒冷潮湿及降水量高于 500 毫米的地区有良好的适应性。

外貌特征:该品种公、母均无角。

生产性能:成年公羊体重 80～95 千克,成年母羊 41～60 千克,毛长 10～13 厘米,细度 58～64 支,剪毛量 4.0～5.5 千克,净毛率 60%～70%，产羔率 100%。

我国在 20 世纪 80 年代末已有引入。

十四、德国美利奴羊

德国美利奴羊原产于德国，属肉毛兼用细毛羊，用泊列考斯和莱斯特品种公羊与德国原有的美利奴羊杂交培育而成。这一品种在原苏联有广泛的分布，原苏联养羊工作者认为，从德国引入苏联的德国美利奴羊与泊列考斯等品种有共同的起源，故他们把这些品种通称为"泊列考斯"。我国 1958 年曾有引入，分别饲养在甘肃、安徽、江苏、内蒙古、山东等省（区），曾参与了内蒙古细毛羊新品种的育成。但据各地反映，各场纯种繁殖后代中，公羊的隐睾率比较高。

外貌特征：体格大，胸宽深，背腰平直，肌肉丰满，后躯发育良好，公、母羊均无角。

生产性能：成年公羊体重 90～100 千克，成年母羊 60～65 千克，剪毛量成年公羊 10～11 千克，成年母羊 4.5～5.5 千克，毛长7.5～9.0 厘米，细度 60～64 支，净毛率 45%～52%，产羔率140%～175%。早熟，6 月龄羔羊体重可达 40～45 千克，比较好的个体可达 50～55 千克。

十五、兰布列羊

兰布列羊原产于法国，由 1786 年及 1799—1803 年间引进的西班牙美利奴羊在巴黎附近的"兰布列"农场中培育而成。该品种目前在法国已名存实亡，在美国等一些国家还有少量分布，我国在解放前曾输入过少量。

外貌特征：体型大，体格强壮，公羊有螺旋形角，母羊无角，根据皮肤皱褶多少分 2 个类型：一类型为颈上具有 2～3 个皱褶，腿及胁部有小皱褶，毛密，毛脂较多，但毛短；另一类型为颈上具有

2～3 个皱褶,而腿及胁部则无,毛的品质较优,体型倾向肉用型。

生产性能:成年公羊体重 100～125 千克,成年母羊为 60～65 千克;剪毛量成年公羊 7～13 千克,成年母羊 5～9 千克,羊毛长度 5.0～7.5 厘米,细度 60～70 支。

十六、阿尔泰细毛羊

阿尔泰细毛羊原产于俄罗斯,用美国兰布列、澳洲美利奴和高加索等品种公羊与新高加索和马扎也夫美利奴母羊杂交培育而成。解放后输入我国,在西北各省适应性良好,改良粗毛羊效果显著。

外貌特征:阿尔泰细毛羊体格大,外形良好,颈部具有 1～3 个皱褶。

生产性能:成年公羊体重 110～125 千克,特级成年母羊为 60～65 千克,剪毛量成年公羊 12～14 千克,成年母羊 6.0～6.5 千克,净毛率 42%～45%;公羊毛长 8～9 厘米,成年母羊为 7.5～8.0 厘米,羊毛细度以 64 支为主;产羔率 120%～150%。

十七、阿斯卡尼细毛羊

阿斯卡尼细毛羊原产于乌克兰,用美国兰布列公羊与阿斯卡尼地方细毛母羊杂交,在杂种后代中进行严格选种选配,同时不断改善饲养管理条件育成。解放后曾引入我国,在东北、内蒙古、西北等地均有分布,曾参与了东北细毛羊的育成。

外貌特征:阿斯卡尼细毛羊体质结实,体格大,体躯结构正常,骨骼发育良好。

生产性能:成年公羊体重 120～130 千克,特级成年母羊为 58～62 千克;剪毛量成年公羊 16～20 千克,成年母羊 6.5～7.0 千克;净毛率 38%～42%;毛长 7.5～8.0 厘米,细度以 64 支为主;产羔率 125%～130%。

十八、高加索细毛羊

高加索细毛羊产于俄罗斯斯塔夫洛波尔边区,用美国兰布列公羊与新高加索母羊杂交,在改善饲养管理条件下,用有目的的选种选配方法培育而成。在解放前我国就有引入,是育成新疆细毛羊的主要父系,同时,参与了东北细毛羊、内蒙古细毛羊、甘肃高山细毛羊、山西细毛羊和敖汉细毛羊等品种的育成,在改造我国粗毛养羊业成为细毛养羊业的过程中起了重要作用。

外貌特征:高加索羊具有大或中等体格,体质结实,外形结构正常,体躯长,胸宽,背平,鬐甲略高,骨骼发育良好;颈部具有1～3个发育良好的横皱褶,体躯有小而不明显的皱褶。被毛呈毛丛结构,毛密,弯曲正常。

生产性能:成年公羊体重90～100千克,成年母羊为50～55千克。产羔率130%～140%。剪毛量成年公羊平均12～14千克,成年母羊为6.0～6.5千克,净毛率10%～42%。羊毛细度以64支为主,公羊毛长8.0～9.0厘米,母羊7.0～8.0厘米。

十九、卡拉库尔羊

卡拉库尔羊原产于中亚细亚各国贫瘠的荒漠、半荒漠草原,是一个古老的羔皮、乳兼用的优良品种。目前,卡拉库尔羊分布在全世界几十个国家,而饲养最多的是乌兹别克、塔吉克、土库曼、哈萨克、阿富汗、纳米比亚和南非等国家。我国从1951年由原苏联引入,分别饲养在新疆、内蒙古、甘肃、宁夏、青海等省(区)。根据各地报道的资料,40多年来,卡拉库尔羊在我国具有良好的适应性,杂交改良效果显著,是育成中国卡拉库尔羔皮新品系的父系。

外貌特征:卡拉库尔羊头稍长,鼻梁隆起,颈部中等长,耳大下垂(少数为小耳),前额两角之间有卷曲的发毛。公羊大多数有螺旋形的角,角尖稍向两旁伸出,母羊多数无角。体躯较深,臀部倾斜,四肢结实,尾的基部较宽,特别肥大,能贮积大量的脂肪,尾尖呈"S"形弯曲并下垂至飞节。毛色以黑色为主,也有部分个体为灰色、彩色(苏尔色)和棕色等。被毛的颜色随年龄的增长而变化,如初生时黑色的羔羊,到断奶时渐渐由黑变褐,当长到 1.0～1.5 岁时被毛开始变白,后又转成灰白色,而头、四肢及尾部的毛色不变。

生产性能:成年公羊体高 72～78 厘米,体重 60～90 千克,成年母羊相应为 62～70 厘米和 45～70 千克。被毛由比较多的无髓毛、两型毛和中等细度的有髓毛组成,但有时也能遇见有死毛的个体,毛辫中等长,剪毛量成年公羊 3.0～3.5 千克,成年母羊 2.5～3.0 千克。产羔率一般为 105%～115%。在正常饲养条件下,宰羔后的母羊可日挤奶 0.5～1.0 千克,泌乳期 122 天,挤乳量可达 67 千克,含脂率 6%～7%。成年羊育肥后肉用品质良好,屠宰率 50%左右,可取尾脂 2～3 千克。

二十、斯塔夫洛波尔羊

斯塔夫洛波尔羊原产于俄罗斯斯塔夹洛波尔边区,用美国兰布列公羊与新高加索母羊杂交,在一代杂种中导入 1/4 澳洲美利奴公羊血液培育而成。我国自 1952 年起引入,在各地饲养繁殖和参加杂交育种工作效果都比较好。

外貌特征:体质结实,外形良好,颈部有 1～2 个皱褶或发达的垂皮。

生产性能:据苏联毛被种羊场统计,4.5 万只羊平均剪毛量 6.5～7.0 千克,或折合成净毛为 2.6～2.8 千克,其中种公羊为 10～22 千克,特级成年母羊为 6.3～7.3 千克,以 64 支为主,油汗白色或乳白色,匀度良好,强度大;种公羊平均体重 110～116 千克,成年母羊为 30～55 千克;产羔率 120%～135%。

二十一、萨尔细毛羊

萨尔细毛羊原产于俄罗斯,用美国兰布列公羊与新高加索和马扎也夫美利奴母羊杂交培育而成。萨尔细毛羊对干旱草原具有较强的适应能力。该品种 1958 年输入我国,曾参加了青海细毛羊等品种的育种,效果比较好。

外貌特征:体质结实,对干旱草原适应良好,我国 1958 年引入。

生产性能:成年公羊体重 95～110 千克,成年母羊 50～56 千克;剪毛量成年公羊 16～17 千克,成年母羊 6.0～7.0 千克,毛长 8～9 厘米,细度 64～70 支,净毛率 37％～40％;产羔率 120％～140％;育肥后的成年羯羊胴体重为 33.5 千克,成年母羊为 27.2 千克。6.5 月龄羯羊为 14.3 千克。

二十二、兰德瑞斯羊

兰德瑞斯羊原产于芬兰,属于芬兰北方短尾羊。

外貌特征:公羊有角,母羊大多数无角,体格大,骨骼较细,体长而深,但不宽,腹毛较差。

生产性能:公羊体重最高可达 130 千克,3～4 岁母羊可达75～80 千克。剪毛量公羊 4.0～4.5 千克,母羊为 3.0～3.5 千克,毛长 14～19 厘米,细度公羊为 46～56 支,母羊为 44～58 支,羊毛匀度、光泽和弯曲良好,净毛率 64％～75％。繁殖力强,母羊平均每胎产羔 2～4 只,最高的 1 胎产羔 8 只,在正常饲养管理条件下,5 月龄断奶羔羊体重 32～35 千克。

二十三、罗姆尼羊

罗姆尼羊原产于英国东南部的肯特郡,是用来斯特公羊与当地的旧罗姆尼羊杂交,经过长期选育而成的。主要饲养在新西兰、澳大利亚、乌拉圭、美国等地。罗姆尼羊是育成青海半细毛羊新品种的主要父系之一。1966年起，我国先后从英国、新西兰和澳大利亚引入数千只，在云南、湖北、安徽、江苏等省的繁育效果较好，而饲养在甘肃、青海、内蒙古等省（自治区）的适应性较差。

外貌特征：罗姆尼羊因生态条件不同，体型外貌有一定差异。英国罗姆尼羊四肢较高，体躯长而宽，后躯比较发达，头型略狭长，头、四肢羊毛覆盖较差，体质结实，骨骼坚强，游走能力好。新西兰罗姆尼羊肉用体型好，四肢短矮，背腰宽平，体躯长，头和四肢羊毛覆盖良好，但游走能力差。澳大利亚罗姆尼羊介于两者之间。

生产性能：英国罗姆尼羊成年公羊体重90～110千克，成年母羊80～90千克，成年公羊剪毛量4～6千克，成年母羊3～5千克，净毛率60%～65%，毛长11～15厘米，细度46～50支，产羔率120%，胴体重成年公羊70千克，成年母羊40千克，4月龄育肥公羔22.4千克，母羔20.6千克。

二十四、德拉斯代羊

德拉斯代羊是利用带有显性N基因突变的罗姆尼种公羊与粗毛罗姆尼母羊交配选育而成，1962年正式命名为德拉斯代羊，1970年成立品种协会。

外貌特征：体格较大，脸部和四肢为白色，无羊毛覆盖。公羊长大角，母羊长有小角。

生产性能：成年母羊体重45～55千克，剪毛量5～7千克，被毛白色，由多种纤维类型组成；无髓毛直径15～40微米，长8.15厘米，占羊毛重量的25%；有髓毛直径50～90微米，长20～30厘米，占羊毛重量的65%；死毛，直径80～160微米，毛长5～10厘米,占羊毛重量 10%。产羔率 120%,难产少,易管理,是世界上首先培育成的地毯毛专用品种。

二十五、罗曼诺夫羊

罗曼诺夫羊原产于俄罗斯,在北方短尾羊的基础上,经过长期的定向选择和培育而成。

外貌特征:有角或无角,头部较宽而隆起,脸、四肢及尾部为有光泽的黑毛所覆盖,颜面上有白色条纹及斑点。

生产性能:成年公羊体重 60～70 千克,成年母羊为 40～50 千克,剪毛量成年公羊 1.8～2.5 千克,成年母羊 1.2～1.6 千克。被毛由有髓毛和绒毛组成;有髓毛呈黑色,长 3～4 厘米;细度 60～90 微米;绒毛呈白色,长 6～8 厘米,细度 20～45 微米;有髓毛与无髓毛的比例一般为 1∶(4～7)。生产的裘皮具有轻暖、美观结实和不擀毡等特点。繁殖力高,产羔率 250%～300%,最高的 1 胎产羔 9 只。

二十六、东佛里生乳用羊

东佛里生乳用羊原产于荷兰和德国西北部,是目前世界绵羊品种中产奶性能最好的品种。

外貌特征:该品种体格大,体型结构良好,公、母羊均无角,被毛白色,偶有纯黑色个体出现,体躯宽而长,腰部结实,肋骨拱圆,臀部略有倾斜,尾瘦长无毛;乳房结构优良,宽广,乳头良好。

生产性能:成年公羊体重 90～120 千克,成年母羊 70～90 千克;剪毛量成年公羊 5～6 千克,成年母羊 4.5 千克以上;羊毛同质,成年公羊毛长 20 厘米,成年母羊 16～20 厘米,羊毛细度 46～56 支,净毛率 60%～70%。成年母羊 260～300 天产奶量 550～810 千克,乳脂率 6.0%～6.5%,产羔率 200%～230%。

第四节　引入的山羊品种

一、波尔山羊

　　波尔山羊原产于南非共和国,在品种形成过程中,至少吸收了南非、埃及、欧洲和印度等 5 个山羊品种的基因。在南非波尔山羊分布在 4 个省,大致分为 5 个类型,即普通波尔山羊、长毛波尔山羊、无角波尔山羊、土种波尔山羊和改良的波尔山羊。改良的波尔山羊由卡普省的波尔山羊育种协会从 1959 年在普通波尔山羊的基础上,经过几十年严格的选育而成,已经注册为改良波尔山羊。目前,这种改良波尔山羊的数量为 120 万只左右,并出口到德国、澳大利亚、新西兰、美国及一些非洲国家。1995 年以来,我国先后从德国、南非共和国和新西兰、澳大利亚等引入,主要分布在陕西、江苏、四川、山东、浙江和贵州等省,据各地初步观察测试,纯种适应性和杂交改良效果良好。

　　外貌特征:波尔山羊具有强健的头,眼睛清秀,罗马鼻,头颈部及前肢比较发达,体躯长、宽、深,肋部发育良好且完全展开,胸部发达,背部结实宽厚,腿臀部肌肉丰满,四肢结实有力。毛色为白色,头、耳、颈部颜色可以是浅红至深红色,但不超过肩部,双侧眼睑必须有色。

　　生产性能:波尔山羊体格大,生长发育快,成年公羊体重 90～135 千克,成年母羊 60～90 千克;羔羊初生重 3～4 千克,断奶前日增重一般在 200 克以上,6 月龄时体重 30 千克以上。波尔山羊肉用性能良好,屠宰率 8～10 月龄为 48%,周岁、2 岁和 3 岁分别为 50%、52% 和 54%,4 岁时达到 56%～60% 或以上,波尔山羊胴体瘦而不干,肉厚而不肥,色泽纯正,膻味小,多汁鲜嫩,备受消费者欢迎。该品种性成熟早,多胎率比例高,据统计:单胎母羊比例为 7.6%,双胎母羊比例为 56.5%,3 胎母羊比例为 33.2%,4 胎母羊比例为 2.4%,5 胎母羊比例为 0.4%。

波尔山羊体质健壮,四肢发达,善于长距离采食,主要采食灌木枝叶,适于灌木及丘陵放牧。波尔羊对热带、亚热带及温带气候都有较强的适应能力,而且抗病力强,对蓝舌病、肠毒血症及氢氰酸中毒症等抵抗力很强,对体内寄生虫的侵害也不像其他品种敏感。

二、萨能奶山羊

萨能奶山羊原产于瑞士,是世界著名的奶山羊品种之一,分布范围很广,几乎遍及世界各地。早在 80 多年前就由外国传教士带入中国,1929 年又自加拿大引入,1981 年以来,又由德国、加拿大、美国、日本等国分批引进,在国内分布较广。

外貌特征:体质结实,结构匀称,以头长、颈长、体长、腿长为特点。多数无角,有髯,有的有肉垂。背腰长而平直,后躯发育好,肋骨拱圆,尻部略显倾斜,乳房发育好,基部宽大呈圆形,乳头大小适中。被毛白色,个别个体毛尖有呈土黄色者,皮肤薄,呈粉红色。

生产性能:成年公羊体重 75～100 千克,母羊 50～65 千克。泌乳期 8～10 个月,年泌乳量 600～1 200 千克,含脂率 3.5%,萨能奶山羊性成熟早,母羊 3～4 月龄就可发情,一般 10 个月左右配种,产羔率 200% 左右。

三、吐根堡山羊

吐根堡山羊原产于瑞士东北部的吐根堡盆地,具有适应性强、产奶量高,饲养条件要求简单的特点。抗日战争前曾引入我国,饲养在四川、山西以及东北等地。1982—1984 年间,四川、黑龙江等地又有引入。

外貌特征:毛色呈浅或深褐色,幼羊色深,老龄色浅。分长毛和短毛 2 种类型。头部颜面两侧各有一条灰色条纹,耳呈浅灰色,沿耳根至嘴角部成一块白斑,四肢下部、腹部及尾部两侧灰白色,四肢有的白色和浅色乳镜。公、母羊均有髯,部分无角,有的有肉垂。骨骼结实,四肢较长,蹄壁蜡黄色。公羊体长,颈细瘦,头显粗大;母羊皮薄、骨细、颈长、乳房大而柔软。

生产性能:成年公羊体重 60～80 千克,体高 80～85 厘米;成年母羊 45～60 千克,体高 70～75 厘米,泌乳期 8～10 个月,平均产奶量 600～1 200 千克,乳脂率 3.5%～4.0%。全年均可发情,而以秋季较多。母羊 1.5 岁、公羊 2 岁配种。产羔率平均 173.38%。

四、努比亚奶山羊

努比亚奶山羊原产于非洲东北部的努比亚地区及埃及、埃塞俄比亚、阿尔及利亚等。我国先后在 1939 年、1984—1985 年引入,主饲养在四川、云南省。在改良地方品种,提高肉用性能方面效果较好。

外貌特征:该品种羊头较短小,鼻梁凸起似兔鼻,两耳宽大下垂,头颈相连处呈圆形,颈长,躯干短,尻短而斜,四肢细长,公、母羊无须无角,个别公羊有螺旋形角。肌肉较薄,被毛色杂,有暗红色、棕红色、乳白色、灰色、黑色以及各种斑块杂色。被毛细短有光泽。

生产性能:体格较小,成年母羊 40～50 千克,体高 66～71厘米,体长 66～76 厘米。乳房发达,多呈球形,基部宽广,乳头稍偏两侧。泌乳期较短,仅有 5～6 个月,盛产期日产奶 2～3 千克,高产者可达 4 千克以上,含脂率较高,为 4%～7%。努比亚奶山羊性情温顺,繁殖力强,1 年可产 2 胎,每胎 2～3 羔。本品种因生于干旱炎热地区,耐热性虽较以上 2 种羊略好,但对于寒冷潮湿的地区极不适应。另外,因其含脂率较高,鲜奶的风味好,且无膻味。

五、安哥拉山羊

安哥拉山羊原产于土耳其的安纳托利亚高原,是世界上著名的生产"马海"毛的毛用山羊品种。我国于 1984 年起从澳大利亚引进,主要饲养在内蒙古、陕西、山西和甘肃等省(区),用以改良当地的土种山羊,效果良好。

外貌特征:公、母羊均有角,全身白色,体格中等,毛被由波浪形或螺旋状的毛辫组成。

生产性能:根据土耳其拉拉汉畜牧研究所 1990 年测定资料,3 岁公羊体重(50.83 ± 1.78)千克,3 岁母羊为(32.88 ± 0.36)千克,剪毛量 3 岁公羊为(3.60 ± 1.14)千克,5 岁公羊为(4.35 ± 0.40)千克,3 岁母羊为(3.09 ± 0.07)千克,5 岁母羊为(3.23 ± 0.07)千克;毛长成年公羊为(19.55 ± 2.63)厘米,成年母羊(18.22 ± 2.33)厘米;羊毛细度成年公羊为(34.47 ± 2.81)微米,成年母羊为(34.06 ± 3.18)微米。在毛被中,成年母羊 80% 的个体没有死毛,而有死毛的个体,其平均含量为 3.57%,成年公羊的上述指标相应为 65% 和 5%,产羔率 100%～110%。

第五节　羊的引种技术

一、羊引种与风土驯化

(一)羊引种与风土驯化概念

引种系指从国外或外地引入优良品种、品系或类型群的种羊(含冻精或冷冻胚胎),用来直接推广或改良当地及本场品种或类型羊群;风土驯化则是指引入的羊种适应新环境条件的变化过程。引种和风土驯化成功的主要标准是:种羊被引到新的地方,在新的环境条件下不但能生存、繁殖、正常的生长发育,而且保持其原有的基本特征和遗传特征,甚至产生了某些有益的变异。如辽宁绒山羊先后被引入内蒙古、吉林、河北、陕西、山西等省(自治区),其适应性、耐粗饲等主要优良特征表现突出,后来不仅在产绒量及绒纤维品质方面大部分接近原产地水平,有的甚至超过原产地水平。

为了引种成功,要根据引种的目的、当地的自然条件、气象因素、饲料和饲养管理条件、引入种羊的适应程度和疫情,正确选择引入的羊品种(包括精液),应选择健康、无亲缘关系、无生殖生理缺陷、符合种羊标准的优秀种羊或其后裔。

风土驯化是指引入羊品种适应新环境条件的复杂过程。可以说风土驯化人类根据自身的需要,把本地没有的动物品种驯养成适宜本地饲养动物的过程,因此风土驯化又称引种驯化。如某地区有某品种羊生存的可能,但实际上该地区并没有该品种的存在,为了丰富该地区的需要,人为地由另一地区引入该地区放养。引入后,必须提供必要的环境条件,通过驯养和不断人工选择,促使其向人类所需方向变异。作为引种驯化的一般原则,必须把生产需要、引入动物的生物学特性和欲引入地区的生态条件三者结合起来,统一考虑。

对于引入的种羊要进行检疫,隔离一段时间,并加强饲养管理,进行适应性驯化,以尽快达到风土驯化的目的。

动物引入新生态环境后对新环境的适应有 2 个途径,第一是直接适应。如果新生态环境不超出引入品种的反应规范,引入个体就可直接开始适应,然后经过每代在个体发育过程中逐代调整其体质,逐渐适应新生态环境。第二是定向改变遗传基础。当新生态环境超出引入品种的反应规范时,则引入个体不能适应,这时要通过选种、选配尤其是培育,逐代选择那些适应性较好的个体留种,逐代改变引入群体的基因组成和基因型频率,使引入品种在基本保持原有性能的前提下,定向改变其遗传基础。

上述 2 个途径不是互不相关的,通常二者同时起作用。一方面直接适应,逐渐调整其体质;另一方面在选种作用下逐渐改变遗传基础,实现引入品种的风土驯化。

(二)羊引种与风土驯化意义

为满足当地养羊生产所需,常从外地引入良种,有时还需引入一些本地原来没有的品种。引入品种在本地环境中能否正常地生长、发育、繁衍后代,并保持原有的基本特征、特性和生产性能? 这是关系到引种能否成功的大问题。

随着国民经济的发展,为了迅速改善当地原有畜群结构或改良品种性能,满足本地生产、市场系统对一些特殊遗传资源或基因的需要,引种是一个快速高效的育种措施,以满足人们日益增长的多样化需要。国内外养殖业中的不断引种,对推动养殖业发展起了重要作用。如我国细毛羊、奶山羊及肉羊品种的从无到有,无一例外采取了引种的技术手段。引入品种,必须要经过风土驯化才能稳定和保持其原有的特征、特性。因此,引种是随社会经济条件的发展而产生的行为,风土驯化是引种的后续工作。

二、羊引种的基本原则

(一)生态条件相似性原则

羊的引种工作除注意引入个体本身的生产力、遗传性、健康状况、适应性外,对引出和引入地的生态气候条件的分析,同样具有相当重要的作用。两地生态气候条件基本相同或相似,引种容易成功,在引进和改良本地羊群时要根据畜种的适应性和牧业气候相似理论进行,凡是按此理论引进的许多优良品种都获得了成功。反之,会给引种工作带来许多困难甚至遭致失败。

高寒牧区随着海拔高度的升高,空气稀薄、氧分压降低,在海拔 4 500 米的地区,空气中氧的含量仅及北京地区的 58%。通过多年来大量的高原地区和平原地区家畜的相互引种试验,平原地区的家畜引入高原地区的海拔高度不超过3 000米,而3 000米以上高原地区的家畜一般不宜引入平原地区,若要进行引种工作,可采取不同海拔高度的逐级风土驯化工作。

气温和湿度的不同直接影响着家畜的适应性和地区分布,可以选用最热月和最冷月气温作为家畜对温度条件适应的上下范围;伊万诺夫湿度作为家畜对干、湿程度的适应范围,年湿度<0.3为干旱,0.3~0.6为半干旱,≥0.6为半湿润。那曲地区的绵羊改良试验自20世纪70年代就从内地引进茨盖羊(细羊毛品种),在地区牧场,用引进的细羊毛对当地绵羊进行品种改良,实践证明改良后代对当地的气候环境不适应。生存能力差,推广价值不大,所以放弃了绵羊在该地区的引进畜种改良工作。那曲地区的山羊改良是在1982年从陕西引进了几十只萨能奶山羊品种,计划对当地的山羊进行改良,目的是提高山羊的奶产量,对那曲县的那么切乡和那曲镇的居民饲养的山羊进行了杂交改良,该山羊绒少越冬能力差,难以适应当地气候条件。

经过多年的引种实践证明,外来优良畜种在高寒草原的生存能力是较差的,若不顾当地气候生态的相似,硬把适应于低海拔地区的家畜引种到高海拔地区,把喜温耐干旱的家畜引至炎热湿润地区,把喜温热的家畜引到寒冷地区都不适应或遭到失败。因此,根据当地自然生态条件,特别是牧业气候相似理论有选择地引进国外或外地种畜,这是养羊生产引种必须遵循的原则。

(二)社会、经济发展需要原则

任何畜禽的引种都是为了满足当地畜禽生产的需要,以提高经济效益为最终目的,不顾社会经济发展的需要,盲目引种势必造成引入品种无立足之地,难以推广。如在农区兴建超细毛羊种羊场,因不符合当地农区以发展肉羊为主的经济发展主题,使得种羊推广举步维艰。

三、羊引种的技术措施

(一)引种前的准备工作

(1)制订引种计划　首先要认真研究引种的必要性,明确引种目的。然后,抽派业务骨干组成引种小组,分配任务,各负其责,使选种、运输、接应等一系列引种环节落实到人。要确定引进品种、数量及公母比例,国外引入品种及育成品种应从大型牧场或良种繁殖场引进,地方良种应从中心产区引进。

(2)修建羊舍　引种前应修建羊舍,确保种羊引进后有饲养、观察场地。圈舍最好建成便于圈内采光、排水、通风透气、干燥卫生。羊舍建成后要进行消毒,可选用生石灰、新洁尔灭、烧碱等。

(3)落实引种计划　确定从某地引种后,于引种日的前几天派引种小组人员赴该地,对所引品种的种质特性、繁殖、饲养管理方式、饲料供应、疫病防治等情况作全面了解,调查当地种羊价格,按计划保质保量选购种羊,并寻找场地集中饲养等待接运,以便接运车辆随到随运。

(4)种羊选择　要根据外形外貌来选择种羊,有条件的要查阅系谱,繁殖种羊应健康无病,个体外形特征要符合品种要求。

①看羊群的体型、肥瘦和外貌等状况。以此来判断品种的纯度和健康与否。种羊的毛色、头型、角和体型等要符合品种标准,可请畜牧技术人员帮助。种羊的体型、体况和体质应结实,前胸要宽深,四肢粗壮,肌肉组织发达。公羊要头大雄壮、眼大有神、睾丸发育匀称、性欲旺盛,特别要注意是否单睾或隐睾;母羊要腰长腿高、乳房发育良好。胸部狭窄、尻部倾斜、垂腹凹背、前后肢呈"X"状的母羊,不宜作种用。

②看年龄。主要依靠牙齿来判断。羊共有 32 个牙齿,其中 8 个门齿全长在下颚。羔羊 3～4 周龄时 8 个门齿就已长齐,为乳白色,比较整齐,形状高而窄,接近长柱形,称为乳齿,此时的羊称为

"原口"或"乳口";到 12～14 月龄后,最中央的 2 个门齿脱落,换上 2 个较大的牙齿,这种牙齿颜色较黄,形状宽而矮,接近正方形,称为永久齿,此时的羊称为"二牙"或"对牙";以后大约每年换一对牙,到 8 个门齿全部换成永久齿时,羊称为"齐口"。所以,"原口"羊指 1 岁以内的羊,"对牙"为 1～1.5 岁,"四牙"为 1.5～2 岁,"六牙"为 2.5～3 岁,"八牙"为 3～4 岁。4 岁以后,主要根据门齿磨面和牙缝间隙大小判断羊龄;5 岁羊的牙齿横断面呈圆形,牙齿间出现缝隙;6 岁时牙齿间缝隙变宽,牙齿变短;7 岁时牙齿更短,8 岁时开始脱落。引种时要仔细观察牙齿,判断羊龄,以免误引老羊。

③判断羊的健康状况。健康羊活泼好动,两眼明亮有神,毛有光泽,食欲旺盛,呼吸、体温正常,四肢强壮有力;病羊则毛散乱、粗糙无光泽,眼大无神,呆立,食欲不振,呼吸急促,体温升高,或者体表和四肢有病等。

④随带系谱和检疫证。一般种羊场都有系谱档案,出场种羊应随带系谱卡,以便掌握种羊的血缘关系及父母、祖父母的生产性能,估测种羊本身的性能。从外地引种时,应向引种单位取得检疫证,一是可以了解疫病发生情况,以免引入病羊;二是运输途中检查时,手续完备的畜禽品种才可通行。

其他注意事项:第一,不宜到集市上选购种羊。这是因为,一方面,不易选购到合格种羊,羊只也容易传播疾病;另一方面,有些不法羊贩及羊主为牟取利益,羊只上市交易前饲喂浓盐水或对羊只采食含盐物,羊只大量饮水后体重增加。致使一些种羊引进后突然死亡,造成经济损失。第二,可适当引进一些条件相对成年羊更容易适应异地自然环境条件的羔羊。

(二)正确选择引入品种

当地没有基本满足生产-市场系统之需的品种时,可以考虑引种。选择引入品种的主要依据有二:一是该品种的经济价值和种用价值,应当是当时世界上著名的杰出优秀者;二是有良好的适应性。高产是引种的必要性,适应是引种的可能性。

一般地说,历史长、分布广的品种常有好的适应性。引入地生态环境与原产地差异小时引种易成功。不过为了确保成功,应做引种试验。就是说,先少量引种,研究观测引入个体对本地生态环境的反应,制定对策,然后再大量引种。当原产地与引入地生态环境差异较大时,经验表明,自热带引入温带地区易成功,反之则难成功。这是因为家畜生理上适应低温的能力强,人工防寒设备比防高温设备简单、经济;一般热带饲养管理较粗放。

(三)慎重选择引入个体

优秀品种内常有很大变异,引种时要认真选择引入个体。要注意引入个体的体质外形、生长发育状况、生产力高低,尤其是要查系谱,防止引入遗传缺陷病。

引入个体间一般不要有亲缘关系,公畜最好来自不同品系,这样可使引入种群的遗传基础广些,有利于今后选育。此外,幼年个体对新环境的适应能力强,所以引种时幼年强健者易成功,有时也可以引进胚胎。

(四)合理选择调运季节

为使引入个体在生活环境上的变化不太突然,使个体有个逐步适应过程。在调运家畜时应注意原产地与引入地的季节差异。影响品种的自然因素较多(如纬度、海拔等),而气温对品种的影响最大,因此一定要选择好引种季节,尽量避免在炎热的夏季引种。同时,要考虑到有利于引种后风土驯化,使引种羊尽快适应当地环境,从低海拔向高海拔地区引种,应安排在冬末春初季节,从高海拔向低海拔地区引种,应安排在秋末冬初季节,在此时间内两地的气候条件差异小,气温接近,过渡气温时间长,特别在秋末冬初引种还有一个更大的优点,此时羊只膘肥体壮,引进后在越冬前还能够放牧,只要适当补充草料,种羊就能够安全保膘越冬。

(五)严格检疫

我国通过引种曾引入很多新疫病,给生产带来巨大损失。为了不进口疫病,在引种时必须严格检疫,按进出口动物检疫法程序进行。在我国境内引种也要严格执行检疫隔离制度,确保安全后方可正常混群饲养。一般境外引种需在隔离场隔离观察60天,境内引种需隔离观察30天,确保引种安全,防止外疫传入。

(六)种羊的运输

1.运输前的准备

(1)运输方式　短距离(如省内、邻省等)运输以汽车运输较好,因为汽车运输比其他方式更灵活更方便,便于在运输途中观察和护理羊只。汽车运输要求车况良好,以免运输途中发生机械故障而耽误时间,同时要配备蓬布,防止日晒雨淋;检查车箱内有无突出尖锐物(如钢钉等),以免刺伤羊只。此外,货箱门要牢固,采用双层运输时支架及上层货架一定要固定好,以免运输途中因支架折断后上层货架塌落压伤压死羊只。车厢也要消毒,运输前可选用10%的生石灰水或3%～5%的烧碱水溶液喷洒。

(2)驾驶员和押运员　驾驶员应选择技术精湛、经验丰富、应变力强的人,要带齐各类行车证件。押运员必须是业务骨干,而且责任心强,能吃苦耐劳,年轻力壮。要办好各种过境证明(如种畜运输证明、检疫证明等),防止运输途中遇检查时因手续不齐全而受阻,延长时间。

(3)器械准备　要备好提水桶、兽用药械(如注射器等)、应急抢救药物(如镇静、消毒、强心等药物)、手电筒等。

(4)备足草料　要根据羊只运输数量、行程的远近来备足运输途中种羊所需的草料。

(5)妥善安排接车工作　调运前要安排专人在引种到达地点负责接车验收,保证引进种羊有专人专管。

2.运输

运输途中羊只难免会遇到各种应激反应,但只要选好适宜的运输方式,采取科学的护理方法,就可以减少不必要的损失,使种羊顺利运到引种目的地。

①要根据车厢大小确定运输数量,装运应以羊只不拥挤为宜,起运前要给羊只喂足草料及饮水。

②运输途中要求中速行车,尽量减少车体剧烈颠簸,防止羊只因突然惯性而拥挤、踩压,造成伤亡。

(七)加强引入种群的选育

不同品种对引入地生态环境的适应性不同,同一品种内个体间也有差异。引种后应加强选种、选配和培育,使引入种群从遗传上适应新生态环境。

若引入地生态环境与原产地相差很大,不能直接引种,则可考虑改良杂交,使引入品种的遗传成分逐代增加,使之在选育作用下逐代适应。也可用引入品种与本地品种杂交,搞杂交育种。

对引入品种选育的同时,还要逐代扩群,选育到一定程度就可开展品系繁育,建立符合我国生态环境和生产-市场系统的新品系,并扩大生产,在本地养殖业中大量使用。

(八)加强引入羊的饲养管理

加强引入羊的饲养管理和适应性锻炼。引入第一年很关键。要尽量创造条件使饲养管理与原产地接近。然后逐渐过渡到引入地的饲养管理条件。为防水土不服,还可带原产地饲料,供途中和初到引入地时饲喂。另外还应尽量创造与原产地相同的小气候。

加强适应性锻炼和改善饲养管理条件同样重要。应加强引入个体的锻炼,使之逐渐适应引入地的生活环境。

(九)引种的注意事项

近年来,养羊业的兴起,广泛地带动了地方百姓的养殖积极性。为配合养殖发展的需要,部分单位纷纷引进新的羊品种,如波尔山羊、美利奴、萨福克、夏洛来、杜泊等。这对地方羊的品种改良和新品种的培育无疑是个很好的促进作用。但引种常要花很多钱,由于自然条件对品种特性有广泛而又持久的影响,所以引种时要非常慎重。既要考虑引种的必要性,又要研究引种的可能性,订出周密的引种方案。引种的同时有几个问题应引起注意。

(1)引种要避免盲目性 随着经济的发展,羊产品的需求越来越大。但由于市场调节,羊产品有时在市场上起落无常,所以引种前要搞好市场调查,搞清所引进品种的市场潜力,有发展前途则可以引进,无则不能引进,盲目引种只能导致养殖失败。从市场分析来看,由于近两年国外疯牛病和口蹄疫的大规模流行,我国出口牛羊肉速度加快。同时国内近两年草原牧区的雪灾和多年的旱灾一度使国内羊只存栏量减少,这势必形成羊肉的价格优势。所以笔者认为发展肉羊会有一定的前景。

(2)引种要讲方法 无论从国外还是从国内引种,一般有3种方法:一是直接引进纯种个体;二是引进胚胎,进行胚胎移植;三是通过人工授精。3种方法各有利弊。胚胎和精液(冻精)便于携带和运输,但所需繁殖时间要长。直接引进纯种,虽然运输较困难,但可省去妊娠和部分生长期时间,这样引进的纯种利用时间大为提前。胚胎移植和人工授精引进疾病相对要少,引进纯种的同时,也就可能直接引进了某些疾病(虽经检疫,也不可避免)。胚胎移植可引进纯种,人工授精多用于进行杂交改良。另外,如果是单纯为改良本地品种,一般直接引进纯种个体较好。如果是引进新品种进行纯种繁殖,胚胎移植较好。而人工授精多成为纯种繁殖和品种改良的很好途径。

(3)养殖规模与资金要相配套 规模养殖往往前期一次性投资较大。维持投资虽然比重较小,但这较小的投资一旦受阻,往往会造成巨大的经济损失,从而改变经营者的养殖兴趣。没有维持投资就不能发展,不能发展就没有效益,甚至前期投资白白浪费,这就造成养殖失败。河北省某羊场投资上百万元,从国外引进纯种进行养殖。前期投资积极有力,然而由于后期资金不到位,引进后得不到良好的发展。加之缺乏市场经验,养殖出现有前劲无后劲,甚至举步维艰。

(4)对引种单位的信誉进行调研　提供纯种的单位信誉或者中介单位信誉也十分重要。国内范围引种大多一手交钱一手交货,大多不需中介单位,所以过程简单,违约少,即使违约,国内官司也较好处理。但在国外引进品种,大多是先付款,起码要先付多半款,然后供种单位发货。其中有的经过国内的一个中介单位,中介单位一手托两家而从中取利。如果一旦货款给出,国外纯种屡屡违约,中介单位从中左右搪塞,引种方只能连连叫苦,官司不好处理。

(5)慎重考虑引进品种的经济价值　由于媒体的过分炒作或供应单位的过分夸大宣传,使超出商品价值部分的其他费用加大,难免出现货不抵值的现象。一旦引进就会花费很多,加上引进者如果缺乏足够的考查了解,盲目听信他人说教,有时引进之后与自己所想象的相差甚远。

比如波尔山羊无疑是国内外公认的较好的肉羊品种,但单纯从产肉性能上来说,肉山羊远不如肉绵羊净肉率高,增重快。从经济效益上远不如肉绵羊高。如果从改良地方山羊品种的角度考虑引进波尔山羊很好,如果从羊肉发展角度,还是发展肉用绵羊。从地理角度来讲,北方宜引进绵羊,南方宜引进山羊。

(6)引种应因地而宜　考虑本地的地理环境,特别是本地的地貌、气候和饲草资源。应慎重引进品种。因为不是所有品种的羊都能在同一地域很好地生长繁殖。考虑北方饲草资源丰富,地域广阔而平坦,但气候寒冷,选择引进较耐寒的绵羊品种或绒山羊为宜。

山区多因地形因素选择善于登山的山羊品种,半山区和丘陵地带如果气候条件适宜,引进品种多很随便,而南方一般高温、高湿而不适应毛用羊的生长。

总之,引进纯种由于投资较大,所以各方面的问题都应引起注意,一旦一个或者几个环节失误往往会造成巨大损失。

四、羊引种失败原因分析

优良种畜只有适应当地生活条件,才能提高生产,否则就不能发挥其优良性能。关于如何引种,我国著名的养羊科学专家汤逸人教授曾经指出:"引进前应充分调查其所需自然环境条件、饲养管理条件、弄清生产性能、常见疫病和寄生虫病。购入之后应放在其所需要的环境条件下,进行科学饲养和繁殖。"否则往往多病多死,难免失败。引种要使内因和外因矛盾着的双方统一起来,才能顺利地发展生产。下面就引种失败原因做一分析。

(一)自然生态原因

小尾寒羊在全国推广的面积和数量可以说是其他绵羊品种不可比的,它将对我国绵羊品种的改良、新品种的培育、羊肉规模生产起到推动作用。近十几年来,河南、山东小尾寒羊主产区向全国推广小尾寒羊数百万只,但引入各地后成功的很多,失败的也不少,各地失败的原因之一就是不了解小尾寒羊原产区的生态条件。引进之初突然改变其原产区的饲养管理方式和生活习性,遭到失败。小尾寒羊的中心产区地处黄河冲积平原,海拔50米,气候适宜,年平均温度13.6℃,绝对最高温度40℃,绝对最低温度-18℃,年降水量557.4毫米,无霜期216天。产区饲草饲料资源丰富,舍饲和半舍饲,放牧距离短。种羊场一般都是舍饲饲养。引种后,少数地区引进小尾寒羊时由于忽视了上述应注意的问题而遭到失败。如小尾寒羊引入牧区后,长距离的游牧,加上高海拔氧气含量少,造成心肺功能衰竭,最终造成引种失败。

（二）饲养管理原因

还以小尾寒羊引种为例，小尾寒羊生长发育速度快，繁殖性能好，但要保证其生长速度和高繁殖特性需在饲养状况良好，满足营养需要的前提下。在饲料必须精粗料合理搭配，能量、蛋白质充足，矿物元素维生素也不能缺乏。但一些地方认识不到这一点，认为只需要秸秆和草就可以了，导致小尾寒羊因营养不足达不到其正常的生长体重和繁殖率，最后失败。在牧区，过度放牧，特别是在草资源不好的草场上放牧，长时间采食不到需要的营养，导致其先疲后弱最后死亡，以这一原因失败的为最多。

（三）区域经济的原因

某些地区养羊没有形成规模，如果在此地引种发展养羊，会因为区域经济的原因形成导致无人收购进行屠宰加工，在一个地区养羊如果没有形成区域化和规模化，零星的小规模饲养户由于商品羊不易销售或价格偏低，造成失败。

第三章 羊的繁育技术

羊的繁殖是指公母羊通过交配、精卵细胞结合,使母羊怀孕,最后分娩产生新的一代羊的过程。这一过程是养羊业中的重要环节。通过羊的繁殖,增加羊群数量,实现扩大再生产,同时最大限度地发挥优良种羊,特别是种公羊的作用,不断提高羊群的质量。因此要掌握羊的繁殖规律,应用繁殖新技术,不断提高羊的繁殖力和生产性能。

第一节 羊的繁殖规律

为做好羊的繁殖工作,提高羊的繁殖成活率,更快地增加羊的数量和养羊业产品,就必须了解和掌握其繁殖规律。

一、羊的适宜繁殖年龄

羊生后达到一定时间出现发情征兆,为初情期的到来,即达到性成熟。此时,公、母羊开始具有繁殖能力,但身体发育尚未成熟,故不宜配种。为防止早配和偷配现象,应将公、母羊在一定时间内分开管理。

母羔初情期的出现是由于垂体前叶促性腺激素的分泌,促卵泡素引起卵巢卵泡的发育,卵泡液中的雌激素激发雌性生殖道的生长发育,当卵泡发育成熟时,促性腺激素的分泌量达到高峰,引起卵泡的破裂和排卵。

公羔一般在5~7月龄时,由于体内雄性内分泌激素逐渐增加,促进雄性器官的发育,此时,也能排出成熟的精子,但精液量很少,畸形精子和未成熟的精子多,故此时不应配种。

羊的性成熟年龄因品种、饲养水平和气候条件等不同而有所差异,在较好饲养条件下,山羊性成熟期为 4～6 月龄,绵羊为 7～8 月龄。某些地方品种如小尾寒羊,性成熟较早,为 4～5 月龄,细毛羊成熟较迟,一般为 8～10 月龄,青山羊在 2～3 月龄即有发情征兆。因受遗传和环境因素影响,同一品种不同个体的羊性成熟期也存在差异,一般发育快,个体大的羊性成熟早,反之则晚。

羊的初配年龄应根据不同品种、生长发育状况而定。一般山羊在 6～7 月龄即可配种,奶山羊最好达 12 月龄开始初配;绵羊一般在 1 周岁配种较为适宜,公羊一般在 1.5 岁以后开始利用。从生长发育状况确定,一般母羊初配时体重应达到成年体重的 60%～70%。初配期过早,不仅会影响其本身的生长发育,还会影响其后代的体质和生产性能。

羊一般在三四岁时繁殖力最强,主要表现为繁殖率高,羔羊出生重大,发育快。绵羊的繁殖年限为 8～10 年,山羊略短,但公、母羊的繁殖利用年限一般不超过 6 年。

二、发情期和发情周期

(1)发情期 发情是母羊达到性成熟时的一种周期性的性表现。主要表现为:主动接近公羊并接受公羊的爬跨交配。母羊发情时,表现为兴奋不安、鸣叫、摇尾、行动异常、采食量下降、外阴部充血肿大、柔软松弛、阴道黏膜充血发红。发情初期阴户有少量透明黏液分泌,中期黏液增多,末期分泌的黏液呈胶状。处女羊一般发情不明显,且多拒绝公羊爬跨,故需仔细观察,以使其适时配种。

(2)发情周期 发情周期又叫"性周期",是指母羊性成熟后,在一定季节或全年中出现发情,然后消失,经过一定时间又发情,从上一次发情开始到下一次发情开始,其间隔的时间称发情周期。绵羊的发情周期一般为 16～20 天,山羊 14～21 天。发情周期因品种、年龄、饲养条件、健康状况及气候条件等不同而有差异,如济宁青山羊发情周期为 14～16 天,萨能奶山羊为 19～21 天,营养良好的母羊或壮年母羊发情周期短,处女羊、老龄母羊或营养不良的母羊发情周期较长。

母羊每次发情持续的时间称为发情持续期,绵羊一般为 1～1.5 天,山羊 1～2 天,母羊排卵一般在发情后 12～40 小时内,故发情后 12 小时左右配种容易受胎。

三、繁殖季节

大多数品种的羊是季节性繁殖的。只有在繁殖季节,母羊的卵巢才处于活动状态,滤泡发育成熟,母羊表现出发情的征状,并接受公羊交配。所以繁殖季节也就是母羊的性活动期,亦称为配种季节。

一般来说,母羊为季节性多次发情动物,每年秋季随着光照从长变短,羊便进入繁殖季节,这是由于长期自然选择的结果。不同的季节里,光照、气温、饲料等环境条件不同,在自然状态下,只有母羊在秋季配种、春季产羔,是一年中羔羊生存的最好时期。我国牧区、山区的羊多为季节性多次发情类型,而某些农区品种,经长期人工驯养,如小尾寒羊、湖羊等往往常年发情,没有繁殖季节与非繁殖季节之分。

羊的繁殖季节受多种因素影响,其中光照是繁殖季节的主要限制因素。母羊是随着光照由长变短,性活动加强,进而出现发情症状,因此羊被认为是短日照繁殖动物。在赤道附近的地区,由于全年的昼夜长度比较恒定,所以母羊全年均可发情,该地区培育的品种,其性活动也不易随白昼长短的变化而有所反应,即光照的长短对其性活动影响不大。纬度越高,不同季节的光照差异越大,母羊的季节性繁殖越明显。由北半球移植到南半球的母羊,在纬度和月份完全改变的条件下,经过一段时间后,会完全适应移入地区的光照变化,仍然表现在短日照开始的秋季发情。另外,羊的品种、年龄、气温、营养和异性刺激等因素,都对繁殖季节有不同程度的影响。我国北方牧区、山区的母羊多在秋、冬季发情,而湖羊和寒羊几乎全年都可以发情配种。一般处女羊和老龄羊较壮年羊发情开始的晚,繁殖季节也较短。饲料充足,营养水平高的母羊,繁殖季节就可以适当提早;相反就会推迟。在繁殖季节来临之前的适当时期,采取加强营养措施,进行催情补饲,这样不但能提早繁殖季节,而且可以增加双羔率。如果长期饲料不足、营养不良,则其繁殖季节开始就会推迟,结束也较早,亦缩短了繁殖季节。酷热和严寒的气温都对母羊的繁殖产生不利影响,大多数母羊会推迟繁殖季节。凉爽的气温可使繁殖季节提前。在繁殖季节开始前,将公羊放入母羊群中,由于异性刺激(亦称公羊效应),母羊可提前发情。

第二节　羊的配种技术

一、配种时间的确定

绵、山羊配种时期的选择,主要是根据什么时候产羔最合适来确定。在每年产 1 次羔的情况下,可分为冬羔和春羔 2 种。一般 8～9 月份配种,翌年 1～2 月份所产的羔为冬羔;在 10～12 月份配种,翌年 3～5 月份所产的羔为春羔,所产冬、春羔各有其优缺点,应根据当地自然条件和饲养管理水平等确定。

产冬羔的优点是:母羊配种期膘情好,受胎率高,怀孕母羊营养好,有利于羔羊生长发育,羔羊初生重大;母羊产羔时膘情还未显著下降,产羔后,奶水较充足,羔羊发育好;羔羊断奶后,正值青草期,饲草充足,生长较快。缺点是:所产冬羔,在哺乳后期正值枯草期,需要准备充足的饲草、饲料,否则,母羊容易缺奶,影响羔羊发育。另外,冬季产羔寒冷,需准备良好的保温产羔圈,否则羔羊成活率较低。产春羔的优点是:产羔时气候已经开始转暖,因而对羊舍的要求不严格,同时,由于母羊在哺乳前期能吃上青草,能分泌较多的乳汁哺乳羔羊。缺点是:母羊在整个怀孕期大部分时间处在枯草期,由于母羊营养不良,因而所产羔羊体质欠佳,初生重较轻。另外,由于春季气候变化无常,母羊及羔羊容易得病。

对一年四季均能发情配种的绵、山羊,也应选择最佳的配种期,如小尾寒羊一年四季均能发情,据河北省畜牧兽医研究所张英杰等人测定,在 6～8 月份配种的母羊受胎率显著降低,当环境温度在 32℃ 以上时配种,母羊的胚胎死亡率显著提高,繁殖率下降,因而小尾寒羊的配种时间应控制在 9 月份至翌年的 4 月份。

二、配种方法

羊的配种方法可分为自然交配和人工授精 2 种。

(一)自然交配

自然交配又可分自由交配和人工辅助交配。

(1)自由交配 在绵、山羊繁殖季节,将公、母羊混群饲养,任其自然交配,这种方法配种可节省劳动力,不需任何设备。但容易造成公、母羊交配过早,影响生长发育,也容易造成近亲交配。另外,由于不知道母羊配种的确切时间,无法正确预测预产期,会给生产上造成一定困难。母羊发情后,由于公羊多次交配,精力消耗太大,也影响其生长发育。

如采用自由交配的方法,最好在非配种季节将公、母羊隔离饲养,配种季节再将公羊放在母羊群中,使之自由交配。公、母羊的比例一般为 1∶30,为避免近亲交配,应定期调换种公羊。

(2)人工辅助交配 将公、母羊分群隔离饲养,配种期间用种公羊或羯羊试情,将发情母羊挑出来,用指定公羊进行配种。采用这种方法,可进行有目的的选种配种,提高公羊利用率,并可正确预测母羊的预产期,以做好产前的护理工作。

在群体饲养的羊群中,由于母羊发情症状不明显,发情持续期短,发情羊不易被人发现,因此在进行人工辅助交配及人工授精前要用试情公羊寻找发情母羊,便于及时配种。试情公羊的作用是发现发情母羊,但又不能使之与母羊交配。对试情公羊常采用以下的处理方法:一是试情布法:用 40 厘米×35 厘米白布,四角钉上带子,拴在试情公羊的腰部,将公羊的阴茎兜住;二是结扎输精管或移位阴茎法:通过外科手术,结扎试情公羊的输精管,或将其阴茎移位,使之偏离正常体位。经处理后的试情公羊,前者能与母羊交配,但不能使母羊受孕,后者根本不能交配。

另据承德地区畜牧研究所付士昌等报道,可用羯羊代替试情公羊。具体做法是,将 2.5 岁羯羊注射雄激素(丙酸睾丸素),3 天后放入母羊群中,即追逐发情母羊,表现出求偶举动,而发情母羊则出现接受交配的姿势。

试情一般在每日早晨或傍晚进行。将试情公羊放入母羊群中,试情公羊与母羊比例以 1∶40 左右为宜。试情公羊先用鼻去嗅母羊,或用蹄挑逗母羊,后来爬跨到母羊背上,当母羊不动,不拒绝,或伸开后腿排尿,这种母羊就是发情羊。将发情母羊拉出,在其身上涂上颜料,放入待配种室内。

(二)人工授精

羊的人工授精是指通过人为方法,借助采精和输精器械的帮助,将公羊的精液采出,经过适当处理后,输入到母羊体内,使母羊受精。人工授精对良种推广和扩大繁殖能起巨大的作用。它能减少疾病传染和不孕症,提供可靠的配种记录,减少种公羊饲养费用。人工授精的最大优点是增加种公羊交配母羊的头数,扩大优秀种公羊的利用率。在自然交配时,公羊一次射精只能配 1 只母羊,如采用人工授精的方法,由于精液可以稀释,一般可供几只或几十只母羊授精之用,精液稀释倍数可达5～10倍。据崔安民(1988)报道:用阿尔巴斯白山羊公羊进行精液不同倍数稀释输精试验,1∶5倍稀释的精液常规输精受胎率可达94%。又据承德地区畜牧研究所付士昌等人报道,中国美利奴公羊精液用山羊脱脂乳稀释7倍,常规输精受胎率可达90.0%。

三、人工授精技术

人工授精包括精液采集、品质检查、稀释、保存和输精等主要技术环节。

(一)采精前的准备

(1)种公羊的准备　种公羊应保持体质健壮,发育良好,遗传性能好,性欲旺盛,经常保持种用体况。营养上要保证各种营养元素尤其是蛋白质、维生素和矿物质的充分供给,饲料搭配要多样化,适口性要好。配种前1个月,先清洗公羊外生殖器,试采精液,排空衰老精子并检查精液品质。对初次参加配种的公羊和性反射差的公羊,应提前调教,方法是在采精圈固定地点与发情母羊交配数次,增强其性欲,再用发情的台羊让其爬跨数次,采精1或2次,将公羊牵至别处,换上假台羊,进行采精,经过几次后便成习惯。为了刺激种公羊性欲可将发情母羊的尿液或阴道分泌物涂在假台羊的尾部。

(2)器材用具和常用药品的准备　要提前准备好人工授精所需的假阴道、输精器、阴道开膛器、集精瓶、玻璃棒、镊子、烧杯、磁盘、纱布、显微镜、计数器、载玻片、盖玻片、温度计、蒸煮锅等器材以及常用酒精、凡士林、碳酸氢钠、氯化钠、来苏儿或新洁尔灭等药品。用于采精、输精以及与精液接触的一切器械都要进行消毒并存放于清洁的柜子中。

采精前假阴道的安装十分重要,要注意假阴道内部的压力和温度应与母羊阴道相仿。采精器械经过严格消毒后,将内胎装入外壳中,装上集精瓶,在内胎的 1/3～1/2 部分涂上消毒过的凡士林,灌入 45～50℃的温水 150～180 毫升,采精内胎腔的温度保持在 39～42℃。通过气门活塞向夹层中吹入空气,增加弹性,调整压力,当内胎的壁口部呈三角形间隙即可,使用前再仔细检查温度、压力、是否漏水和滑润度。

（二）采精

将待采精公羊包皮部分的长毛剪去,采精前要清洗、消毒包皮的周围。当公羊接触台羊后,不要让其立即爬跨,控制几分钟再采精,这样有助于提高精液的品质。

采精时采精人员跨伏在母羊的右侧后方,右手横握假阴道,贴靠在母羊尾部,并使活塞向下,与地面呈 38°～45°角,当公羊爬跨台羊伸出阴茎时,采精员左手轻托阴茎包皮,将阴茎导入假阴道中,并保持假阴道与阴茎呈一直线。当公羊腰部微弯用力向前耸动即完成射精。当公羊从台羊身上滑下来时,采精员顺着公羊的动作将假阴道紧贴包皮轻轻后移取下,并迅速将集精瓶口向上,打开活塞,放出气体,取下集精瓶,盖上盖子,做上标记,送精液处理室检查。

（三）精液品质检查

检查精液品质的好坏是种公羊种用价值和配种能力的一种检查,通过精液品质的检查,确定能否用于输精以及稀释的倍数,从而确保输精效果和母羊的受胎率。精液品质检查要求在 18～25℃的室温下进行。检查应迅速,取样要有代表性,评定结果准确。

首先,对采出的精液通过肉眼和嗅觉对射精量、颜色和气味等一般性状进行检查。公羊正常的射精量为 0.8～2.0 毫升,平均 1 毫升。颜色为乳白色或乳黄色,略带腥味,精液呈云雾状,上下翻腾,运动不停。然后,在 300～600 倍显微镜下评定精子的活力、密度并计算精子数目及检查畸形精子。

（1）活力的检查　精子活力的检查是测定精液中作直线前进运动的精子百分率。检查时在载玻片上滴一滴精液,加盖玻片,在300～500倍显微镜下观察。全部精子都作直线前进运动活力评为1,90%的精子做直线前进运动评为0.9,依此类推,可分为10个等级。一般活力在0.6以上才能供输精用。

（2）密度的检查　通常与精子活力检查同时进行。精子密度分为密、中、稀、无4级。

密:视野中精子数目很多,精子间空隙不足于容纳1个精子的长度,精子稠密到看不清单个精子的活动情况。

中:视野中精子数目也很多,但精子间有容纳1个精子的空隙。

稀:精子数目不多,精子间空隙超过2个精子长度。

无:视野中无精子。

供输精用的精液密度须在中级以上。

（3）精子数目的计算　如果需要精确测定每毫升精液中所含精子的数量,可用血细胞计数板进行。先用红细胞吸管吸取精液至0.5刻度处,再吸入3%氯化钠溶液至101刻度处(将原精液稀释200倍),并使氯化钠溶液与精液充分混匀。将稀释好的精液滴于计数板与盖玻片的边缘,使其自然注入并充满计数室内。将计数板置于600倍显微镜下进行计算。计算5个大方格(选择一条对角线上的5个格或四角各一个,再加中央一个)内的精子总数乘以1 000万,即为1毫升精液中的精子数。

（4）畸形精子的检查　畸形精子的形态有巨型精子、短小精子、双头或双尾精子、头部或尾部弯曲的精子、顶体脱落的精子等。公羊精液中畸形精子较多,会降低母羊受胎率。畸形精子过多时则会造成母羊不孕。

（四）精液的稀释

稀释精液的目的是为了增加精液的容量,扩大母羊受精数,延长精子的存活时间和增强精子的活力，使精子在保存运输过程中免受各种物理、化学、生物因素的影响。稀释液应力求配制简单、成本低廉，对精子的生存有益无害。

常用稀释液有以下几种：

(1)0.9%氯化钠(生理盐水)溶液 蒸馏水 100 毫升，氯化钠 0.9 克。

(2)2.9%柠檬酸钠溶液 蒸馏水 100 毫升，柠檬酸钠 2.9 克。

将氯化钠或柠檬酸钠加入蒸馏水中，用玻璃棒搅拌溶解，然后用滤纸过滤，水浴煮沸 10～15 分钟消毒，冷却至室温即可使用。上述 2 种稀释液，只能用于增加精液容量，稀释后需马上输精，通常将精液稀释 1～2 倍。

(3)牛奶或羊奶稀释液 新鲜牛奶或羊奶用纱布过滤后煮沸消毒 10～15 分钟，冷却至室温，除去奶皮即可应用。一般稀释 2～4 倍。

(4)奶粉卵黄稀释液 于 100 毫升蒸馏水中加奶粉 10 克，搅拌溶解后过滤，水浴煮沸 10～15 分钟，冷却至室温时加入新鲜卵黄 10 毫升，青霉素 5 万～10 万国际单位，链霉素 0.1 克，充分混合即可。可稀释 2～4 倍。

(5)葡萄糖卵黄稀释液 葡萄糖 3 克，新鲜卵黄 20 毫升，青霉素 10 万国际单位，柠檬酸钠 1.4 克，蒸馏水 100 毫升。将葡萄糖和柠檬酸钠溶于蒸馏水中，过滤后煮沸 10～15 分钟，降至室温后加入卵黄和青霉素，振荡溶解混匀即可。一般稀释 2～3 倍。

精液采取后应尽快稀释，稀释越早，效果越好。精液与稀释液混合时，二者的温度应保持一致，稀释应在 25～30℃室温和灭菌条件下操作。把稀释液沿集精瓶壁缓缓倒入，轻轻摇动，使之混匀。稀释后的精液应立即进行镜检，观察其活力，稀释后的精液每次输精量 0.1～0.2 毫升，并保证有效精子数在 7 500 万个以上，活力 0.6 以上。

(五)精液的保存

精液的保存按保存温度可分为:常温(10～20℃)保存、低温(0～5℃)保存和冷冻(－196～－79℃)保存 3 种。

(1)常温保存　将稀释好的精液盛于无菌的干燥试管中,然后加塞、盖严、封蜡隔绝空气即可。该法可保存 1～2 天。

(2)低温保存　低温保存要注意缓慢降温。可以将盛精液的试管外包上棉花,再装入塑料袋内,然后放入冰箱。此法可保存 2～3 天。

(3)冷冻保存　将稀释好的精液放入冰箱中,经 2～4 小时降温平衡。然后在装满液氮的广口保温瓶上,放一光滑的金属薄板或纱网,距液氮 1～2 厘米,几分钟后待温度降至恒温时,将精液用滴管或细管逐滴滴在薄板或纱网上,滴完后经 3～5 分钟,用小勺刮取颗粒,收集好,立即放入液氮中保存。此法可长期保存精子。

(六)输精

羊的输精最好使用横杠式输精架。地面埋两根木桩,木桩间距可视一次输精羊数而定,再在木桩上固定一根圆木,圆木距地面50～70 厘米。输精母羊的后肋担在横杠上,前肢着地,后肢悬空,几只母羊可同时担在横杠上,输精时比较方便。

输精前将母羊外阴部用来苏儿溶液擦洗消毒,水洗擦干后,再将开腔器插入,寻找子宫颈口。子宫颈口的位置不一定正对阴道,但其附近黏膜的颜色较深,容易找到。成年母羊阴道松弛,开腔器张开后容易挤入黏膜,注意不要损伤。处女羊阴道狭窄,开腔器无法伸开,只能进行阴道输精,但输精量至少增加 1 倍。绵羊输精用原精液量的 0.05～0.10 毫升,其中有效精子数在 7 500 万以上,处女羊加倍。输精时,将输精器慢慢插入子宫颈口内 0.5～1.0 厘米处,将所需的精液量注入子宫颈口内即可。羊的输精应该在发情中期或后半期。由于羊发情期短,当发现母羊发情时,母羊已发情了一段时间,因此应及时输精。早上发现的发情羊,当日早晨输精 1 次,傍晚再输精 1 次,若第 2 天仍发情就继续输精,直到发情停止。也可以对早上发现的发情羊,当天晚上、次日早晨各输精 1 次;对晚上发现的发情母羊,次日早、晚各输精 1 次;效果均很好。

第三节　羊 的 妊 娠

一、妊娠期

母羊配种后 20 天不再发情,则可初步判断已经怀孕,羊从受孕到分娩这一段时间叫妊娠期。羊妊娠期一般为 150 天左右,即 5 个月左右。但随品种、个体、年龄、饲养管理条件的不同而略有差别。例如,青壮龄羊妊娠期比老龄羊短,营养良好羊的妊娠期短些,双羔比单羔妊娠期短些。早熟的肉毛兼用或肉用绵羊品种多在饲料优裕的条件下育成,妊娠期较短,平均 145 天左右;细毛羊在草原地区繁育,特别是我国北方草原条件较差,妊娠期 150 天左右。

母羊妊娠后,为做好分娩前的准备工作,应准确推算产羔期,即预产期。羊的预产期可用公式推算,即配种月份加 5,配种日期数减 2。

例一:某羊于 2013 年 4 月 26 日配种,它的预产期为:

4+5=9(月)……………………预产月份

26-2=24(日)…………………预产日期

即该羊的预产日期是 2013 年 9 月 24 日。

例二:某羊于 2013 年 10 月 9 日配种,它的预产期为:

(10+5)-12=3(月)…………预产月份(超过 12 个月,可将分娩年份推迟 1 年,并减去 12 个月,余数就是下一年预产月数)。

9-2=7(日)……………预产日期

即该母羊的预产期是 2014 年 3 月 7 日。

二、妊娠症状

母羊配种后经过 1~2 个发情周期不再发情,即可初步认为妊娠。妊娠羊性情安静、温顺,举动小心迟缓。食欲好,吃草和饮水增多,被毛光泽,腹部逐渐变大,乳房也逐渐胀大,一般 2 个月后可用腹壁探测法检查母羊是否怀孕。检查在早晨空腹时进行,将母羊的头颈夹在两腿中间,弯下腰将两手从两侧放在母羊的腹部乳房的前方,将腹部微微托起。左手将羊的右腹向左侧微推,左手的拇指、食指叉开就能触摸到胎儿。60 天以后的胎儿能触摸到较硬的小块;90~120 天就能摸到胎儿的后腿腓骨,随着日龄的增长,后腿腓骨由软变硬。

当手托起腹部手感有一硬块时,胎儿仅有 1 个;若两边各有一硬块时为 2 羔;在胸的后方还有一块时为 3 羔;在左或右胸的上方又有一块时为 4 羔。检查时手要轻巧灵活,仔细触摸各个部位,切不可粗暴生硬,以免造成胎儿受伤、流产。

三、妊娠的早期判断

对配种后的母羊进行早期妊娠判断,及时发现空怀母羊,以便采取补配措施,同时对已受孕的母羊加强饲养管理,避免流产,可以提高羊群的受胎率和繁殖率。通常妊娠的早期判断有以下几种方法。

(一)外部观察法

母羊妊娠后,一般外观表现为发情周期停止,食欲增进,营养状况改善,毛色润泽,性情变得温顺,行为谨慎安稳,腹部逐渐变大,乳房也逐渐胀大。

外部观察法的最大缺点是不能早期（配种后第一个情期前后）确诊母羊是否妊娠。因此，在外部观察法中经常结合触诊法。检查时，用两腿夹住母羊颈部（或前躯）保定，双手紧贴下腹壁，以左手在右腹壁前后滑动触摸是否有硬块，有时还能摸到子叶。

（二）直肠腹壁触诊法

母羊在触诊前应停食一夜。触诊时，先将母羊仰卧保定，用肥皂水灌肠，排出直肠粪便，然后将涂有润滑剂的触诊棒（直径1.5厘米，长50厘米，前端弹头形、光滑的木棒或塑料棒）插入肛门，贴近脊柱，向直肠内插入30厘米左右，然后一只手轻轻下压棒的外端，使直肠内一端稍微挑起，以托起胎胞，同时另一只手在腹壁触摸，如能触及块状实体为妊娠，如摸到触诊棒，应使棒回到脊柱处反复挑起触摸，如仍摸到触诊棒，即为未孕。以此法检查，胎儿日龄越大，准确率越高。配种后60天的孕羊，准确率可达95%，85天以后为100%。检查应注意防止直肠损伤，配种100天以后的母羊要慎用此法。

（三）阴道检查法

母羊妊娠后，生殖系统由于胚胎的存在而出现一系列协调一致的变化，如阴道黏膜的色泽、干湿状况，黏液性状（黏稠度、透明度及量），子宫颈形状位置等，这些变化可作为妊娠诊断的依据。

（1）阴道黏膜　母羊怀孕3周后，阴道黏膜由未孕时的淡粉色变为苍白色，没有光泽，表面干燥，同时阴道收缩变紧，以开张器打开阴道时，黏膜为白色，几秒钟后即变为粉红色者为怀孕症状，未孕者黏膜为粉红色或苍白，由白变红的速度较慢。

（2）阴道黏液　孕羊的阴道黏液量少透明，开始稀薄，20天后变稠，能拉成线。如量多、稀薄、色灰白而呈脓样者多为未孕。

（3）子宫颈　孕羊子宫颈紧缩关闭，其阴道部变为苍白，有糨糊状的黏液块堵塞于子宫颈口称为子宫栓（或子宫塞）。

(四)免疫学诊断法

早期怀孕的羊含有特异性抗原,而且在受精后第 2 天就能从一些孕羊的血液里检查出来,在第 8 天经常可以从所有试验母羊的胚胎、子宫及黄体中鉴定出来。这种抗原是和红细胞结合在一起的,用它制备的抗怀孕血清,和怀孕 10～15 天期间母羊的红细胞混合时出现红细胞凝集作用,如果没有怀孕,红细胞不发生凝集现象。

(五)超声波探测法

用超声波探测器的探头扫描羊的下腹部,或插入直肠,收集胎儿血管、脐带和心脏中的血液流动情况。通过对大量母羊的检查证明,对妊娠 60 天前后的绵羊准确率达 95%～97%,未孕羊测定的准确率为 93%。

(六)孕酮水平测定法

母羊怀孕后,血液中孕酮含量显著增加,用放射免疫法或蛋白结合竞争法测定血浆中孕酮的含量,以判定母羊是否妊娠。孕羊(20～25 天)每毫升血浆中孕酮含量绵羊大于 1.5 纳克,山羊大于2.0 纳克。

(七)外源激素探测法

据文弘淳报道,用三合激素给配种后的奶山羊注射,每只羊0.5～0.7 毫升,肌肉注射 1 次,注射后 6 天内发情者为阴性反应(未孕),超过 6 天发情者为可疑反应,无发情者为阳性反应(受孕),结果未受孕符合率为 96.6%,受孕符合率为 96.2%。

第四节　产羔和接羔

母羊配种怀孕后,经过 5 个月的妊娠时间即可分娩产下小羊羔。产羔接羔是养羊的又一重要生产环节。做好接羔及其护理工作是提高羔羊存活率的重要环节,要做好计划,周密安排。

一、产羔前的准备

(一)饲草饲料的准备

绵羊、山羊的繁殖都具有相对的季节性,因而产羔也同样具有季节性。绵羊较山羊的季节性更为明显集中些,大多是春秋两季,特别是产的冬春羔可当年繁殖配种或育肥出栏,因此冬春产羔优于秋季产羔。但我国大部分地区冬春季节气候寒冷,牧草枯萎时间较长,特别是积雪天,母羊采食困难,由于营养不足,母羊将耗费自身体能营养以维持胎儿后期剧烈生长的需要。由此将造成母羊体力虚弱,分娩无力形成难产,或产后无奶,羔羊冻饿而死,所以贮备产羔季节的草料是非常重要的。应种植一些优良的牧草,夏秋季收贮起来以备产羔时用。大型草原放牧场,应在产羔圈不远的地方预留一些草场,平时不要放牧,专作产羔母羊的放牧地。母羊在产羔前后几天均不要出牧,在羊舍喂养。冬春草料补饲应在母羊怀孕后期进行,不能到临产时才开始补给营养。为了有利于母羊泌乳,储备一些青贮、多汁饲料也是必要的。

(二)产羔室的准备

大群养羊的场户,要有专门的接产育羔舍,即产房。舍内应有采暖设施,如安装火炉等,但尽量不要在产房内点火升温,以免因烟熏而引起羊患肺炎或其他疾病。产羔期间要尽量保持恒温和干燥,一般 5～15℃ 为宜,湿度保持在 50%～55%。产羔前应把产房提前 3～5 天打扫干净,墙壁和地面用 5% 碱水或 2%～3% 的来苏儿消毒,在产羔期间还应消毒 2～3 次。产羔母羊尽量在产房内单栏饲养,因此在产羔比较集中时要在产房内设置分娩栏,既便于避免其他羊干扰,又便于母羊认羔,一般可按产羔母羊数 10% 设置。提前将栏具及料槽和草架等用具检查、修理,用碱水或石灰水消毒。准备充足碘酒、酒精、高锰酸钾、药棉、纱布及产科器械。

(三)人员方面

产羔时和产羔后一段时间内工作比较繁重,要根据羊群分娩头数合理配备人力,产羔刚开始时可以少些,产羔高峰期增加,末期渐减,参加接羔和护羔的人员应掌握产羔和护羔的基本技术,在产羔期间应做到昼夜值班,以免造成不必要的损失。

二、母羊分娩征象观察

母羊在临近分娩时会有许多异常的行为表现和一些组织器官的变化。临产母羊乳房开始胀大,乳头硬挺并能挤出黄色的初乳;阴门较平时明显肿胀变大,且不紧闭,并不时有浓稠黏液流出;骨盆韧带变得柔软松弛,肷窝明显下陷,臀部肌肉也有塌陷,由于韧带的松弛,荐骨活动性增大,用手握住尾根向上抬感觉荐骨后端能上下移动;临产母羊表现孤独,常站立墙角处,喜欢离群,放牧时易掉队离群,用蹄刨地,起卧不安,排尿次数增多,不断回顾腹部,食欲减退,反刍停止,不时鸣叫等。有以上征状表现的母羊应留在产房,不要出牧,应准备接产。

三、正常接产

首先剪去临产母羊乳房周围和后肢内侧的毛,以免妨碍初生羔羊哺乳和吃下脏毛。有些细毛羊品种眼睛周围密生有毛,为不影响视力,也应剪去。用温水洗净乳房,并挤出几滴初乳,将母羊的尾根、外阴部、肛门洗净,用1%来苏儿消毒。

母羊分娩过程开始是以子宫颈的扩张和子宫肌肉有节律性地收缩为主要特征,在这一阶段的开始,每15分钟左右便发生收缩,每次约20秒钟,由于是一阵一阵地收缩,故称之为"阵缩"。在子宫阵缩的同时,母羊的腹壁也会伴随着发生收缩,称之为"努责"。阵缩与努责是胎儿产出的基本动力。在这个阶段,扩张的子宫颈和阴道成为一个连续管道。随着胎儿和尿囊绒毛膜进入骨盆入口，尿囊绒毛膜开始破裂，尿囊液流出阴门，有人称之为"破水"。这一阶段的时间为 0.5～24 小时，平均为 2～6 小时。随后胎儿继续向骨盆出口移动，同时引起膈肌和腹肌反射性收缩，使胎儿通过产道产出。若尿囊破后超过 6 小时胎儿仍未产出，即应考虑胎儿产式是否正常，超过 12 小时，即应按难产处理。胎儿从显露到产出体外的时间为 0.5～2.0 小时，产双羔时，先后间隔 5～30 分钟，胎儿产出时间一般不会超过 2～3 小时，如果时间过长，则可能胎儿产式不正常形成难产。

正常分娩的经产母羊，在羊膜破后 10～30 分钟，羔羊即能顺利产出。一般两前肢和头部先出，若先看到前肢的两个蹄，接着是嘴和鼻，即是正常胎位。到头也露出来后，即可顺利产出，不必助产。

产双羔时，先后间隔 5～30 分钟，也有长达 10 小时以上的。母羊产出第一只羔羊后，如仍表现不安，卧地不起，或起立后又重新躺下、努责等，可用手掌在母羊腹部前方适当用力向上推举。如是双羔，则能触到一个硬而光滑的羔体，应准备助产。

羔羊产出后，应迅速将羔羊口、鼻、耳中的黏液抠出，以免呼吸困难窒息死亡，或者吸入气管引起异物性肺炎。羔羊身上的黏液必须让母羊舔净，如母羊恋羔性差，可把胎儿黏液涂在母羊嘴上，引诱母羊把羔羊身上舔干。如天气寒冷，则用干净布或干草迅速将羔羊身体擦干，免得受凉。不能用一块布擦同时产羔的几只母羊的羔羊。

羔羊出生后，一般母羊站起，脐带自然断裂，这时在脐带断端涂 5％碘酒消毒。如脐带未断，可在离脐带基部 6～10 厘米处将内部血液向两边挤，然后在此处剪断，涂抹浓碘酒消毒。

四、难产及助产

阴道狭窄、子宫颈狭窄、母羊阵缩及努责微弱、胎儿过大、胎位不正等,均可引起难产。在破水后 20 分钟左右,母羊不努责,胎膜也未出来,应及时助产。助产必须适时,过早不行,过晚则母羊精力消耗太大,羊水流尽不易产出。

初产母羊要适时予以助产。一般当羔羊嘴已露出阴门后,以手用力捏挤母羊尾根部,羔羊头部就会被挤出,同时用手拉住羔羊的两前肢顺势向后下方轻拖,羔羊即可产出。

助产的方法主要是拉出胎羔。助产员要剪短、磨光指甲,洗净手臂并消毒、涂抹润滑剂。先帮助母羊将阴门撑大,把胎儿的两前肢拉出来再送进去,重复 3～4 次。然后手拉前肢,一手扶头,配合母羊的努责,慢慢向后下方拉出,注意不要用力过猛。也可用两手指伸入母羊肛门内,隔着直肠壁顶住胎儿的后头部,与子宫阵缩配合拉出,只要不伤及产道即可。

难产有时是由于胎势不正引起的,一般常见的胎势不正,有头出前肢不出,前肢出头不出,后肢先出,胎儿上仰,臀部先出,四肢先出等。首先要弄清楚属于哪种不正常胎势,然后将不正常胎势变为正常胎势,即用手将胎儿轻轻摆正,让母羊自然产出胎儿。

五、假死羔羊救治

有些羔羊产出后,心脏虽然跳动,但不呼吸,称为“假死”。抢救“假死”羔羊的方法很多。首先应把羔羊呼吸道内吸入的黏液、羊水清除掉,擦净鼻孔,向鼻孔吹气或进行人工呼吸。可以把羔羊放在前低后高的地方仰卧,手握前肢,反复前后屈伸,用手轻轻拍打胸部两侧。或提起羔羊两后肢,使羔羊悬空并拍击其背、胸部,使堵塞咽喉的黏液流出,并刺激肺呼吸。有的群众把救治“假死”羔羊的方法编成顺口溜:“两前肢,用手握,似拉锯,反复做;鼻腔坦,喷喷烟,刺激羔,呼吸欢。”

严寒季节,放牧离舍过远或对临产母羊护理不慎,羔羊可能产在室外。羔羊因受冷,呼吸迫停、周身冰凉,遇此情况时,应立即移入温暖的室内进行温水浴。洗浴时水温由 38℃逐渐升到 42℃,羔羊头部要露出水面,切忌呛水,洗浴时间为 20～30 分钟。同时要结合急救"假死"羔羊的其他办法,使其复苏。

六、胎盘排出

羊的胎盘通常是分娩后 2～4 小时内排出,胎盘排出的时间一般需要 0.5～8.0 小时,但不能超过 12 小时,否则会引起子宫炎等一系列疾病。

母羊产羔后有疲倦、饥饿、口渴的感觉,个别母羊会咬吃胎盘和沾染胎液的垫草,产后应及时给母羊饮喂一些掺进少量麦麸的温水,或饮喂一些豆浆水,以防止母羊噬食胎衣。

母羊分娩后,应用剪刀将乳房周围长毛剪掉,用温水或消毒水清洗乳房,再用毛巾擦干,把乳房内的陈乳挤出几滴,以便帮助羔羊及时吃到干净卫生的初乳。

七、产后母羊及新生羔羊护理

(一)产后母羊护理

母羊产后,应让其很好地休息,并饮一些温水,第一次不宜过多,一般 1.0～1.5 升即可。最好喂一些麸皮和青干草。若母羊膘情较好,产后 3～5 天不要喂精料,以防消化不良或发生乳房炎。胎衣排出后,注意及时拿走,防止母羊吞食。产后母羊应注意保暖,避免贼风,预防感冒。在母羊哺乳期间,要勤换垫草,保持羊舍清洁、干燥。

(二)初生羔羊护理

初生羔羊体质较弱,适应能力低,抵抗力差,容易发病。因此要加强护理,保证成活及健壮。

(1)吃好初乳　初乳含丰富的营养物质,容易消化吸收,还含有较多的抗体,能抑制消化道内病菌繁殖。如吃不足初乳,羔羊抗病力降低,胎粪排出困难,易发病,甚至死亡。羔羊出生后,一般十几分钟即能站起,寻找母羊乳头。第一次哺乳应在接产人员护理下进行,使羔羊尽早吃到初乳。如果一胎多羔,不能让第一个羔羊把初乳吃净,要使每个羔羊都能吃到初乳。

(2)羔舍保温　羔羊出生后体温调节机能不完善,羔舍温度过低,会使羔羊体内能量消耗过多,体温下降,影响羔羊健康和正常发育。一般冬季羔舍温度保持要在 5℃ 以上。冬季注意产后 3～7 天内,不要把羔羊和母羊牵到舍外有风的地方。7 日龄后母羊可到舍外放牧或食草,但不要走得太远。千万不要让羔羊随母羊去舍外。

(3)代乳或人工哺乳　一胎多羔或产羔母羊死亡或因母羊乳房疾病无奶等原因引起羔羊缺奶,应及时采取代乳和人工哺乳的方法解决。

在饲养高产羊品种,如小尾寒羊时,经产成年母羊,一胎产 3～5 只不足为奇。所以在发展小尾寒羊等高产羊的同时,应饲养一些奶山羊,作为代乳母羊。当产羔多时,要人工护理使初生羔普遍吃到初乳 7 天以上,然后为产羔母羊留下 2 只羔羊,把多余的羔羊移到代乳的母羊圈内。人工辅助羔羊哺乳,并在羔羊吃完奶后,挤出一些山羊奶,抹到羔羊身上,经 7～10 天,母山羊不再拒绝为羔羊哺乳时,再过一段时间即可放回大群。

可将产羔后死掉羔羊或同期生产的单产母羊作保姆羊。因羊的嗅觉很灵敏,开始保姆羊不让代乳羔羊吃奶,要人工辅助哺乳,然后采用强制法或洗涤法让保姆羊误认为是自己生的羔羊而主动哺乳。强制法即是在羔羊的头顶、耳根、尾部涂上保姆羊的胎液、奶汁,再将保姆羊与羔羊圈在单栏中单独饲喂 3～7 天,直到认羔为止,此法适用于 5～10 日龄羔羊的代乳。洗涤法是将准备代乳的羔羊放在 40℃ 左右的温水中,用肥皂擦洗掉其周身原有的气味。擦干后涂以保姆羊的胎液,待稍干后交给保姆羊即可顺利代乳。此法适用于将多胎羔羊寄养给同期产羔的单产母羊,因而应当在产前准确估计出临产母羊可能生产的羔羊数,及时收集单羔多奶母羊的胎液,并装入塑料袋备用。

人工哺乳的奶源包括牛奶、羊奶、代乳品和全脂奶粉。应定时、定量、定温、定次哺乳。一般 7 日龄内每天 5～9 次,8～12 日龄每天 4～7 次,以后每天 3 次。人工哺乳在羔羊少时用奶瓶,多时用哺乳器(一次可供 8 只羔羊同时吸乳)。使用牛奶、羊奶应先煮沸消毒。10 日龄以内的羔羊不宜补喂牛奶。若使用代乳品或全脂奶粉,宜先用少量羔羊初试,证实无腹泻、消化不良等异常表现后再大面积使用。

(4)疫病防治 羔羊出生后 1 周,容易患痢疾,应采取综合措施防治。在羔羊出生后 12 小时内,可喂服土霉素,每只每次 0.15～0.20 克,每天 1 次,连喂 3 天。对羔羊要经常仔细观察,做到有病及时治疗。一旦发现羔羊有病,要立刻隔离,认真护理,及时治疗。羊舍粪便、垫草要焚烧。被污染的环境及土壤、用具等要用 3％～5％来苏儿喷雾消毒。

第五节 提高繁殖率的方法和途径

一、影响母羊繁殖力的因素

(一)品种的影响

母羊的繁殖力与其遗传性有很大关系,不同的品种繁殖力不同,如细毛羊品种一般多产单羔,而湖羊、小尾寒羊等一般 1 胎 2～3 羔,山羊的繁殖力一般高于绵羊。

(二)环境因素的影响

温度的影响:母羊的繁殖过程对热负荷极为敏感。研究表明,当环境温度高于 30℃时,母羊发情时间推迟,性周期延长,发情持续时间缩短,发情率低,受胎率下降,胚胎死亡率增高,母羊配种后 4～6 天如受到高温应激可造成妊娠中断。妊娠中、后期母羊受到高温应激后,胎儿弱小,初生重下降,死亡率增加。高温使公羊精液品质下降,表现为精液量和精子活力降低,畸形精子增加。公羊在 26.7℃ 即为精液品质下降的临界温度,当气温大于或等于 35℃ 时,公羊的精液品质显著恶化,甚至丧失受精能力。因而在炎热的夏季给公羊遮荫或淋浴可改善精子产量和精液品质。

光照的影响:研究表明,公羊长时间的光照可抑制睾酮的分泌,短光照可促进其分泌,且其影响程度与每天特定时间有关,长日照时,促卵泡素(FSH)、促黄体素(LH)水平下降,突然转为短日照时,LH、FSH 水平明显升高。长日照下褪黑素分泌降低,黑暗时其分泌量达最大限度。长日照时促乳素(LTH)水平升高,短日照时则明显降低。通过对公羊在人工光照(每天 8 小时)和自然光照条件下对繁殖性能的影响试验表明:公羊在人工光照条件下,可增强其性欲,改善精液品质,提高配种能力和受胎效果,其繁殖性能比在自然光照条件下好。母羊长日照可抑制垂体对 LH 的释放,短日照则相反。光照明显促进母羊催乳素分泌;但光照对 FSH 的影响不大。人工模拟赤道光照下,母羊开始配种时间提前 28～62 天,发情、发情周期、配种季节持续时间和发情周期次数均比自然光照好。光照也影响母羊的受胎率。据报道,连续 3 年在秋季配种季节开始前的 3 周,对一组绵羊每天给予 10 小时人工光照,各年产羔率分别为 158％、162％ 和 159％,显著高于自然光照组(120％、132％ 和 141％)。

(三)营养与体况的影响

营养条件对绵、山羊繁殖力影响很大。生产实践证明,在母羊营养不良体况较差的情况下,其繁殖性能下降,试验表明:营养低的母羊,垂体中 LH 含量明显低于营养充足组。营养不良还会抑制 GnRH 的释放,从而影响母羊的繁殖性能。因此,应加强繁殖季节母羊的饲养管理,在配种前 3 周进行短期优饲,可以提高母羊的排卵率。母羊营养良好,膘情好,发情早,排卵多,繁殖力高,营养不良则发情晚,排卵少,繁殖力低。黄国林(1989)报道,绵羊体况对发情期受胎率影响较大,用绵羊冷冻精液给第一胎母羊配种,膘情为上等者,受胎率为 70.21%,下等者仅为 41.67%。

(四)年龄与胎次的影响

母羊的产羔率一般随年龄而增加,一般 3～6 岁时繁殖力最高。公羊繁殖力通常在 5～6 岁时达最高峰。初产母羊的繁殖力较低,以后随着胎次增加,繁殖率逐渐增高,特别是 3～8 胎的经产母羊,繁殖率较高。刘文亚等(1990)对陕南白山羊的繁殖性能与年龄、胎次的关系进行了研究,结果见表 3-1、表 3-2。

表 3-1 不同年龄母羊的繁殖率

年龄	分娩母羊数/只	产羔数/只	繁殖率/%
1～2 岁	56	84	150.00
3～6 岁	84	280	333.33
7～8 岁	22	58	263.64
9 岁以上	4	8	200.00

表 3-2 不同胎次母羊的繁殖率

胎次	分娩母羊数/只	产羔数/只	繁殖率/%
1～2	54	84	155.56
3～5	80	280	350.00
6～8	22	53	240.19
9～10	8	11	137.50
10 胎以上	2	2	100.00

二、提高母羊繁殖率的方法

(一)提高种公羊和繁殖母羊的饲养水平

全价的营养可以提高种公羊的性欲,提高精液品质,促进母羊发情和排卵数的增加。因此,加强对公、母羊的饲养,特别是当前在我国的具体条件下,加强母羊配种前期及配种期的饲养,实行满膘配种,是提高绵、山羊繁殖力的重要措施。

在配种前及配种期,应给予公、母羊足够的蛋白质、维生素和微量元素等营养。一方面延长放牧时间,早出晚归,尽量使羊有较多的采食时间;另一方面还应适当补饲草料。如有试验表明,于配种前 15 天开始,每日补喂混合精料(玉米 75％),连续补喂 2 个月,母羊的发情受胎率可提高 29.92％;用含锌、硒和铜等复合添加剂饲喂,母羊的受胎率提高 10％,繁育率提高 10％。在配种前 2～3 周,适当提高母羊的营养水平,能有效地提高母羊的排卵率和发情率(王立铭,1991)。

某些维生素的缺乏也会影响羊繁殖性能。母羊体内维生素 A 不足时,可造成卵母细胞生长发育困难,使性成熟延迟。即使卵细胞可发育到成熟阶段,并有受精能力,但易出现流产,产下的羔羊体质虚弱;维生素 D 缺乏时,会抑制母畜发情征候,推迟发情日期;缺乏维生素 E 时,则受胎率下降,胚胎和胎盘萎缩,常发生流产。公羊缺乏维生素 A,可影响精子形成,也可使已形成的精子死亡;维生素 E 不足,则出现睾丸萎缩,曲细精管不产生精子。

同时也要注意不要使繁殖种羊过度肥胖。繁殖母羊过度肥胖,可使体内积蓄大量脂肪,导致脂肪阻塞输卵管进口形成生理性不孕。公羊过度肥胖,引起睾丸生殖细胞变性,产生较多的畸形精子和死精子,没有受精能力。防止繁殖公母羊过肥要注意合理的日粮搭配,特别注意让公、母羊有适当的运动。

(二)提高适龄母羊在羊群中的比例

在羊群结构中,适龄繁殖母羊所占比例的大小,对羊群的增殖和养羊业的效益有很大影响。应选择健康结实、营养良好的母羊,年龄以 2~5 岁为宜;同时,母羊必须是乳房发育好,泌乳量较高的。一般适龄母羊在羊群中的比例应占 60% 以上。母羊到 5 岁时达到最佳生育状态,随后生育能力会逐渐降低,到 7 岁后逐渐会出现一些生育障碍,并由于体况变差,繁殖率会大大下降,因此 7 岁以后的老龄母羊应根据情况逐渐淘汰。每年应补充青年母羊,使适龄母羊数不断扩大。同时,对不孕羊及时检查,找出原因,及时淘汰。

(三)加强选育及选配

(1)种公羊的选择　选择体型外貌良好,身体健壮,睾丸发育良好,雄性特征明显的公羊,并经常检查精液品质,及时发现和剔除不符合要求的公羊。此外,应注重从繁殖力高的母羊后代中选择培育公羊。

(2)母羊的选择　选育高产母羊是提高繁殖力的有效措施,坚持长期选育可以提高整个羊群的繁殖性能。

①选留多羔种羊。母羊的繁殖力是有遗传性的。由多羔羊育成的母羊,产多羔的潜力也大。在选留母羊时,应选留羔多,羔羊初生重大,泌乳性能好的个体。幼龄母羊应选自多胎的羔羊。在第一胎生产多羔的母羊在以后的胎次中有较大的生产多羔的潜力。一般初产母羊能产双羔的,除了其本身繁殖力较高外,其后代也具有繁殖力高的遗传基础,这些羊可以选留作种用。

②根据母羊的外形选留种羊。统计表明,细毛羊脸部是否生长羊毛与产羔率有关。眼睛以下没有被覆细毛的母羊产羔性能较好,所以选留的青年母绵羊应该体型较大,脸部无细毛覆盖。山羊中一般无角母羊的产羔数高于有角母羊,有肉髯母羊的产羔性能略高于无肉髯的母羊。但无角山羊中容易产生间性羊(雌雄同

体),因此,山羊群体中应适当保留一定比例的有角羊,以减少间性羊的发生。

(3)正确选配　　正确选配也是提高繁殖力的一个重要方法。通过选用双胎公羊配双胎母羊,对所产多胎的公、母羔羊留作种用。在用双胎公羊配双胎母羊时,每只母羊平均获羔羊1.49只;单胎公羊配双胎母羊时,每只母羊平均获羔羊1.35只;单胎公羊配单胎母羊时,每只母羊平均获羔羊1.22只。

(四)选择优良品种,引入多胎品种的遗传基因

引进多胎品种,用多胎品种与地方品种羊杂交,是提高繁殖力的一种有效方法。我国绵、山羊的多胎品种主要有大尾寒羊,平均产羔率为185%;小尾寒羊平均产羔率可达270%左右;湖羊平均产羔率可达235%左右。许多山羊品种具有多胎性能,平均产羔率可以达200%左右,而山区的山羊品种产羔率通常较低,可以引进繁殖力较高的品种进行杂交。

法国绵羊和山羊研究所用本国品种法国岛羊母羊与兰德瑞斯羊公羊杂交,然后用第一代杂种母羊再与法国岛羊公羊杂交,在第二代杂种中,结合选择与淘汰,进行自群繁育。结果第二代杂种羊的产羔率显著提高,5月龄配种的母羊产羔率为181.4%,发情没有季节性,能实行2年3产,每只母羊平均产羔2.53只。美国用芬兰兰德瑞斯羊以及澳大利亚的布鲁拉羊与当地兰布里耶羊杂交,每只母羊产羔数由1.6只增加到2.5只。国内利用小尾寒羊、湖羊等多胎品种作父系进行杂交,以增加产羔数,均收到了良好的效果。

由此可见,导入多胎基因是提高繁殖力的一个切实可行的方法,能从根本上提高绵羊的繁殖力。

(五)实行羔羊早期断奶和密集产羔技术

羔羊早期断奶实质上是控制母羊的哺乳期,缩短母羊的产羔间隔以控制繁殖周期,使母羊早日恢复性周期的活动,提早发情。早期断奶的时间可根据不同的生产需要与断奶后羔羊的管理水平来决定。1 年 2 产的,羔羊出生后半月龄至 1 月龄断奶;3 年 5 产的,产后 1.5～2.0 月龄断奶;对于 2 年 3 产的,产后 2.5～3.0 月龄断奶。进行早期断奶必须解决人工乳及人工育羔等方面的技术问题。

密集产羔体系是进行现代集约化养羊及肥羔生产的高效生产体系。在饲养管理条件较好的地区实行密集产羔,打破羊季节性繁殖的特性,全年发情,均衡产羔,最大限度地发挥繁殖母羊的生产性能,提高设备利用率,降低固定成本支出,便于进行集约化管理。密集产羔体系包括 2 年 3 产、3 年 5 产、1 年 2 产和连续产羔等形式。实行密集产羔的母羊,要求营养良好,年龄以 2～5 岁为宜,同时母羊的母性要好,泌乳量也应较高,满足多羔哺乳的需要。

(六)利用促性腺激素药物,诱发母羊多排卵多产羔

在营养良好的饲养条件下,一般绵羊每次可排出 2～6 个卵子,山羊排出 2～7 个,有时能排出 10 个以上的卵子,但往往不能都受精而形成多胎。原因是卵巢上的各个卵泡发育成熟及破裂排卵的时间先后不一致,使有些卵子排出后已错过和精子相遇而受精的机会,同时,子宫容积对发育胎儿个数有一定的限制,过多的受精卵不能适时着床而死亡。注射孕马血清可以诱发母羊在发情配种最佳时间同时多排卵,因为孕马血清除了和促卵泡素有着相似的功能外,同时还含有类似促黄体素的功能,能促使排卵和黄体形成。通过注射孕马血清就能实现多排卵、多产羔。母羊发情后 13～14 天在后腿内侧皮下注射孕马血清 8～10 毫升,隔日或连日再注射 8～10 毫升,经 3～4 天发情后即可输精。

(七)推广和利用繁殖新技术

近年来,生物技术在许多领域内的研究取得了令人瞩目的成

就,其中有些成果已逐步应用到养羊生产中,如胚胎移植、性别控制和转基因技术等,表现出遗传改良的巨大潜力。

(1)羊精液的冷冻　羊精液在常温和低温下,保存时间较短,若将保存温度降到冰点以下,使精液冷冻,可长时间保存。使用优良种公羊精液给母羊输精,不再受时间和地域的限制,也不需再从远处引进活的种羊,从而最大限度地扩大了优秀种公羊的利用率。但羊的精液冷冻和应用,由于许多重要技术问题还未获得很好地解决,目前还处在试验研究和在一定范围内应用阶段,主要是冻精质量较差,而冻精质量主要决定于稀释液配方的优劣和制作冻精的技术。

范青松等在 1988—1989 年,通过对国内外 6 种稀释液 200 余次反复试验,筛选出 C 液配方(三基型),冻配效果最佳,情期受胎率达到 75%,冷冻方式以铜纱网或氟板制作冻精较好,铜纱网最好,精子活率较高。同时对不同温度解冻精子存活时间和生理指标进行了比较,结果表明,采用 65～70℃ 高温解冻,稍有不慎,就会造成精子全部死亡,40℃ 解冻普遍好于 65℃ 解冻,采用 C 液冻精,40℃ 解冻精子存活时间为 8.88 小时,生存指数为 1.46;65℃ 解冻存活时间为 8.75 小时,生存指数为 1.88。

提高冷配受胎率,除了冻精质量外,深部输精亦至关重要,前苏联 Mhjiobahob(1987)报道了这样一个公式,即冻配受胎率(%)＝30%＋输精部位距子宫颈外口之深度(厘米)×12.5%。澳大利亚专家曾用腹部手术法,借助腹腔镜,把解冻精液直接输到子宫角处,取得了高的受胎率。Karata 等报道,仅改用深层输精技术,较常规子宫颈口输精法提高 9.0%～12.8% 的受胎率。河北省御道口牧场黄国林(1989)报道,绵羊冷冻精液情期受胎率与输精深度成正比。同一输精深度不同胎次母羊的情期受胎率差异极显著,结果见表 3-3。

表 3-3 子宫颈输精深度对不同胎次母羊的情期受胎率 %

胎次	输精深度			
	阴道输精	1 厘米	2 厘米	2.5 厘米以上
1	68.79	75.00	—	—
2～7	37.14	56.67	71.29	84.38
8 胎以上	27.28	41.46	56.00	—

(2)同期发情技术 所谓同期发情就是利用激素或类激素物质人为地控制并调整一群母羊的发情周期,使它们在特定的时间内集中表现发情,以达到合理配种,提高繁殖率的目的。同期发情配种时间集中,有利于羊群抓膘,能节约劳动力,更有利于推广人工授精,集中配种,使羔羊年龄整齐,便于管理。

同期发情有 2 种方法:一种是前列腺素处理法,通过促进黄体退化,从而降低孕激素水平的方法。另一种是孕激素处理法,通过抑制发情,增加孕激素水平的方法。

①前列腺素处理法。应用前列腺素 $PGF_{2\alpha}$ 及其类似物抑制黄体加速其消退,从而使黄体期中断,停止分泌孕酮,再配合使用促性腺激素,引起母羊发情。用于同期发情的国产前列腺素 F 型以及类似物有 15-甲基 $PGF_{2\alpha}$ 前列烯醇和 $PGF_{1\alpha}$ 甲酯等。进口的有高效氯前列烯醇和氟前列烯醇等。

具体方法:在母羊性周期的黄体期,肌肉注射 1 次或连续 2 天各注射 1 次 PG,或在非黄体期间隔 7～10 天各注射 1 次 PG。每次的注射量为 0.3～0.6 毫克。第 2 次注射后的 24 小时,分别肌肉注射 800 单位 PMSG、80 单位 FSH 或 30 单位 LH 各 1 次。第 2 次注射 PG 后的 60 小时内,大部分羊就能同期发情,一般山羊效果优于绵羊。

前列腺素对处于发情周期 5 天以前的新生黄体溶解作用不大,因此前列腺素处理法对少数母羊无作用,应对这些无反应的羊进行第 2 次处理。由于前列腺素有溶解黄体的作用,已怀孕母羊会因孕激素减少而发生流产,因此要在确认母羊属于空怀时才能使用前列腺素处理。

②孕激素处理法。用外源孕激素继续维持黄体分泌孕酮的作用,造成人为的黄体期而达到发情同期化。为了提高同期率,孕激素处理停药后,常配合使用能促使卵泡发育的孕马血清(PMSG)。现在人工合成的孕酮类似物,主要有甲孕酮(MAP)、甲地孕酮(MA)、氯地孕酮(CAP)、氟孕酮(FGA)、18-甲基炔诺酮、16-次甲基甲地孕酮(MGA)等。不同种类药物的用量是:孕酮 150～300毫克、甲孕酮 40～60 毫克、甲地孕酮 80～150 毫克、氟孕酮 30～60 毫克、18 甲基炔诺酮 30～40 毫克。孕激素有乳剂、丸剂、粉剂等不同剂型,由于剂型不同,给药方法也不同。

阴道栓塞法:将乳剂或其他剂型的孕激素按剂量制成悬浮液,然后用泡沫海绵浸取一定药液,或用硅橡胶环构成的阴道栓,用尼龙细线把阴道栓连起来,塞进阴道深处子宫颈外口,尼龙细线的另一端留在阴户外,以便停药时拉出栓塞物。阴道栓一般在 14～16天后取出,也可以施以 9～12 天的短期处理或 16～18 天的长期处理。但孕激素处理时间过长,受胎率有一定影响。为了提高发情同期率,在取出栓塞物的当天可以肌肉注射孕马血清 400～750 国际单位,2～3 天后被处理的母羊即可发情。王利智等 1984 年对湖羊进行了同期发情试验,将甲基孕酮硅橡胶环(环外径 40 毫米,环管断面 4.0 毫米,环内含甲基孕酮 200 毫克)置于阴道深部靠近子宫颈处,放 14 天后取出,同时注射孕马血清促性腺激素(600 国际单位),同期发情率达到 80%。杨炳离(1989)报道:对 35 只绵羊和 34 只山羊用 FSH 处理的当天下午和第 2 天上午,各肌肉注射 PG 0.6 毫克(少数绵羊 0.9 毫克),绵羊发情率达到 88.6%,第 2 次注射后 60 小时内发情的有 77.1%。山羊发情率 94.1%,第 2次注射后 60 小时以内发情率为 64.7%。

口服法：每日将定量的孕激素药物拌在饲料内，通过母羊采食服用，持续 12～14 天，每日用药量除甲孕酮外应是前述药物用量的 1/10～1/5，并要求药物与饲料搅拌均匀后，采食量相对一致。连服一定天数后停药，最后一次口服的当天注射孕马血清 300～500 国际单位。采用这种方法必须做到拌药均匀，能使每只羊采食到应给的药量。

注射法：即每日按一定量药物注射于羊皮下或肌肉内，持续 10～12 天后停药。这种方法剂量易控制，也较准确，但需每日操作处理，比较麻烦。国内生产的肌肉注射"三合激素"只需处理 1～3 天，大大减少了操作日程，较为方便。

埋植法：一般丸剂可直接用于皮下埋植，或将一定量的孕激素制剂装入管壁有小孔的塑料细管中，用专门的埋植器将药丸或药管埋在羊耳背皮下，经过 15 天左右取出药物，同时注射孕马血清 500～800 国际单位。

人工合成的孕激素，即外源孕激素作用期太长，将改变母羊生殖道环境，使受胎率有所降低，因此，可以在药物处理后的第 1 个发情期过程中不配种，待第 2 个发情期出现时再实施配种，这样即有相当高的发情同期率，受胎率也不会受影响。

（3）超排技术 羊的排卵率（即每个发情期所排出的卵子数）受很多因素的影响，除品种外，与年龄、胎次、营养水平、配种季节的不同等因素有关，细毛羊品种一般排卵率低，而湖羊、小尾寒羊等排卵率较高，壮龄母羊排卵率高于初情羊和老龄羊，膘情好的母羊排卵率高。

在母羊发情周期的适当时间，注射促性腺激素、促卵泡素（FSH）能促使卵泡发育，促黄体素（LH）能引起排卵，使用有这些功能的促性腺激素类似物处理繁殖母羊，使卵巢比正常情况下有较多的卵泡发育并排卵，这种方法即为超数排卵（简称超排）。经过超排处理的母羊 1 次可排出数个甚至十几个卵子，这对充分发挥优良母羊的遗传潜力具有重要意义。

　　促使母羊超排的最佳时间是在母羊发情到来前4天,即发情周期的第12～13天,在羊颈静脉注射促卵泡素(FSH)200～300国际单位,静脉注射促黄体素(LH)100～150国际单位可获得超排效果。还可以使用促卵泡素(FSH)的类似替代物孕马血清(PMSG)和促黄体素(LH)的类似替代物绒毛膜促性腺激素(HCG),同样在母羊发情周期的第12～13天,根据体重大小皮下注射孕马血清(PMSG)600～1 100国际单位,出现发情表现后再注射绒毛膜促性腺激素(HCG)500～700国际单位。如果没有孕马血清的制成品,可采妊娠50～90天期间的孕马全血注射,一般每毫升孕马全血含有50～200国际单位,由此可以推算全血用量。

　　李大可(1988)报道:对预试后母山羊进行海绵阴道栓处理,从取出阴道栓的前1天开始,连续3天肌肉注射FSH,每日上下午各注50国际单位,并于注射的第3天加注EaB(苯酸雌二醇)4毫克,分上下午各注2毫克,发情后再肌肉注射LH 35国际单位,经同期发情和超排处理后的母羊,平均每只的黄体数22.2个(19～28),未排卵泡数平均7.4个(3～12),总平均排卵率为75.8%(70.0%～87.5%)。杨炳离等1986年和1987年选用性周期12～13天的绵羊和16～17天的山羊,分2种剂量和4种方法处理(表3-4),发情后静脉注射LH 120～150国际单位。排卵结果见表3-5。

表 3-4　超排处理方法

时间		药物	FSH 用量及分组			
			300 国际单位		340 国际单位	
			1	2	3	4
第1天	上午	FSH	50	60	70	70
	下午	FSH	50	60	70	70

续表 3-4

时间		药物	FSH 用量及分组			
			300 国际单位		340 国际单位	
			1	2	3	4
第 2 天	上午	FSH	50	50	50	60
		PG	0.9 毫克			
	下午	FSH	50	50	50	60
		PG	0.9 毫克	0.6 毫克	0.6 毫克	0.6 毫克
第 3 天	上午	FSH	50	40	30	40
		PG		0.6 毫克	0.6 毫克	0.6 毫克
	下午	FSH	50	40	30	40

表 3-5　超排处理结果统计

处理组别	处理头数	发情头数	开始处理到发情平均时间/天	LH 用量/国际单位	平均每头排卵数	每头平均卵泡数	排卵率/%
1	2	2	2.75	120	6	4.5	57.0
2	7	7	3.07	120	10.1	6.6	60.5
3	1	1	3.0	120	3	3	80.0
4	4	4	3.25	150	13.5	6.8	66.5
平均			3.02		10.6±6.0	5.43±3.74	66.2

　　(4)胚胎移植　胚胎移植或受精卵移植就是将一头母畜(供体)的早期胚胎(或受精卵)取出,移植到另一头母畜(受体)的输卵管或子宫内,借腹怀胎。以产生供体的后代,这是畜牧生产上的一项新技术。胚胎移植再结合超数排卵,使优秀种畜的遗传品质能由更多的个体保存下来,这对养羊业、羊的遗传育种都有

很大的意义。陕西省黄土高原治理研究所等单位 1986 年和 1987 年以绵、山羊（选用安哥拉山羊、土奇代绵羊和当地土种山羊）进行了胚胎移植试验，通过同期发情，超数排卵技术在 14 只供体羊中，有 11 只采到卵，成功率为 78.5%。共采卵 99 枚，平均每只羊采卵数为 9 枚，其中正常分裂卵 68 枚，占总采卵数的 68.7%，平均每只羊 6.18 枚。1986 年共移植受胎 25 只，移入正常分裂卵 39 枚，受胎 11 只。除 1 只土奇代纯种母羔因难产死亡之外，共产羔羊 12 只。1987 年给 17 只受体移入正常分裂卵 25 枚，受胎 8 只，受胎率 47%。青海省畜牧兽医科学院 1992 年在海西州莫河畜牧场进行绒山羊胚胎移植试验，采用 FSH、LH，分 4 天肌注，FSH 递减剂量为 100、80、70、50 大白鼠单位，发情后静注 LH 150 国际单位的方法，处理 8～10 岁母羊（供体）5 只，平均每只超排卵 9.8 枚，取卵 5.8 枚，卵子受精率 96.55%，移植本地山羊 17 只（受体），最后观察到 11 只受体，妊娠 5 只，产羔 5 只，移植受胎率为 45.45%。

河北省畜牧兽医研究所刘月琴等 2003 年 10 月至 2004 年 1 月，在唐县肉羊研究开发中心连续 2 次使用阴道栓＋FSH 超数排卵供体萨福克和无角道赛特各 7 只。在放入阴道栓后 10～12 天，连续 3 天递减肌肉注射 FSH 180～240 毫克。采用小尾寒羊为受体羊，进行胚胎移植。结果第 1 次超排 7 只萨福克羊平均采胚数 7.7 枚，其中可用胚胎数 6.6 枚，7 只无角道赛特羊平均采胚数 10.1 枚，其中可用胚胎数 9.4 枚；第 2 次超排萨福克羊平均采胚数 11.1 枚，其中可用胚胎数 8.9 枚，无角道赛特羊平均采胚数 11.4 枚，其中可用胚胎数 8.9 枚，2 品种 14 只羊平均获可用胚胎 8 枚；2 次胚胎移植妊娠率分别为 63.8% 和 64.1%（表 3-6）。

表 3-6 供体羊连续 2 次超数排卵的胚胎移植效果

超排时间	品种	供体羊数 /只	平均黄体数 /个	平均冲胚数 /枚	平均可用胚数 /枚	采胚率 /%	移植受体数 /只	移植胚胎数 /枚	平均妊娠率 /%
2003 年 10 月	萨福克	7	10.1(67/7)	7.7(54/7)	6.6(46/7)	80.6	29	46	62.1(18/29)
	无角道赛特	7	12.3(86/7)	10.1(71/7)	9.4(66/7)	82.6	40	66	65.0(26/40)
	平均(总计)	14	10.9(153/14)	8.9(125/14)	8(112/14)	81.6	69	112	63.8(44/69)
2004 年 1 月	萨福克	7	13.4(94/7)	11.1(78/7)	8.9(62/7)	83.0	36	62	63.9(23/36)
	无角道赛特	7	13.6(97/7)	11.4(80/7)	8.9(63/7)	82.5	42	63	64.3(27/42)
	平均(总计)	14	13.6(191/14)	11.3(158/14)	8.9(125/14)	82.8	78	125	64.1(50/78)

(5)激素免疫　动物内分泌系统对维持动物内环境稳定起着重要作用。激素由特定的内分泌器官分泌,通过血液到达其他内分泌器官或靶器官,调节体内的各种生理功能。在中枢系统的调节下,丘脑下部-垂体系统分泌促激素,促激素作用于有关内分泌器官,分泌不同激素,对不同器官、组织起调节作用,维持正常生理功能,同时这些激素又对丘脑下部-垂体系统起着反馈作用,形成一个环路。阻断或干扰环路的任何一部分,都可引起整个系统进行相应调节,而表现出相应的生理功能。激素免疫就是应用这一原理,人为地影响动物体内激素含量,改变动物体内分泌平衡,引起相应的生理变化。激素免疫技术以激素作为抗原或抗原决定簇,给动物进行主动免疫,刺激动物产生相应抗体,中和体内游离激素,使它们丧失或部分丧失生理活性,引起内分泌系统作相应的调节,以维持内环境稳定。丘脑下部分泌一种激素叫促性腺激素释放激素(GnRH),它通过垂体门脉系统刺激垂体分泌促黄体分泌素(LTH)、促卵泡素(FSH)和促黄体素(LH)。这些激素促进卵泡成熟、排卵等,并促进雌激素和孕激素的分泌,后 2 种激素又反过来对 GnRH、LH、FSH 和 LTH 起负反馈作用。如选用合适的免疫原如类固醇激素免疫母羊,可削弱雌激素对丘脑下部-垂体系统的负反馈作用,使垂体分泌更多的促性腺激素促进更多卵泡发育排卵,提高排卵率。目前常用的激素免疫原多为雌二醇、雌酮、雄烯二酮和睾酮。雌激素抗原引起的反应直接降低血液中游离雌激素的含量,雄激素抗原引起反应使雄激素含量降低,减少了合成雌激素的前体,间接降低雌激素含量,两者引起的生理反应相同。

①甾体(类固醇)激素免疫。澳大利亚联邦科工组织用雄烯二酮-7α-羧乙基硫醚-人血清白蛋白制剂(商品名 Fecundin)在牧场作的试验表明,Fecundin 对提高许多种羊和杂种羊繁殖性能均有效,但不同品种对免疫反应有差异,在同样饲养条件下,免疫组提

高产羔率平均达20％以上。我国甘肃、新疆等地应用澳大利亚雄烯二酮抗原(Fecundin)主动免疫绵羊，双羔率和产羔率分别提高18％～27％和20％～25％。中国农业科学院兰州畜牧所经过6年的试验，成功研制出1种油剂2种水剂共3种剂型的"TTT双羔素"。在连续5年的免疫双羔试验中，全国12个省区15万头母羊平均可提高母羊排卵率55个百分点，提高母羊产羔率22.56个百分点，提高母羊产双羔率20个百分点。

②抑制素免疫。抑制素是一种由动物性腺分泌的糖蛋白激素，它可以选择性地抑制垂体促卵泡素分泌的水平，从而影响动物的内分泌调控。利用抑制素主动或被动免疫母羊后，糖蛋白激素可以选择性地抑制垂体促卵泡素分泌的水平，从而影响动物的内分泌调控；利用抑制素主动或被动免疫母子后，内源性抑制素被抗体中和，血液中促卵泡素浓度升高，从而促进卵巢活性提高，有更多的卵泡发育，使排卵增加。在非繁殖季节末期免疫，可使母羊产生适宜的抗体滴度并维持2～3个发情期。国外研究者以醇化融合蛋白主动免疫边区莱斯特羊，发现醇化组羊排卵率、产羔率显著高于非纯化组。国内研究者采用抑制素主动免疫绵羊，使母羊的双羔率达50％～80％，较对照组(5％)提高了45％～75％。

(6)诱发分娩　是指在母羊预产之前对其施用某些刺激分娩的激素，以促进分娩过程提前到来；或利用睾酮等激素，阻止分娩机制的启动，推迟分娩时间，有利于接羔工作按计划进行，节约劳力和时间，便于安排生产。对患妊娠后期疾病(如产前瘫痪、妊娠毒血症、妊娠周期性阴道脱和肛门脱、产前不食综合征等危重病例)或预期可能发生分娩并发症者(例如怀多胎、胎儿过大等)，可通过采用诱发分娩技术再配合其他辅助治疗的措施，避免母子双亡。对某些特殊用途的绵、山羊品种，如生产羔羊皮的羊，可通过诱发分娩，提高羔皮质量。如对湖羊进行诱发分娩，使其分娩时间提前，通过诱发分娩所获得的羔皮毛短弹性强，光泽悦目，逆毛手摸和扑抖,花案紧贴皮板而不散,底绒少,而正常分娩所产羔皮手感柔软,毛长底绒较多,扑抖时毛易竖起,且不易自然复原。对中卫山羊进行诱发分娩,可获得高质量的中卫山羊花纹猾子皮。使用的激素有皮质激素或其合成制剂、前列腺素 $F_{2\alpha}$ 及其类似物、雌激素和催产素等。诱发分娩的方法如下:

①单独使用糖皮质激素或前列腺素。在妊娠的最后 1 周内,用糖皮质激素进行诱发分娩。在羊妊娠的 144 天,注射 12~16 毫克地塞米松,多数母羊在 40~60 小时产羔。对妊娠 141~144 天的羊,肌内注射 15 毫克前列腺素或 0.1~0.2 毫克氯前列烯醇,可有效地诱导母羊在处理后 3~5 天产羔。绵羊在妊娠 144 天时,注射地塞米松(或贝塔米松)12~16 毫克,多数母羊在 40~60 小时内产羔;山羊在妊娠 144 天时,肌肉注射地塞米松 16 毫克,多数在 32~120 小时产羔,而不注射上述药物的孕羊,197 小时后才产羔。

②合用雌激素与催产素。首先给怀孕母羊肌肉注射己烯雌酚,分 2 次注射,每次间隔 5 小时,每次量 4 毫克/只,再间隔 10 小时左右,每只肌肉注射催产素 20~40 国际单位,一般 3~5 小时后即可产羔。

第六节　胚胎移植技术

家畜胚胎移植又称受精卵移植,是畜牧生产上正在发展的一项新技术。其含义是从一头母畜(供体)的输卵管或子宫内,取出早期胚胎,移植到另一头母畜(受体)的输卵管或子宫,以达到生产优良后代的目的。

胚胎移植首次是由英国学者(Heape)用兔子试验成功的。Warwick 等在 1934 年,Lop-yrin 在 1950 年分别在绵羊和山羊当中试验成功,1951 年在牛上试验成功,20 世纪 70 年代进入实用阶段。目前在养羊业生产中,胚胎移植技术已得到广泛应用。羊的胚胎移植是利用超数排卵技术和同期发情技术,使优良供体羊多排卵,供体和受体(地方品种母羊)发情同期化,并用手术方法从供体的输卵管或子宫内采胚,然后将胚胎移植到受体的输卵管或子宫内,借腹怀胎,产仔。这一技术的应用,可使优良母羊的繁殖速度提高5倍以上。

一、羊胚胎移植方法

(一)供、受体羊的选择及同期发情处理

(1)供体羊的选择　供体羊要选择具有较高生产性能和遗传育种价值、体格健壮、无遗传性及传染性疾病、遗传性稳定、谱系清楚,繁殖机能正常,没有空胎史的经产羊。年龄在2~5岁为宜;具有畜牧部门颁发的种畜禽鉴定合格证书。

(2)受体羊的选择　发情周期正常,无繁殖机能疾病,经检疫无传染性疾病,健康、膘情在七成以上。年龄在1.5~4.0岁,最好为经产母羊,体格应与供体相似,以免发生难产。

供受体发情时间差不宜超过1天以上。在一般情况下,欲找到若干只与供体发情时间相同者非常困难,所以在胚胎移植时往往要对供体和受体进行同期发情处理。具体方法前面已述及。

(二)供体羊的超数排卵处理和配种

在发情周期末期,母羊即将发情前几天或人为地用药物使功能黄体消退,卵巢上的黄体开始退化,卵泡开始发育,此时使用适当剂量的促性腺激素如促卵泡素、孕马血清等处理,可提高供体母羊体内促性腺激素水平,使卵巢上有多个卵子在同一发情期内发育成熟并集中排卵。配种后,根据具体情况冲取胚胎,并进行质量鉴定,以备胚胎移植。超数排卵的具体做法,前面已经述及,不再重复。

确定供体发情后,进行本交或人工授精,一般间隔12小时

1次,连续3次,配种后2~3天或6~8天,冲取胚胎进行移植。

(三)冲胚前的实验室准备

冲胚过程必须在限定的时间内完成。由于工作环节多、环环相扣,而且涉及的物品繁多,任何一个环节出问题都会影响采胚效果,因此必须充分做好冲胚前的准备工作。主要包括以下内容:

(1)器具的洗涤 器具使用后应立即浸入水中,流水冲洗。如粘有污垢或斑点应立即洗刷掉,然后再用洗涤液清洗。新的玻璃器皿用清水洗净后,放入洗液或稀盐酸中浸泡24小时,流水冲洗掉洗液,再用洗涤液认真刷洗,或用超声波洗涤器洗涤。从洗涤液中取出后立即放入流水中,冲洗3小时完全冲掉洗涤液。用去离子水冲洗5遍,再用蒸馏水洗5次,最后用双蒸水洗2次。洗净后的器具放在干燥箱中烘干,再用牛皮纸或锡箔纸包装待消毒灭菌。

(2)器具的灭菌

①高压灭菌。适用于玻璃器具、金属制品、耐高温高压的塑料制品以及可用高压蒸汽灭菌的培养液、无机盐溶液、液体石蜡油等。上述器具经包装后放入高压灭菌器中,121℃(1千克/厘米^2)处理20~30分钟,PBS等培养液为15分钟。

②气体灭菌。对于不能用高压灭菌器处理的塑料器皿可用环氧乙烯等气体灭菌,灭菌方法与要求可根据不同设备说明书进行操作。气体灭菌过的器具需放置一段时间后才能使用。

③干热灭菌。对耐高温的玻璃及金属器具,包装好以后放入干燥箱中,160℃处理1.0~1.5小时,或者使温度升至180℃以后,关闭开关,待温度降至室温时取出。在烘烤过程中或刚结束时,不可打开干燥箱。

④紫外线灭菌。塑料制品可放在无菌间距紫外线灯50~80厘米处,器皿内侧向上,塑料吸管需垂直于紫外灯下照射30分钟以上。

⑤70%酒精浸泡灭菌。聚乙烯冲卵管以及乳胶管等,洗净后用70%酒精浸泡消毒。

（3）冲卵液、培养液的配制和消毒灭菌

①冲卵液和保存液的配制。改进的冲卵液（PBS液）的配制方法见表3-7。配好的A、B原液和双蒸水分别高压灭菌,低温保存待用。

表3-7 PBS液的配制配方

试剂		100毫升	500毫升	1 000毫升
A液	氯化钠（NaCl）	8.0克	40.0克	80.0克
	氯化钾（KCl）	0.2克	1.0克	2.0克
	氯化钙（$CaCl_2$）	100毫克	500毫克	1.0克
	六水氯化镁（$MgCl_2 \cdot 6H_2O$）	100毫克	500毫克	1.0克
B液	七水磷酸氢二钠（$Na_2HPO_4 \cdot 7H_2O$）	2.16克	10.8克	21.6克
	磷酸氢二钠（Na_2HPO_4）	1.144克	5.72克	11.44克
	磷酸二氢钾（KH_2PO_4）	200毫克	1.0克	2.0克

冲卵液的配制:取浓缩A、B原液各100毫升,缓慢加入灭菌双蒸水800毫升充分混合。取其中20毫升,加入丙酮酸钠36毫克、葡萄糖1.0克、牛血清白蛋白3.0克（或羊血清10毫升）和抗生素,充分混合后用0.22微米滤器过滤灭菌,倒入大瓶混合均匀待用。冲卵液pH为7.2～7.4,渗透压为270～300毫摩尔。A、B液混合后,如长时间置于高温（>40℃）下,会形成沉淀,影响使用,应注意避光保存。

保存液的配制:2毫升供体羊血清＋8毫升PBS,青、链霉素各100单位/毫升,0.22微米滤器过滤灭菌。

②羊血清的制作。

血清制作程序:用灭菌的针头和离心管从颈静脉采血,30分钟内以 3 500 转/分离心 10 分钟取血清。用同样转速将分离出的血清再离心 10 分钟,弃去沉淀。

血清的灭活:将上述血清集中在瓶内,用 56℃水浴(血清温度达 56℃)灭活 30 分钟,或者在 52℃温水中灭活 40 分钟。灭活后,用 3 500 转/分离心 10 分钟,再用 0.45 微米滤器过滤灭菌,然后分装为小瓶,于－20℃保存待用。

血清使用前要做胚胎培养试验,只有经培养后确认无污染、胚胎发育好的血清才能使用。

③消毒灭菌。

过滤灭菌法:装有滤膜的滤器经高压灭菌后使用。保存液和血清分别用 0.22 和 0.45 微米滤膜过滤。过滤时应弃去开始的 2～3 滴。

用抗生素灭菌:在配制培养液时,同时加入青霉素、链霉素各 100 单位/毫升。

(4)胚胎移植所需器械、药品试剂及其准备　回收卵器械包括冲卵管、回收管、肠钳套乳胶管、注射器 20 毫升或 30 毫升、集卵杯;检卵与分割设备包括体视显微镜、培养皿、表面皿、巴氏玻璃管、培养箱、二氧化碳培养箱、二氧化碳气体、显微操作仪及附件。

移植器械包括微量注射器、12 号针头、移植管。

手术器械包括毛剪、外科剪(圆头、尖头)、活动刀柄、刀片、外科刀、止血钳(弯头、直头)、创巾夹、持针器、手术镊(带齿、不带齿);缝合针(圆刃针、三棱针)、缝合线(丝线、肠线)、创巾若干;手术保定架、活动手术器械车。

其他器械包括干烤箱 1 台、高压消毒锅 1 台、pH 计 1 台,滤器若干、0.22 和 0.45 微米滤膜、0.25 毫升塑料细管。

药品及试剂包括配制 PBS 所需试剂，FSH、LH、PMSG 及抗 PMSG 等激素；2％静松灵，0.5％普鲁卡因、利多卡因，肾上腺素及止血药品，抗生素及其他消毒液、纱布、药棉等。

（5）器械、冲卵液等物品的准备　手术用的金属器械可在加有 0.5％亚硫酸钠（作为防锈剂）的 0.1％新洁尔灭液中浸泡 30 分钟，或在来苏儿液中浸泡 1 小时，使用前用灭菌盐水冲洗，以除去化学试剂的毒性、腐蚀性和气味。玻璃器皿，敷料和创巾等物品按规程要求进行消毒。经灭菌的冲卵液置于 37℃水浴加温，玻璃器皿置于 38℃培养箱内待用。麻醉药、消毒药、抗生素、酒精棉、碘酒棉等物品备齐。

（6）冲胚室和检胚室的清理、消毒　冲胚及胚胎移植需在专门的手术室内进行，手术室要求洁净明亮、光线充足、无尘，地面用水泥或砖铺成，配备照明用电。室内温度应保持在 20～25℃。在手术室内设专门套间，作为胚胎操作室。手术室定期用 3％～5％来苏儿或石炭酸溶液喷洒消毒，术前用紫外灯照射 1～2 小时，在手术过程中不应随意开启门窗。

（7）胚胎移植记录表

供体羊超排记录表

供体号：_____品种：_____　　出生时间（年龄）：_____

产羔时间：_____胎次：_____

处理前发情日期：(1)_____　(2)_____

超排处理日期：____年____月____日　　激素：_____　　批号：_____

总剂量：____每日剂量：(1)____　(2)____　(3)____　(4)____

超排药注射日期：_____剂量：_____

发情时间：_____症状：_____

输精时间：(1)____　(2)____　(3)____　　公羊号：_____

冲胚日期：____年____月____日　开始：____时____分　结束：____时____分

冲胚人：_____　　检卵人：_____

供体羊移植记录表

供体羊号	左		右		胚胎数	胚胎发育情况与等级									备注
	黄体数	冲胚数	黄体数	冲胚数		M	CM	EB	B	EXB	HB	未受精卵	退化卵		

受体羊移植记录表

序号	受体羊号	供体羊号	发情日期	黄体发育	移植胚胎数及等级	返情日期	妊娠	产羔	术者	备注

(四)采胚

　　胚胎采集简称采胚也称收集胚胎或胚胎回收,指在输精或配种后的适当时间(胚胎附植前),用特定的冲胚液冲洗供体的输卵管或子宫角,回收胚胎。冲胚天数以配种当日为 0 天计算。冲胚时间按所需胚胎的发育阶段决定。如果需要 16 细胞以前的胚胎,由输卵管采集;如果需要是桑葚胚、囊胚,就由子宫角采集。一般在第 6～7 天,由子宫角采集桑葚胚和囊胚。采胚方法有手术法和非手术法 2 种。在绵、山羊由于受解剖特点的限制,多采用手术法。手术法采胚是用常规手术暴露输卵管和子宫，进行胚胎回收的方法。具体程序如下：

（1）术者的准备　术者需穿清洁手术服、戴工作帽和口罩。将指甲剪短，并锉光滑，用指刷、肥皂清洗，特别注意刷洗指缝，再进行消毒。双手消毒后，要保持拱手姿势，避免与未消毒过的物品接触，一旦接触，即应重新消毒。

（2）供体羊准备　供体羊手术前应停食 24～48 小时，可供给适量饮水。供体羊仰放在手术保定架上，四肢固定。肌肉注射 2％静松灵 0.5 毫升，局部用 0.5％盐酸普鲁卡因麻醉，或用 2％普鲁卡因 2～3 毫升，或注射多卡因 2 毫升，在第 1、2 尾椎间作硬膜外鞘麻醉。

手术部位一般选择乳房前腹中线部（在 2 条乳静脉之间）或后肢股内侧鼠蹊部。用电剪或毛剪在术部剪毛，剪净毛茬，分别用清水和消毒液清洗局部，然后涂以 2％～4％的碘酒，干后再用 70％～75％的酒精棉脱碘。盖好创布，使预定的切口暴露在创巾开口的中部。

（3）手术操作　手术操作要求细心、谨慎、熟练。否则直接影响冲卵效果和创口愈合及供体羊繁殖机能的恢复。

在靠近乳房前缘的腹中线（或左、右侧），做 5～10 厘米切口，若多次手术应避开以前的手术瘢痕；术者用刀柄或止血钳（也可用手指）顺着肌纤维的方向分离出一个小口，再用中指和食指将该部肌肉做钝性分离，并向两侧扩开。若遇到血管，应尽量避开，不予切断，若横跨切口，可做双重结扎，然后切断。避开神经干，钝性分离腹横肌，显露腹膜，肥壮羊只在腹膜外有一层脂肪，去掉脂肪后可见腹膜。用镊子或止血钳（也可用手指）将腹膜夹起用刀或剪刀做一小切口，术者将左手食、中指伸入腹腔保护内脏，右手持钝头剪刀或敷料剪剪开腹膜。

　　术者将食指及中指由切口伸入腹腔,在与骨盆腔交界的前后位置触摸子宫角,摸到后用二指夹持,牵引至创口表面,循一侧子宫角至该侧输卵管,在输卵管末端转弯处找到该侧卵巢。注意不可用力牵拉卵巢,不能直接用手捏卵巢,更不能触摸排卵点和充血的卵泡。观察卵巢表面排卵点和卵泡发育情况,详细记录。

　　输卵管法:供体羊发情后 2~3 天采胚,用输卵管法。将冲卵管一端由输卵管伞部喇叭口插入,2~3 厘米深(打活结或用钝圆的夹子固定),另一端接集卵皿。用注射器吸取 37℃ 的冲卵液 5~10 毫升,在子宫角靠近输卵管的部位,将针头朝输卵管方向扎入,一只手的手指在针头后方捏紧子宫角,另一只手推注射器,注入 5~10 毫升冲卵液冲洗 1 次即可。输卵管法的优点是胚胎的回收率高,冲卵液用量少,可节省时间检胚,但容易造成输卵管特别是伞部的粘连。

　　子宫法:供体羊发情后 6.0~7.5 天采卵用这种方法。术者将子宫暴露于创口表面后,用套有胶管的肠钳夹在子宫角分叉处,从子宫角尖端插入冲卵针(钝形),当确认针头在管腔内进退通畅时,将硅胶管连接于注射器上,推注冲卵液 20~30 毫升(一侧用液 50~60 毫升),当子宫角膨胀时,将回收卵针头从肠钳夹基部的上方迅速扎入,冲卵液经硅胶管收集于烧杯内,最后用两手拇指和食指将子宫角捋一遍。另一侧子宫角用同样方法冲洗。进针时避免损伤血管,推注冲卵液时力量和速度应适中。子宫法对输卵管损伤甚微,尤其不涉及伞部,但卵回收率较输卵管法低,用液较多,检卵较费时间。

　　冲卵管法:用手术法取出子宫,先在子宫角基部扎一小孔,将冲卵管由小孔插入,冲卵管尖端靠近子宫角前端,用注射器注入 3~5 毫升气体,使气球在子宫角分叉处,从子宫角尖端插入冲卵针,然后进行灌流,分次冲洗子宫角,一侧用液 20～30 毫升,冲完后气球放气,将冲卵管插入另一侧,用同样方法冲卵。目前生产当中多用该法。

(4)术后处理　采卵完毕后,用 37℃ 灭菌生理盐水湿润母羊子宫,冲去凝血块,再涂少许灭菌液体石蜡,将器官复位。腹膜、肌肉缝合后,撒一些碘胺粉等消炎防腐药。皮肤缝合后,在伤口周围涂碘酒,再用酒精作最后消毒。供体羊肌注青霉素 160 万单位和链霉素 80 万单位。

(五)检胚

检胚指从回收的冲胚液中检出回收的胚胎,进行形态鉴定,并做出相应的处理。检胚室温度要求在 20～25℃,检胚及胚胎鉴定一般需 2 人进行。具体操作程序如下:

(1)检胚前的准备　在酒精灯上拉制内径为 300～400 微米的玻璃吸管和玻璃针。将 10% 或 20% 羊血清 PBS 保存液用 0.22 微米滤器过滤到培养皿内。每个冲卵供体羊需备 3～4 个培养皿,写好编号,放入培养箱待用。

(2)检胚　待检的胚胎应保存在 37℃ 条件下,尽量减少体外环境、温度、灰尘等因素的不良影响。检卵时将集卵杯倾斜,轻轻倒弃上层液,留杯底约 10 毫升冲卵液,再用少量 PBS 冲洗集卵杯,倒入表面皿(用记号笔事先化几个区,便于镜检时视野的更换)镜检。在体视显微镜(放大倍数 10～40 倍)下,检查收集到的胚胎。用玻璃棒清除卵外围的黏液、杂质。将胚胎吸至第 1 个培养皿内,吸管先吸入少许 PBS 再吸入胚胎,在培养皿的不同位置冲洗胚胎 3～5 次。依次在第 2 个培养皿内重复冲洗,然后把全部胚胎移至另一个培养皿。每换一个培养皿时应换新的玻璃吸管,一个供体的胚胎放在同一个皿内。将检胚结果与黄体检查结果进行对照;镜检找到的胚胎数,应和卵巢上排卵点的数量大致相当。

(六)胚胎鉴定和分级

移植前正确鉴定胚胎的质量是移植成功的关键。鉴定方法有形态学法、染色法、荧光法和培养法 4 种,目前在实践中常用的只有形态学方法。形态学方法比较实用,但是主观性大,不易准确判断。在检查时,首先要分清未受精卵和退化卵,然后再对其他胚胎进行发育阶段的鉴定。

(1)胚胎的鉴定

①在 20～40 倍体视显微镜下观察受精卵的形态、色调、分裂球的大小、均匀度、细胞的密度、与透明带的间隙以及变性情况等。

②凡卵子的卵黄未形成分裂球及细胞团的,均列为未受精卵。

③观察胚胎的发育阶段。发情(受精)后 2～3 天用输卵管法回收的卵,发育阶段为 2～8 细胞期,可清楚地观察到卵裂球,卵黄腔间空隙较大。6～8 天回收的正常受精卵发育情况如下:

桑葚胚:发情后第 5～6 天回收的卵,只能观察到球状的细胞团,分不清分裂球,细胞团占据卵黄腔的大部分。

致密桑葚胚:发情后第 6～7 天回收的卵,细胞团变小,占卵黄腔 60%～70%。

早期囊胚:发情后第 7～8 天回收的卵,细胞团的一部分出现发亮的胚泡腔。细胞团占卵黄腔 70%～80%,难以分清内细胞团和滋养层。

囊胚:发情后第 7～8 天回收的卵,内细胞团和滋养层界限清晰,胚泡腔明显,细胞充满卵黄腔。

扩大囊胚:发情后第 8～9 天回收的卵,囊腔明显扩大,体积增大到原来的 1.2～1.5 倍,与透明带之间无空隙,透明带变薄,相当于正常厚度的 1/3。

孵育胚：一般在发情后第 9～10 天，由于胚泡腔继续扩张，致使透明带破裂，卵细胞脱出。

(2)胚胎的分级　分为 A、B、C 3 个等级。

A 级：胚胎形态完整，轮廓清晰，呈球形，分裂球大小均匀，结构紧凑，色调和透明度适中，无附着的细胞和液泡。

B 级：轮廓清晰，色调及细胞密度良好，可见少量附着的细胞和液泡，变性细胞 10%～30%。

C 级：轮廓不清晰，色调发暗，结构较松散，游离的细胞或液泡较多，变性细胞 30%～50%。

胚胎的等级划分还应考虑到受精卵的发育程度。发情后第 6～8 天回收的受精卵在正常发育时处于致密桑葚胚至囊胚阶段。凡在 16 细胞以下的受精卵及变性细胞超过一半的胚胎均应列为非正常发育胚，其中部分胚胎仍有发育的能力，但受胎率很低，不用于移植或冷冻保存。

总之，一个理想的胚胎，发育阶段要与回收时应达到的胚龄一致，胚内细胞结构紧凑，胚胎呈球形。胚内细胞间的界线清晰可见，细胞大小均匀，排列规则。颜色一致，亮暗适中。细胞质中含有一些均匀分布的小泡，没有细颗粒或不规则分布的空泡。有较小的卵黄间隙，直径规则。透明带一致。无皱纹和萎缩。胚内没有细胞碎片。检卵时要用检卵针拨动受精卵，从不同侧面观察，才能辨明细胞数和胚内结构。对未受精卵和密集桑葚胚的区别感到困难时，可提高放大倍数，改变反光镜角度，仔细观察细胞结构。未受精卵无卵间隙，透明带内为一个大细胞，细胞内有较多的颗粒或小泡。桑葚胚有间隙，透明带内为一团细胞，将入射光角度调节适当时，可见胚内细胞的界线。如果卵间隙很大，内细胞团细胞松散,细胞大小不一或为很小的一团,细胞界线不清晰,则为退化或变性胚。有时回收的早期胚胎中,可能见到透明带内有一纺锤状细胞,胞内两端可见呈带状排列较暗的杆状物(染色体),这是处于第一次卵裂后期的受精卵。有时还可见到一些形态不规则的胚胎,可能是胚胎回收过程造成的。早期胚胎的一个或几个卵裂球受损,并不明显影响其以后的存活力。

(七)胚胎移植

(1)受体羊准备　　受体羊术前需空腹 24 小时,仰卧或侧卧于手术保定架上,肌肉注射 0.3~0.5 毫升 2% 静松灵。手术部位及手术要求与供体羊相同。

(2)手术移植胚胎　　术部消毒后,拉紧皮肤,在后肢内侧鼠蹊部作 1.5~2.0 厘米切口,用一个手指伸进腹腔,摸到子宫角引导至切口外,确认排卵侧黄体发育状况,用钝形针头在黄体侧子宫角扎孔,将移植管顺子宫角方向插入宫腔,推出胚胎,随即子宫复位。皮肤复位后即将腹壁切口覆盖,皮肤切口用碘酒、酒精消毒,一般不需缝合。若切口增大或覆盖不严密,应进行缝合。受体羊术后在小圈内观察 1~2 天。圈舍应干燥、清洁、防止感染。

(3)移植胚胎注意要点

①观察受体卵巢,胚胎移至黄体侧子宫角,无黄体不移植。一般移 2 枚胚胎。

②在子宫角扎孔时应避开血管,防止出血。

③不可用力牵拉卵巢,不能触摸黄体。

④胚胎发育阶段与移植部位相符。

受体羊术后 1~2 个情期内要注意观察返情情况,若返情则应进行配种或移植。对没有返情的羊应加强饲养管理,妊娠前期应满足母羊对能量的摄取,防止胚胎因营养不良而引起早期死亡。

在妊娠后期应保证母羊营养的全面需要,尤其是对蛋白质的需要,以满足胎儿的充分发育。受体羊产羔期需精心管理,做好助产、双羔羊哺乳及保姆羊带乳,并要保证母羊哺乳期营养需要。产羔记录应详细、认真。

二、胚胎移植的延伸技术

胚胎移植技术迅速改进的同时,其发展范畴越来越广。胚胎冷冻、胚胎分割、胚胎融合、性别鉴定、体外受精等胚胎移植的延伸技术将对胚胎移植的发展起到巨大的推动作用,从而产生重要的理论意义和更大的经济效益。

(一)胚胎的冷冻保存和解冻

胚胎冷冻就是将采取的新鲜胚胎或分割的半胚,在超低温(−196℃)下储存备用。胚胎的冷冻保存是使胚胎移植真正走向商业化生产的关键因素。胚胎的冷冻保存可以使胚胎移植在任何时间、任何地点进行利用。该技术可以建立良种家畜和濒危动物的胚胎库,而且可以进行快速、廉价的国内外胚胎运输,简化了引种过程,使家畜的遗传资源在世界范围内的转移成为可能。

(1)胚胎的冷冻保存　关于绵、山羊胚胎冷冻方法的研究已有很多报道。目前最常用的是三步平衡法。步骤如下:

①10%甘油保存液的配制。取9毫升含20%羊血清的PBS,加入1毫升甘油,用吸管反复混合15~20次,经0.22微米滤器过滤到灭菌容器内待用。

②取含20%羊血清0.3摩尔蔗糖的PBS 2毫升和3.5毫升,分别加入10%甘油3毫升和1.5毫升,配成含6%和3%甘油的蔗糖冷冻液。将3%、6%和10% 3种甘油浓度的冷冻液分别装入小

培养皿。

③胚胎分别在 3%、6% 和 10% 甘油的冷冻液中浸 5 分钟。

④胚胎装管。用 0.25 毫升塑料细管按以下顺序吸入,少量的 10% 甘油的 PBS 液、气泡、10% 甘油的 PBS 液(含有胚胎)、气泡、少量的 10% 甘油的 PBS 液,加热封口两道。

⑤塑料细管的编号。剪一段(2 厘米)0.5 毫升塑料细管作为标记外套,内装色纸,注明供体品种、耳号、胚胎发育阶段及等级、制作日期(年、月、日),并在外套管上写明序号备查。

⑥冷冻程序。将细管直接浸入冷冻仪的液氮(或酒精)浴槽内,以 1℃/分钟的速度从室温降至 -6℃,停 5 分钟后植冰,再停留 10 分钟,以 0.3℃/分钟的速度降至 -36℃,再以 0.1℃/分钟的速度降至 -38℃,直接投入液氮,长期保存。

(2)冷冻胚胎的解冻

①解冻液的配制。据上文所述配制出 10%、6% 和 3% 甘油的蔗糖解冻液,用 0.22 微米滤器灭菌,分装在小培养皿内,第 1~4 杯分别为 10%、6%、3%、0 甘油的蔗糖解冻液,第 5 杯为 PBS 保存液。

②胚胎的解冻。胚胎从液氮中取出,在 3 秒钟内投入 38℃ 水浴,浸 10 秒钟。

③脱甘油。用 70% 酒精棉球擦拭塑料细管和剪刀刃,剪去棉塞端,与带有空气的 1 毫升注射器连接。再剪去细管的另一端,在室温下将胚胎推入 10% 甘油和 0.3 摩尔蔗糖的 PBS 解冻液中,放置 5 分钟后依次移入 6%、3% 和 0 甘油的蔗糖 PBS 解冻液中,各停留 5 分钟,最后移至 PBS 保存液中镜检待用。

(二)胚胎分割

胚胎分割就是用显微外科方法将胚胎一分为二或分割为数

个,成倍地提高胚胎移植数量,制造同卵多仔。Trounson 等(1974)首次将胚胎分割技术应用于家畜胚胎研究,获得 2 只半胚绵羊羔。继而生出 1/4(1981)卵绵羊羔以及 1/5 卵的绵羊羔(1983)。Tsunoda 等首次获得山羊半胚羔(1983)和同卵卵生山羊羔(1984)。

(1)借助显微操作仪进行切割　将显微操作器械固定在显微操作仪的器械夹上,通过操纵显微操作仪的操作手柄进行切割取样操作。这种方法可以控制所取细胞数量,对胚胎产生的损伤较小,它又可以分为显微吸取法和显微切割法。

①显微吸取法。它是指通过显微操作仪连接一支固定管和一支尖端锋利的玻璃针,固定管固定胚胎后玻璃针穿过透明带吸取胚胎卵裂球的一种方法。现在大多数研究者都将胚胎进行预处理然后用一个显微操作仪进行操作。方法是:先将胚胎进行预处理,在含 200 毫摩尔/升蔗糖的 PBS 溶液中平衡 30 分钟,然后置于倒置显微镜下用显微操作仪的一根玻璃针固定胚胎,另一根一端锋利的玻璃针穿过透明带吸取一个或几个卵裂球,其胚胎取样后妊娠率为 52.6%。

②显微切割法。此法是一种更为简单的分割取样方法,在倒置显微镜下,利用电动的显微操作仪控制显微手术刀片对桑葚胚和囊胚进行切割取样。其具体方法为:将要分割的胚胎置于石蜡覆盖的 50 微升的 DMPBS 中,DMPBS 含有 200 毫摩尔/升的蔗糖,利用脱水作用使细胞团和囊胚腔里的水分脱出,使胚胎处于微收缩状态,增加胚胎细胞对切割所产生压力的耐受力,保持取样胚胎整体状态的稳定性。由于胚胎在切割前的培养液中吸收了部分蛋白质负电,所以在没有加蛋白的切割液中由于静电作用而紧贴在分割培养皿的底部,不需要固定管去固定胚

胎。在倒置显微镜下从垂直方向看准胚胎和显微手术刀,连同透明带和胚胎细胞一起切取下。取样的细胞数为:桑葚胚 4～10 个。囊胚则从滋养层外层切取一小块。Herr 等采取这种方法取样后再把胚胎冷冻,解冻移植后妊娠率达到 63%(90 天检查,27 头牛中有 17 头妊娠)。

(2)徒手切割 徒手切割就是不借助于显微操作仪,直接用手执玻璃针或刀片等在普通显微镜下对胚胎进行切割取样。采用的方式和手段一般因胚胎发育的阶段而异,对不同发育阶段的胚胎采取不同的切割方法,对于致密桑葚胚及部分囊胚以卵周隙中游离卵裂球为取样对象,致密前桑葚胚则常采用切压法切取胚胎细胞。对于致密的晚期桑葚胚及部分囊胚,则切取较凸出于整个细胞团边缘部分的细胞及滋养层侧壁细胞。取样工具直径为 0.5～1.0 毫米的玻璃针管,需在拉针仪及微锻仪上拉制成,其前部分弯成约 120°,切割部位直径为 12～15 微米。为了减轻对胚胎的损伤常用 12.5% 的蔗糖作为切割液,由于高渗作用使细胞团紧缩,囊胚腔内的液体减少,有利于切割操作,提高了胚胎对切割针产生的机械力的抵抗作用,减少机械损伤的细胞数。切割前在培养皿底部轻划一道痕用于防止胚胎滚动。对于桑葚胚先快速地在透明带上切下一小块,然后用切割针轻压透明带将部分胚胎细胞挤出透明带并顺势切下一定数量的细胞,或者将透明带中的散碎游离的细胞挤出透明带。对于囊胚则切取滋养层侧壁细胞,将切割针针尖置于要切割的部位连同透明带一同切下,每个胚胎切割取样的细胞数量约为整个胚胎细胞的 1/15～1/10,采用此法切割取样后鲜胚的移植妊娠率为 47.1%,冻胚为 31.3%。

冷冻胚胎解冻后分割操作同上。

(三)早期胚胎性别鉴定

由于胚胎性别鉴定所潜在的重大意义及其巨大的经济效益,各国研究人员在该领域进行了深入的研究,目前已发展了许多胚胎性别鉴定的方法,主要有细胞学方法、免疫学方法、分子生物学方法等。每种方法各有利弊,鉴别准确率也因方法不同而异。

(1)细胞生物学方法(染色体核形分析) 主要是利用 X、Y 染色体在形态上的差异,通过判定胚胎细胞性染色体是 X 还是 Y 来鉴定胚胎的性别。此法的优点是准确率可达 100%,但采集细胞对胚胎有伤害,且获得高质量的中期染色体分裂相也很困难,不适用于实际生产,目前主要用来验证其他性别鉴定方法的准确率。

(2)免疫学方法 在 8 细胞期至早期胚泡期,哺乳动物的雄性胚胎表达一种雌性胚胎所没有的细胞表面因子,即 H-Y 抗原,利用 H-Y 抗原和抗体免疫反应的原理可以进行胚胎的性别鉴定。

①胚胎的细胞毒性分析法。在补体(如豚鼠血清)存在的情况下,H-Y 抗体可以与 H-Y+胚胎(雄性胚胎)结合,并使其中的一个或更多的卵裂球溶解,或使卵裂球呈现不规则的体积和形状,阻滞胚胎发育,受影响的胚胎即为雄性胚胎,将经培养后发育正常的雌性胚胎进行移植就可使母畜只生雌性后代。但这种方法是以破坏雄性胚胎为代价,而且其准确率不高,因此很少被使用。

②间接免疫荧光分析法。以 H-Y 抗体为一抗,用 FTTC 标记的 Y 球蛋白(如山羊抗鼠 Y 球蛋白)作为二抗,将上述 2 种抗体依次与胚胎共同培养,雄性胚胎上的 H-Y 抗原先与一抗结合,一抗再与二抗结合,然后通过洗涤将未结合到胚胎上的二抗洗去,由于二抗用 FTTC 标记,故在荧光显微镜下显荧光,雄性胚胎显荧光,不显荧光者为雌性胚胎。这是一种非损害性胚胎性别鉴定法,鉴定过的胚胎都可以存活。但准确率不高,牛为 83%、绵羊为 83%、猪为 81%。

③囊胚形成抑制法。利用 H-Y 抗体能够可逆性抑制囊胚形

成的原理,将 H-Y 抗血清与桑葚胚共同培养,一段时间后雄性胚胎由于具有 H-Y 抗原被 H-Y 抗体所抑制,不能形成囊胚,而无 H-Y 抗原的雌性胚胎则不受影响继续发育成囊胚,因此可以将雌、雄胚胎分开。然后可洗去 H-Y 抗体,雄性胚继续发育。这种方法鉴定的胚胎存活率与正常无异,其正确率为 80% 左右。但只能检测桑葚期前的胚胎,如果胚胎已发育至囊胚,则无法鉴定。

(3)分子生物学方法　分子生物学方法是近 10 年发展起来的一种利用雄性特异性基因探针和 PCR 扩增技术鉴别家畜胚胎性别的崭新方法。由于这种方法灵敏度高,准确率达 90% 以上,对胚胎的操作极小,所以被国内外研究人员广泛用于家畜,是目前较为成熟、最理想的性别鉴定技术。Herr(1990)首先采用 PCR 技术扩增 Y 特异多重复序列鉴定了羊胚胎性别,准确率达到96.5%。Sinclair 等(1990)、Gubbay 等(1990)和 Koopmans 等(1991)发现了哺乳动物的性别决定基因 SRY,用 PCR 技术来检测 SRY 基因的有无便可判别胚胎的性别,从而为胚胎性别鉴定提供了更可靠的保证。

①Y 染色体特异性 DNA 探针。利用 Y 染色体特异的 DNA 探针与 Y 染色体的 DNA 进行特异性结合,以鉴定胚胎性别的一种方法。早在 1988 年,Eilis 等就将牛的 Y 染色体 DNA 重复序列探针用于牛胚胎的性别鉴定。用于检测的方法有 2 种:一种是原位杂交;另一种是用探针与 DNA 提取物相结合。这种方法的准确率超过 95%。但是这些特定序列通常具有种间特异性,所以对每种动物都必须研制不同的探针。另外,原位杂交有时还需使用放射性物质,这种方法没有被推广。

②PCR 应用于胚胎性别鉴定。Hert 等(1990)首先成功建立了家畜胚胎性别鉴定的 PCR,其实质就是 Y 染色体特异性片段或 Y 染色体上的性别决定基因的检测技术。即通过合成 SRY 基因或其他 Y 染色体上特异性片段的部分序列作为引物,在一定条件

下进行 PCR 扩增反应,能扩增出目标片段的胚胎即为雄性胚胎,否则即为雌性胚胎。由于 PCR 极为灵敏,所以只要从胚胎中取出几个细胞就可以进行性别鉴定,这对性别鉴定后胚胎移植的妊娠率没有影响。

用 PCR 鉴定家畜胚胎的性别其主要程序为:a. 胚胎的获取。冷冻胚胎、刚从供体回收的鲜胚或体外受精培养的胚胎都可以用来鉴定性别。b. 引物的设计。根据 Y 染色体上的性别决定基因或特异性片段设计引物,同时设计一对公、母共有基因引物作为内对照,避免假阳性的发生。c. 用显微操作或徒手从胚胎中取出几个细胞热处理后进行 PCR 扩增。d. 电泳检测。能同时扩增出 Y 染色体上相应片段和公母共有基因片段的胚胎即为雄性胚胎,而只能扩增出共有基因片段的胚胎即为雌性胚胎。

(四)卵子培养和体外受精

(1)卵子培养　从卵巢上的囊状卵泡或成熟卵泡吸取尚处于第一次成熟分裂前期或成熟分裂复始的初级卵母细胞,连同完整健全的卵丘细胞团,在特定的培养液中,使之继续发育,进行成熟分裂,达到可以受精的成熟阶段。卵子培养实际上是在体外成熟的过程。

卵子的体外培养为得到丰富的胚胎开辟了新途径,可以从即将淘汰的母畜卵巢得到卵泡或卵子,或在屠宰前作超排处理,以期得到更多发育的卵泡,进行收集并培养。卵母细胞也可以像精子或胚胎那样冷冻保存起来,共同组成种质贮存。

(2)体外受精　体外受精系指试管动物。应用体外受精可获得大量胚胎,使胚胎生产"工厂化"为胚胎移植及相应生物工程提供胚胎来源,在畜牧业中具有广泛的应用前景,同时对于丰富受精生物学的基础理论也有重大意义。迄今有小鼠、牛、绵羊、山羊、猪等 20 余种哺乳动物体外受精获得成功。体外受精程序如下:

①卵母细胞的采集。将动物屠宰后的卵巢取出,用生理盐水

冲洗后,装入盛有生理盐水的保温瓶内迅速运回实验室,用注射器针头从卵巢上未成熟的卵泡中抽取卵母细胞。

②卵母细胞的体外培养成熟。将卵母细胞放在培养液中,在39℃温度和5% CO_2 气相条件下的培养箱中培养24小时左右。一般卵丘细胞显著扩张,从形态上可以确认达到成熟。在培养液中添加BSA(或犊牛血清)及促性腺激素、类固醇激素等,可增加卵母细胞的成熟程度。

③精子获能。将精子放入人工合成的培养液培养数小时。在获能液中添加肝素及咖啡因等,有利于精子获能。

④受精及受精的检查。将成熟卵子移入培养液的液滴中,加入获能的精子,置 CO_2 培养箱中共同孵育。隔一定时间检查受精情况,如出现精子穿入卵内,精子头部膨大,精子头部和尾部在卵细胞质内存在,第二极体的排出,原核的形成和正常的卵裂等,即确定为受精。

⑤体外受精卵(早期胚胎)的培养发育。将受精卵移入培养液中继续培养。早期胚胎具有体外发育阻滞现象,因此,为克服阻滞期并获得较高的发育率,多采用与卵丘细胞、输卵管上皮细胞等共同培养的方法,以使其发育至桑葚期或囊胚期,然后即可用于移植或其他生物工程的操作。

(五)胚胎嵌合

胚胎嵌合又称胚胎(受精卵)的融合,是近年来继胚胎分割后又一种新的生物技术。生物学上所说的嵌合体是指由不同的基因型的细胞和组织混合在同一个体,由2个或2个以上的受精卵发育而成的复合体。它具有2个以上的亲代。动物胚胎嵌合不但对品种改良及新品种培育具有重大意义,而且为不同品种间的杂交改良开辟了新的渠道,对分析胚胎的发生机制和基因表现机制以及了解性别分化或免疫机理等,均具有极广泛的利用价值。

1984年,Fehilly、Willadsen等将绵羊和山羊的卵裂细胞形成混合胚胎,得到了头和尾是山羊,而身体是绵羊的"杂种",这是自然界中罕见的"珍奇"动物。在山羊和绵羊上这种异属动物之间培育成嵌合体,这在世界上还是第一次。这不仅在于人们可以利用嵌合体技术创造珍奇的生物,而更重要的是能把多种生物的多种优良性状,通过嵌合体技术集中到一个新个体身上,创造出经济价值更高的生物。

嵌合体胚胎和嵌合体动物的制作,根据胚胎的发育阶段主要分为卵裂球聚合法和细胞注入法2种。

(1)卵裂球聚合法　该法是用2枚发育阶段相同或不相同胚胎的卵裂球相聚合培育嵌合体个体。用聚合法制作嵌合体,首先要用$0.2\%\sim0.5\%$链霉蛋白酶和酸性PBS(pH $4\sim5$)除去2种胚胎的透明带,将裸胚在PBS中洗涤2次,装入空透明带,琼脂包埋,移入石蜡油覆盖的PHA液滴中。PHA液用灭菌蒸馏水按25微克/5毫升配制,使用时用PBS或Hanks液稀释至0.5%浓度。用5% CO_2、100%湿度、$37.5\,^{\circ}\mathrm{C}$培养$10\sim20$分钟,使其融合,然后移入20%PBS液中洗涤2次,再体外培养$20\sim24$小时或体内培养后移植。

(2)细胞注入法　用显微操作仪将供体胚的细胞或内细胞团注入受体胚的囊胚腔内发育成嵌合体。该法操作较费事,但与聚合法相比,成功率高。

(六)胚胎干细胞

胚胎干细胞(ES细胞)是早期胚胎(桑葚胚、囊胚)或原始生殖细胞(PGCs)经体外分化抑制培养而获得的可以连续传代的发育全能性细胞系。由于它具有与胚胎细胞相似的分化潜能和正常二倍体核型的特点,因而兼具胚胎细胞和体细胞的某些特性。胚胎干细胞系的建立成功,是生命科学领域中一项重要的研究成果。体外培养的ES细胞,可以增殖、操作、选择、克隆和冷冻保存,保持整倍体性质,核型正常,并且具有发育的全能性。这些生物学特性决定了 ES 细胞在生物学、遗传学和家畜育种中具有不可替代的特殊地位和应用价值。ES 细胞是动物克隆的材料,是基因转移的高效载体,也是细胞分化、发育生物学和分子遗传学等研究的重要材料。

ES 细胞建系原理是选择具有发育全能性的早期胚胎,一般为桑葚胚和囊胚,或 PGCs,使用分化抑制物使之增殖而保持未分化状态,并且一代一代地传递下去。ES 细胞的建系方法如下:

(1)饲养层的制备与分化抑制物的选择　目前广泛使用的方法是用小鼠成纤维细胞无限系(STO)或小鼠胚胎成纤维细胞(MEF)制备饲养层,这种细胞可分泌成纤维细胞生长因子(FGF)、分化抑制因子(DIA)及白血病抑制因子(LIF)等物质。它们有促进 ES 细胞增殖而抑制其分化的作用。将 STO 或 MEF 经丝裂霉素 C 或其他有丝分裂抑制基处理后,与早期胚胎或 PGCs 共同培养,就能获得 ES 细胞。另外,分化抑制剂还有大鼠肝细胞、绵羊输卵管上皮、山羊子宫上皮、牛的颗粒细胞以及胎牛的睾丸、肾和肝成纤维细胞等条件培养基。

(2)早期胚胎选择和 PGCs 的分离　如采用早期胚胎,已证明小鼠 4~6 天的延迟囊胚或 3.5 天的囊胚和 2.5 天的桑葚胚、猪 7~10 天的囊胚、绵羊 7~9 天的囊胚、山羊 7~8 天的囊胚、牛 6~7 天的桑葚胚或 7~8 天的囊胚、兔 4~5 天囊胚、水貂 8~10 天囊胚及仓鼠 3 天囊胚,都是 ES 细胞分离与培养的适宜材料。PGCs 的获得主要随其中早期胚胎中的迁移位置而取相应的组织,如小鼠取 12.5 天的生殖嵴,牛 29~35 天的胚胎生殖嵴,大鼠取 10.5 天尿囊中胚层、12.5 天背肠系膜及 13.5~14.5 天的生殖嵴。PGCs 一般是将相应组织用胰蛋白酶和 EDTA 消化获得。

(3)早期胚胎和 PGCs 的培养以及 ES 细胞的分离传代和冻存　将早期胚胎或 PGCs 置于预先准备好的饲养层或条件培养基上,放入 CO_2 培养箱。要求饱和温度,5% CO_2 和 37~39℃温度。

所用培养基一般为 DMEM＋10％胎牛血清（FCS），也可用 MEMα
取代 DMEM。其中可添加 LIF、EGF、IGF 及胰岛素等多种细胞
因子或分化抑制物。添加 2-巯基乙醇能提高胚胎活力和贴壁能
力。胚胎 ICM 增殖后，或 PGCs 出现 ES 样克隆后即可传代。一
般用胰蛋白酶、EDTA 或二者混合制剂消化 ICM 或 ES 细胞克
隆，用微管吹打成单细胞或有几个细胞粘连的小团块，然后移入新
的饲养层或条件培养基上。出现 ES 细胞克隆后，在其分化之前
再行传代。ICM 传代的另一方法是免疫外科手术法。ES 细胞可
用 DMEM＋20％FCS＋20％DMSO（二甲基亚砜）作冷冻保护液，
－196℃液氮冷冻保存，解冻后可继续培养和传代。

（七）细胞核移植（克隆）

细胞核移植是一种有效的动物克隆技术，它是用显微操作将
经一定处理、分离的单个供体细胞或细胞核导入除去染色质（核）
的成熟的卵母细胞（或胚胎），经过电脉冲等方法使卵母细胞质和
导入的细胞核融合，进一步分裂、发育为胚胎，并将该重组胚移植
给受体，让其妊娠产仔的技术。

细胞核移植可使遗传性状优良的动物个体在群体中大量增
殖，大大加速遗传改良和育种进程；可用来扩增转基因动物的后
代，提高转基因技术的效能；通过对胚胎性别鉴别后再克隆，期望
获得大量同性别的动物；可用于对珍稀动物的扩繁和保存；通过克
隆获得大量基因型相同的个体，可提高试验统计学上的可靠性等。
总之，细胞核移植对于畜牧业生产、科研均有重要意义。

依据核供体细胞的不同，哺乳动物细胞核移植可分为胚胎细
胞核移植和体细胞核移植。

（1）胚胎细胞核移植　　胚胎细胞核移植是用显微手术的方法
分离未着床的早期胚胎细胞，将单个胚胎细胞导入除去染色质的
成熟卵母细胞（或胚胎），经电脉冲使卵母细胞胞质和导入的胚胎
细胞核融合，分裂发育为胚胎，并将该重组胚移植给受体动物，让

其妊娠产仔,获得克隆动物的过程。从理论上讲,一枚胚胎有多少个细胞,就可克隆出多少个动物。目前,作为供体核的细胞有:桑葚胚以前的卵裂球,囊胚的内细胞团(ICM)细胞、胚胎干细胞(ES)以及原始生殖细胞(PGCs)等。

(2)体细胞核移植 体细胞核移植,即将动物的体细胞经抑制分化培养,使细胞处于静息状态,采用核移植方法,将体细胞核导入除去染色质(核)的成熟卵母细胞,组成克隆胚胎并移植给受体,经妊娠克隆出动物。要使体细胞发育成胚胎,必须使它具有以下特性:①体细胞去分化,即使已分化的体细胞变成未分化的、全能性的细胞的过程。②启动体细胞基因表达的再程序化。胚胎发育是细胞中的基因在时空上进行系统而有序表达的过程。Wilmut等认为,要使去分化的体细胞移入卵母细胞并发育成胚胎,还必须重新启动这种体细胞基本表达的再程序化。

从理论上讲,这种方法可无限的克隆动物个体,因为分化了的各种体细胞核是取之不尽的。因此,"多莉"的降生才会震动世界。目前已克隆出动物的体细胞核供体有:乳腺细胞、耳上皮细胞、输卵管上皮细胞、胎儿体细胞、卵丘细胞等。成年体细胞克隆羊的诞生,作为20世纪生命科学研究的重大事件,在科学上打破了分化了的哺乳动物细胞不再具有全能性这一即有结论。

第四章　羊的营养和饲料

第一节　羊的营养

在动物有机体的生活条件中,营养是最重要的因素。动物欲维持生命和健康,确保正常的生长发育及组织修补等,必须从体外摄取所需的种种物质,此类物质称为营养物质。羊所需的营养物质包括碳水化合物、蛋白质、脂肪、矿物质、维生素和水。

一、碳水化合物

饲料中的碳水化合物主要包括糖、淀粉、纤维素、半纤维素、木质素、果胶及黏多糖等,是动物体不可缺少的一种营养物质。碳水化合物是形成动物体组成成分和合成畜产品不可缺少的成分,也是动物能量的主要来源。羊的呼吸、运动、生长、维持体温等全部生命过程都需要热能,这些热能的主要来源是碳水化合物,碳水化合物除供应热能外,剩余部分可在体内转化为脂肪贮存起来,以备饥饿时利用。此外,羊瘤胃中微生物的繁殖及菌体蛋白质的合成也受碳水化合物的影响。羊瘤胃内有充足的碳水化合物,可促进瘤胃微生物的繁殖和活动,有利于蛋白质等其他营养物质的有效利用;若饲料中碳水化合物供应不足,就会动用体内贮存的脂肪和蛋白质来满足能量的需求,导致羊体重减轻,生长发育缓慢,繁殖力也会降低。

碳水化合物可分为无氮浸出物和粗纤维。无氮浸出物又可分为糖类和淀粉;粗纤维又可分为纤维素、半纤维素、木质素等。碳水化合物一是来自精料,主要有淀粉和可溶性糖;二是来自牧草和其他粗饲料,如干草、作物秸秆和青贮料,这类饲料的粗纤维含量高。糖类和淀粉的营养价值高,易于被消化利用,粗纤维在瘤胃纤维分解菌的作用下,可将不溶性纤维素分解为可溶性的糊精和糖,再分解成低级挥发性脂肪酸,即乙酸、丙酸、丁酸,使其变为营养物质被羊利用。

二、蛋白质

蛋白质是构成羊皮、羊毛、肌肉、蹄、角、内脏器官、血液、神经、酶类、激素、抗体等体组织的基本物质。各个生理阶段的羊,都需要一定的蛋白质。蛋白质缺乏,会使羊消瘦、衰弱,甚至死亡。种公羊缺乏会造成精液品质下降。母羊蛋白质营养缺乏会使胎儿发育不良,产死胎、畸形胎,泌乳减少,幼羊生长发育受阻,严重者发生贫血、水肿,抗病力弱,甚至引起死亡。

饲料中的蛋白质是由各种氨基酸组成的。羊对蛋白质的需要,实质就是对各种氨基酸的需要。饲料中的蛋白质进入羊瘤胃后,大多数被微生物利用,合成菌体蛋白,然后与未被消化的蛋白一同进入真胃,由消化酶分解成各种必需氨基酸和非必需氨基酸,被消化道吸收利用。氨基酸有20多种,其中有些氨基酸在体内不能合成或合成速度和数量不能满足羊体正常生长需要,必须从饲料中供给。这些氨基酸称为必需氨基酸。成年羊瘤胃中存有大量微生物,能将食入的纤维素分解转化为各种营养物质,并合成各种氨基酸,因此羊对饲料品质的要求不太严格,一般也不缺必需氨基酸。羔羊由于瘤胃发育不完善,至少要提供9种必需氨基酸,即组氨酸、异亮氨酸、亮氨酸、赖氨酸、蛋氨酸、苯丙氨酸、苏氨酸、酪氨酸和缬氨酸,随着瘤胃的发育成熟,对日粮中必需氨基酸需要逐渐减少。

各类饲料的粗蛋白质含量和氨基酸组成比例不同。一般动物性蛋白饲料优于植物性蛋白饲料,即鱼粉、血粉、肉粉蛋白质品质最好,而豆类饲料和饼粉类饲料中蛋白质营养价值高于谷物饲料。饲料蛋白质被羊食入后,在瘤胃中被微生物降解成肽和氨基酸,然后再合成菌体蛋白被小肠吸收,在转化过程中形成养分损失,影响利用率。各种蛋白饲料的瘤胃降解率不同,其中瘤胃降解率低的饲料有优质干苜蓿、鱼粉、羽毛粉、血粉、肉粉等。选择饲用天然降解率低的蛋白饲料,可减少蛋白质营养在瘤胃内的酵解,使其直接进入真胃、小肠被消化吸收,而提高转化效率。另外,也可以采用"过瘤胃技术"减少饲料蛋白的瘤胃酵解损失。

三、脂肪

羊的各种器官、组织,如神经、肌肉、皮肤、血液等都含有脂肪。脂肪不仅是构成羊体的重要成分,也是热能的重要来源。另外,脂肪也是脂溶性维生素的溶剂,饲料中维生素 A、维生素 D、维生素 E、维生素 K 及胡萝卜素,只有被饲料中的脂肪溶解后,才能被羊体吸收利用。

羊体内的脂肪主要由饲料中的碳水化合物转化为脂肪酸后再合成体脂肪,但羊体不能直接合成十八碳二烯酸(亚麻油酸)、十八碳三烯酸(次亚麻油酸)和二十碳四烯酸(花生油酸)3 种不饱和脂肪酸,必须从饲料中获得。若日粮中缺乏这些脂肪酸,羔羊生长发育缓慢,皮肤干燥,被毛粗直,有时易患维生素 A、维生素 D 和维生素 E 缺乏。

豆科作物籽实、玉米糠及稻糠等均含有较多脂肪,是羊日粮中脂肪的重要来源,一般羊日粮中不必添加脂肪。羊日粮中脂肪含量超过 10%,会影响羊的瘤胃微生物发酵,阻碍羊体对其他营养物质的吸收和利用。

四、矿物质

矿物质是构成机体组织的重要组成部分,羊的骨骼和牙齿主要由矿物质组成。同时,矿物质中的一些微量元素是组织中的重要酶类的组成成分,参与体内的许多代谢活动和生命过程,是保证羊体健康和生长发育所必需的营养物质。矿物质和微量元素在羊的器官中有一定贮备,短期内日粮中矿物质和微量元素不足时,羊可以动用其体内的贮备加以弥补,保证羊的正常发育和生产繁殖,但矿物质和微量元素长期不足或过量,都会影响羊的健康,造成羊的矿物质和微量元素缺乏或中毒。

(1)钙和磷 钙和磷是羊体内含量最多的矿物质,占矿物质总量的 $65\%\sim70\%$,钙和磷在羊体内主要存在于骨骼和牙齿中。钙是细胞和体液的重要成分,也是一些酶的重要激活因子,缺钙时会影响羊生理机能的发挥,如血液中缺钙,会严重影响凝血酶的生物学活性。磷是核酸、磷脂和蛋白质的组成成分,具有重要的生物学功能。

羊的日粮中钙磷的适宜比例应为 $(1.5\sim2.0):1$,其吸收效果较好。日粮中缺钙或由于钙、磷比例不当和维生素 D 供应不足时,幼羊会出现佝偻病,成年羊会发生骨软症和骨质疏松,高产泌乳母羊有可能发生骨折或瘫痪。磷缺乏时,羊出现异食癖,如啃食羊毛、砖块、泥土等。幼龄羊、泌乳羊需钙、磷,尤其是钙较多。产奶羊每千克体重每天约需 0.05 克钙和 0.03 克磷。若饲料中钙磷不足,产奶羊就会动用骨骼成分中的钙、磷,影响机体健康。

一般性植物饲料都缺钙,但豆科牧草如苜蓿、红豆草等含钙量较高,农作物秸秆含磷量较低,而谷实类(玉米、高粱等)、饼粕、糠麸含磷量较高。大量饲喂某些含草酸多的青饲料可能影响钙的吸收。日粮补钙磷应使用碳酸钙、氯化钙、磷酸氢钙和磷酸三钙等。由于瘤胃微生物的作用,反刍动物对植酸磷的利用率高于单胃动物。

（2）钠和氯　它们主要分布在羊体的体液及软组织中，在维持体液的酸碱平衡和渗透压方面起着重要作用，并能调节体内的平衡。一般用食盐补充氯和钠，既是营养品又是调味剂，可提高食欲，促进生长发育。

羊缺乏钠和氯可引起食欲下降，消化不良，生长受阻。植物性饲料尤其是作物秸秆含钠、氯较少，必须在日粮中加以补充。一般按日粮干物质的 $0.15\% \sim 0.25\%$ 或混合精料的 $0.5\% \sim 1.0\%$ 补给。但过量食入食盐，饮水又不足时会出现腹泻，严重者可引起中毒、死亡。为了避免中毒发生，可以将食盐与其他的矿物质及辅料混合后制成舔砖让羊舔食。

（3）铁　铁主要存在于羊的肝脏和血液中，是血红素、肌红蛋白和许多呼吸酶类的成分，还参与骨髓的形成。饲料中缺铁时，易导致羊患贫血症，对羔羊尤为敏感。铁过量会引起磷的利用率降低，导致软骨病。

在通常情况下，青绿饲料和谷类含铁丰富，成年羊一般不易缺铁。对哺乳早期的羔羊和舍饲的生长期肥育羊应注意补铁，以免影响其生长发育。

（4）铜　铜对血红素的形成有催化作用，还是多种酶的成分和激活剂。日粮中铜缺乏，会影响铁的正常代谢，出现贫血、生长停滞、骨质疏松、行动失调、心脏纤维变性等。肌体缺铜时，会减少铁的利用，造成贫血、消瘦、骨质疏松、皮毛粗硬、毛品质下降等。

由于牧草和饲料中含铜量较多，放牧饲养的成年羊一般不易缺铜。但如果长期饲喂生长在缺铜地区土壤中的植物或草地土壤中钼的含量较高时，容易造成铜的缺乏。通常在羊的日粮中补充硫酸铜、蛋氨酸铜等添加剂。需要注意的是，羊对铜的耐受性较低，补饲不当会引起铜中毒。

（5）镁　体内 70% 的镁存在于骨骼和牙齿中，25% 存在于软组织的细胞中，镁与一些酶的活性有关，在糖和蛋白质代谢中起重要作用。

镁缺乏症主要发生于反刍动物中。有些地区土壤中缺镁,所生长的牧草也缺镁,特别在晚冬和早春放牧季节,牧地植物中含镁量最少,气候寒冷和多雨更易引起镁缺乏症。羊缺镁初期,出现外周血管扩张,脉搏次数增加。随后,血清中含镁量显著降低。当血清中镁含量从正常的 $17\sim40$ 毫克/升下降到 0.5 毫克/升时,出现神经过敏,震颤、面部肌肉痉挛与步态蹒跚,称为"青草痉挛"。

干草中镁的吸收率高于青草,饼粕和糠麸中镁含量丰富,舍饲羊较少发生镁缺乏症。

(6)锌　锌是构成动物体内多种酶的重要成分,参与脱氧核糖核酸的代谢作用,能影响性腺活动和性激素分泌,可防止皮肤干裂和角质化。日粮中缺锌时,羔羊生长受阻,皮肤不完全角化,可见羊毛、羊角脱落,公羊睾丸发育不良,精子生长停止,精液品质下降,严重影响母羊的受胎率。

青草、糠麸、饼粕类含锌量高,玉米和高粱含锌量较低。日粮中含钙量高易引起缺锌。在配合羊的日粮时,要综合考虑这些因素。羊缺锌时,注射维生素 E 可缓解症状,但维生素 E 不能替代锌的生物学功能。

(7)锰　锰参与骨骼的形成,是性激素和某些酶的重要组成成分,对卵泡的形成、肌肉和神经的活动都有一定作用。锰可促进钙、磷的吸收,反过来钙、磷比例又影响锰的消化和吸收。因此,锰同家畜骨化过程有一定关系。严重缺锰时,羔羊软骨组织增生,造成关节肿大。缺锰可影响繁殖,母羊发情不明显,妊娠初期易流产,羔羊初生体重低。

青绿饲料和糠麸中含锰量较高,谷物籽实及块根、块茎中含量较低。饲养中可用硫酸锰、氯化锰等补充锰的缺乏。

(8)钴　钴是维生素 B_{12} 的组成成分,并以钴离子形式参与造血。在代谢作用中是某些酶的激活剂。羊瘤胃中的微生物能够利

用钴合成维生素 B_{12}，供其吸收利用。羊采食的饲草每千克干物质含钴量低于 0.07 毫克/千克时出现缺钴症。羊缺钴时，表现食欲减退，逐渐消瘦，贫血，繁殖力、泌乳量和剪毛量都降低。

动物性饲料含钴丰富，可达 0.8～1.6 毫克/千克，牧草干物质含钴 0.10～0.25 毫克/千克，谷物含钴仅 0.06～0.09 毫克/千克。羊营养缺钴具有地区性，土壤缺钴导致饲草、饲料缺钴。缺钴地区给羊补钴，每天每只 0.5 毫克左右，可以制成添加剂或钴化食盐，也可将氧化钴放入胶丸内制成钴丸喂给羊，使其在瘤胃内缓慢释放。

(9)硫　硫分布于羊全身的每个细胞。是蛋氨酸、胱氨酸、半胱氨酸等含硫氨基酸的组成成分，对维持蛋白质的高级结构和正常的生物学功能具有重要意义。同时，硫对合成体蛋白、激素和被毛，以及碳水化合物的代谢有重要作用。

正常情况下很少出现硫缺乏症。若用尿素作为唯一的氮源而不补充硫时，有可能出现缺硫现象。羊缺硫时，表现食欲减退、掉毛、多泪流涎、体重下降等。

蛋白质饲料含硫丰富，青玉米及块根、块茎类饲料中含硫量低。羊瘤胃中的微生物能有效地利用无机硫（硫酸钾、硫酸钠、硫酸钙），合成含硫氨基酸。对产毛量多的绵羊和补饲尿素的羊应补硫酸盐。

(10)硒　硒是谷胱甘肽过氧化物酶的组成成分，和维生素 E 一样具有抗氧化作用，能把过氧化脂类还原，保护细胞膜不受脂类代谢产物的破坏。硒还有助于维生素 E 的吸收和存留。

缺硒可引起羊食欲减退，生长缓慢，繁殖力受损。羔羊生长发育慢，并可引起白肌病，死亡率较高。妊娠后期，每只羊注射 1% 亚硒酸钠 1 毫升，或羔羊出生后，每只注射 0.5 毫升，可预防白肌病的发生。

我国存在大面积缺硒地带，缺硒地区饲料、饲草的含硒量低于

0.05毫克/千克,一般以亚硒酸钠制成预混剂补硒。也可以制成硒丸(内含5％硒元素)经口腔投入瘤胃、网胃,使其缓慢释放。注意投入同时要加入一些便于研磨矿物质的物质(如金属微粒),以便硒丸在投放并滞留在瘤、网胃后,使硒元素缓慢释放出来被吸收到血液内。

(11)碘　碘是构成甲状腺的成分,主要参与体内物质代谢过程。

碘缺乏表现为明显的地域性,如我国新疆南部、陕南西部和山西东南部等部分地区缺碘,其土壤、牧草和饮水中的碘含量较低。缺碘时表现为甲状腺肿大、生长缓慢、繁殖性能降低,新生羔羊衰弱、无毛。成年羊新陈代谢减弱,皮肤干燥,身体消瘦,剪毛量和泌乳量降低。在缺碘地区,给羊舔食含碘的食盐可有效预防缺碘。补给方法,将食盐中加入0.01％碘化钾,每只羊每日喂盐8～10克。

各类羊对矿物质和微量元素的需要量见表4-1。

五、维生素

维生素是维持生命的要素,对羊体神经的调节、能量的转化和组织的代谢,都有重要作用。

维生素可分为脂溶性和水溶性两大类。脂溶性维生素包括维生素A、维生素D、维生素E和维生素K;水溶性维生素包括维生素B族和维生素C。成年羊的瘤胃内可以合成维生素B族(硫胺素、核黄素、烟酸、吡哆醇、生物素、叶酸和钴胺素)以及维生素K,在肝脏和肾脏中可以合成维生素C。因此,除羔羊外,一般无需添加。对成年羊一般需要添加的只有维生素A、维生素D和维生素E。最近有资料认为,某些瘤胃微生物需要特定的维生素B调节生长。当用尿素替代蛋白质饲料时,更应考虑维生素的平衡。羊对主要维生素日需要量可以参照表4-2。

表 4-1 羊对矿物质及微量元素的需要量（按每只每日计量）

矿物元素	绵羊				山羊			最大耐受量
	幼龄羊	成年育肥羊	种公羊	种母羊	幼龄羊	种公羊	种母羊	
食盐/克	9~16	15~20	10~20	9~16	7~12	10~17	10~16	—
钙/克	4.5~9.6	7.8~10.5	9.5~11.6	6~13.5	4~6	6~11	4~9	2%
磷/克	3~7.2	4.6~6.8	6~11.7	4~8.6	2~4	4~7	3~6	0.6%
镁/克	0.6~1.1	0.6~1	0.85~1.4	0.5~1.8	0.4~0.8	0.6~1	0.5~0.9	0.5%
硫/克	2.8~5.7	3~6	5.2~9.05	3.5~7.5	1.8~3.5	3~5.7	2.4~5.1	0.4%
铁/毫克	36~75	—	65~108	48~130	45~75	40~85	43~88	500
铜/毫克	7.3~13.4	—	12~21	10~22	8~13	7~15	9~15	25
锌/毫克	30~58	—	49~83	34~142	33~58	30~70	32~88	300
钴/毫克	0.4~0.58	—	0.6~1	0.43~1.4	0.4~0.6	0.4~0.8	0.4~0.9	10
锰/毫克	40~75	—	65~108	53~130	45~76	40~85	48~88	1 000
碘/毫克	0.3~0.4	—	0.5~0.9	0.4~0.68	0.3~0.4	0.2~0.3	0.4~0.7	50

表 4-2 羊对主要维生素的需要量（按每只每日计量）

名称	绵羊				山羊			最大耐受量
	幼龄羊	成年育肥羊	种公羊	种母羊	幼龄羊	种公羊	种母羊	
维生素 A/1 000 国际单位	0.4~0.9	4~6	6~8	4~6	3~5	5~7	4~6	20
维生素 D/1 000 国际单位	0.4~0.7	0.56~0.76	0.5~1.0	0.5~1.1	0.4~0.5	0.3~0.6	0.4~0.8	7.4
维生素 E/毫克		51~84			32~61			560

(1)维生素 A　维生素 A 对维持羊正常的视觉,促进细胞增殖,器官上皮细胞的正常活动,调节有关养分的代谢等有重要作用。维生素 A 缺乏时,羊采食量下降,生长停滞、消瘦、皮毛粗糙、无光泽,未成年羊出现夜盲、甚至完全失明;母羊发情期缩短或延迟,受胎率低,易流产或产死胎,公羊射精量少,精液品质下降。由于缺乏维生素 A,羊鼻内排出很浓的黏液和发生尿结石。

维生素 A 不直接存在于植物性饲料中,但植物中的胡萝卜素可以在肝脏内转化为维生素 A。一般优质青干草和青绿饲料中含有丰富的胡萝卜素。而作物秸秆、饼粕中缺乏胡萝卜素,羊长期饲喂这些饲料时要补充维生素 A。

(2)维生素 D　维生素 D 可促进小肠对钙和磷的吸收。制约着骨骼、牙齿对钙和磷的沉积。维生素 D 缺乏会影响钙磷代谢,表现为食欲不振、体质虚弱、发育缓慢。羔羊会出现软骨症,成年羊骨质疏松、关节变形。青绿饲料中麦角固醇含量高,经过阳光照射后转化为维生素 D_2,羊表皮层的 7-脱氢胆固醇,经阳光照射能转化为维生素 D_3。舍饲或不见阳光的羊要注意补充维生素 D 或多喂青绿饲料和青干草。

(3)维生素 E　维生素 E 又称作生育酚,它有调节生殖机能,维持肌肉正常功能的作用。

维生素 E 缺乏时,羔羊和生长期羊心肌和骨骼肌变性,运动障碍,难于甚至不能站立起来,后腿比前腿更严重;公羊睾丸发育不良,精液品质差;母羊受胎率低,流产或死胎,所产羔羊,身体瘦弱,不能抬头吸奶,生出时即死,或生后不久夭折。

谷物的胚中含有丰富的维生素 E,幼嫩青饲料中含量也较多,但在加工过程中易被氧化破坏。我国北方,冬季枯草期长,在长期断青的情况下,母羊可能发生维生素 E 缺乏,羔羊易发生白肌病。因此,对冬季舍饲的种公羊、妊娠母羊和青年育成羊,都应在日粮中补充维生素 E。

各生理阶段羊对维生素的需要量,一般来说,幼龄的、体小的羊比年老的、体大的及成熟而未产仔的成年羊要多一些。羔羊瘤胃发育不成熟,反刍功能尚未健全之前,需要补饲含维生素的补充料。具体要视母羊日粮和环境状况而定。如果母羊在户外放牧,草场又好,羊奶中就具有充足的维生素。如果母羊在户内舍饲,羊奶中的维生素含量就不能满足羔羊的需要。为了预防维生素缺乏,也可以在喂母羊的精饲料中添加维生素。

(4)维生素 B 维生素 B 主要作为细胞的辅酶,催化碳水化合物、脂肪和蛋白质代谢中的各种反应。羊瘤胃机能正常时,能由微生物合成维生素 B 满足需要。但羔羊瘤胃发育尚未完善,瘤胃微生物区系尚未健全时,日粮中需添加维生素 B。

(5)维生素 K 维生素 K 的主要作用是催化肝脏中对凝血酶原和凝血活素的合成。当维生素 K 不足时,由于限制了凝血酶的合成而使血液凝固能力下降。青绿饲料中富含维生素 K_1,瘤胃中可合成大量维生素 K_2,一般不会缺乏。但由于饲料间的一些成分有拮抗作用,如草木犀和一些杂草中含有与维生素 K 化学结构相似的双香豆素,能妨碍维生素 K 的利用。霉变饲料中的真菌毒素有制约维生素 K 的作用;药物添加剂如抗生素和磺胺类药物,能抑制胃肠道微生物合成维生素 K,出现这些情况时,需适当增加维生素 K 的喂量。

脂溶性维生素的生理功能、缺乏症以及主要来源见表 4-3。

表 4-3　脂溶性维生素的生理功能、缺乏症和主要来源

维生素名称	特征	生理功能	缺乏症	主要来源
维生素 A	植物含有胡萝卜素,动物可将其转化为维生素 A	维持上皮组织的健全与完整,维持正常的视觉,促进生长发育	干眼病、夜盲症、上皮组织角化、抗病力弱,生产性能降低	青绿饲料、胡萝卜、黄玉米、鱼肝油
维生素 D	结晶的维生素 D 比较稳定,晒太阳少时易缺乏	促进钙、磷的吸收与骨骼的形成	幼畜佝偻病,成年家畜骨质疏松症	日光照射在体内合成,补充鱼肝油
维生素 E	对酸、热稳定,对碱不稳定,易氧化	维持正常的生殖机能,防止肌肉萎缩,抗氧化剂	肌肉营养不良或白肌病,生殖机能障碍	植物油、青绿饲料、小麦胚等
维生素 K	耐热,易被光、碱破坏	维持血液的正常凝固	凝血时间延长	青绿饲料

六、水

　　水是机体器官、组织的主要组成部分,约占体重的一半。是饲料的消化吸收、营养物质代谢、体内废物排泄及体温调节等生理活动所必需的物质。水可以溶解、吸收、运输各种营养物质,排泄代谢废物,调节体温,促进细胞与组织的化学作用,调节组织的渗透压。

　　羊饮水不足,会使羊的胃肠蠕动减慢,消化紊乱,血液浓缩,体温调节功能等遭到破坏。在缺水情况下,羊只体内脂肪过度分解,会促进毒血症的发生,并导致肾炎等症状。饮水不足会影响食物的适口性,采食量下降。有研究认为,当体内水分损失 5% 时,有严重的渴感,食欲下降或废绝,羊体内失去 10% 的水分时,羊只出现代谢紊乱,生理过程遭到破坏,失去 20%～25% 的水分时,可能引起羊只死亡。

羊体需水量受机体代谢水平、环境温度、生理阶段、体重、采食量和饲料组成等多种因素影响。每采食1千克饲料干物质,需水1~2千克。成年羊一般每日需饮水3~4千克。夏季、春末秋初饮水量增大,冬季、春初和秋末饮水量较少。舍饲养殖必须供给足够的饮水,在羊舍和运动场里设置水槽,经常保持清洁的饮水。尤其炎热的夏季更应该注意。

第二节 羊常用饲料

羊的常用饲料种类很多,按营养特性可分为青绿饲料、粗饲料、多汁饲料、青贮饲料、能量饲料、蛋白质饲料、矿物质饲料、维生素饲料和添加剂等。

一、青绿饲料

青绿饲料包括青牧草、青割饲料和叶菜类等,其特点是含水分多,一般75%~90%,粗纤维含量少。蛋白质含量丰富,而且氨基酸组成比较完全,赖氨酸、色氨酸和精氨酸较多,营养价值高。在一般禾本科和叶菜类中蛋白含量1.5%~3.0%,豆科青饲料蛋白含量3.2%~4.4%。维生素含量丰富,每千克青绿饲料中含胡萝卜素80~100毫克,且含有较多的维生素B、维生素C、维生素E、维生素K。青绿饲料也是矿物质的良好来源,钙磷丰富,尤其豆科牧草含量较高。由于青绿饲料柔嫩多汁,其有机物质消化率可达75%~80%。

(1)青牧草 青牧草包括自然生长的野草和人工种植的牧草,青野草种类较多,其营养价值因植物种类,土壤状况等不同而有差异。人工牧草如苜蓿、沙打旺、草木樨、苏丹草等营养价值较一般野草高。

(2)青割饲草 是把农作物如玉米、大麦、豌豆等进行密植,在籽实未成熟前收割,饲喂家畜。青割饲料蛋白质含量和消化率均比结籽后高,此外,青割饲料茎叶的营养含量上部高于下部,叶高于茎,因此,收贮时应尽量减少叶部损失。

(3)叶菜类 包括树叶(如榆、杨、桑、果树叶等)和青菜(如白菜等),含有丰富的蛋白质和胡萝卜素,粗纤维含量较低,营养价值较高。

有些青绿饲料应注意饲喂方法,玉米苗、高粱苗、亚麻叶等含氰甙,羊食后在瘤胃内会生成氢氰酸发生中毒,应晒干或制成青贮饲料饲喂。萝卜叶、白菜叶等含有硝酸盐,堆放时间过长,腐败菌能把硝酸盐还原成为亚硝酸盐引起羊中毒。有些人工牧草适口性较差(如沙打旺有苦味),最好与其他青草或秸秆类混合饲喂。青绿饲料是羊不可缺乏的优良饲料,但其干物质少,能量相对较低。舍饲时在生长期可用优良青绿饲料作唯一的饲料来源,在育肥后期加快育肥则需要补充谷物、饼粕等能量饲料和蛋白质饲料。青饲料的钙磷多集中在叶片内。一般秸秆、糠麸、谷实、糟渣等都缺钙,以这些饲料为主喂羊时要注意钙的添加。

二、粗饲料

粗饲料指绝干物质中粗纤维含量在18%以上的饲料,主要包括青干草、农副产品类(秸秆、秕壳)、树叶、糟渣类等。

(1)青干草 青干草包括豆科干草(苜蓿、红豆草、毛苕子等)、禾本科干草(狗尾草、羊草等)和野干草(野生杂草晒制而成)。优质青干草含有较多的蛋白质、胡萝卜素、维生素D、维生素E及矿物质。

青干草粗纤维含量一般为20%～30%,所含能量约为玉米的30%～50%。豆科干草蛋白质、钙、胡萝卜素含量较高,粗蛋白质含量一般为12%～20%,钙含量1.2%～1.9%。禾本科干草含碳水化合物较高,粗蛋白质含量一般为7%～10%,钙含量0.4%左右。野干草的营养价值较以上两种干草要差些。

青干草的营养价值取决于制作原料的植物种类、生长阶段与调制技术。禾本科牧草在孕穗期或抽穗期收割,豆科牧草应在结蕾期或开花初期收割,晒制干草时应防止暴晒和雨淋。最好采用阴干法。

(2)秸秆 即各种农作物收获籽实后剩余的茎秆和叶片。秸秆的粗纤维含量一般为 25%~50%,蛋白质含量低(3%~6%),除维生素 D 之外,其他维生素均缺乏,矿物质钾含量高,缺乏钙、磷。秸秆的适口性差,木质素含量高但消化率低,为提高秸秆的利用率,喂前应进行切短、氨化、碱化处理。

(3)秕壳 包括籽实脱粒时分离出的颖壳、荚皮、外皮等,如麦糠、谷糠、豆荚、棉籽皮等,与秸秆相比,蛋白质多,纤维少,总营养价值高。一般来说,荚壳的营养价值略好于同作物的秸秆,但稻壳和花生壳例外。

羊日粮中的粗饲料含量约占 60%~70%。饲喂时禾本科干草应与豆科干草配合使用,有条件的再配合青绿饲料更好。饲喂前应除去杂质、泥土及霉变物,要经过铡短、揉碎或氨化、碱化、发酵等处理。豆科作物的粗蛋白质含量稍高,例如苜蓿营养价值较高,适宜调制干草。而秸秆、秕壳、树枝和树叶等粗饲料中粗纤维含量较高,适口性差,在饲喂时要限制其用量。

三、多汁饲料

多汁饲料包括块根、块茎、瓜果类。常见多汁饲料有胡萝卜、甘薯、马铃薯、饲用甜菜及甜菜渣等。

多汁饲料含水分高,一般为 70%~95%,营养浓度较低。干物质中粗纤维含量低,无氮浸出物含量高,而且多是易消化的糖分、淀粉或戊聚糖,适口性好,消化率高。粗蛋白质含量一般较低,如木薯、甘薯,但胡萝卜、南瓜和饲用甜菜等的蛋白质含量较高;各种矿物质和维生素含量差别很大,一般缺钙、磷,富含钾盐。胡萝卜含有丰富的胡萝卜素,甘薯和马铃薯却缺乏各种维生素。

多汁饲料适口性好,能刺激羊食欲。胡萝卜多汁味甜,主要营养物质是淀粉和糖类,含有胡萝卜素和磷较多,每千克胡萝卜含胡萝卜素 36 毫克,含磷量 0.07%～0.09%。胡萝卜由于鲜样中水分含量高,容积大,在生产实践中并不依赖它供给能量,其重要作用是在冬春季节供给胡萝卜素。甘薯淀粉含量高,能量含量居多汁饲料之首,但应忌喂有黑斑病的甘薯,因其含有毒性酮,易使羊中毒。马铃薯含能量较高,但应防止龙葵精中毒。马铃薯含有龙葵素配糖体,在幼芽及未成熟的块茎和贮存期间经日光照射变成绿色的块茎中含量较高,饲喂过多可引起中毒。甜菜及甜菜渣含糖量较高,饲用甜菜含糖一般 5%～11%,饲喂时应注意甜菜的亚硝酸盐中毒。

四、青贮饲料

青贮饲料是把新鲜的青饲料,如青绿玉米秸、高粱秸、红薯蔓、青草等装入密闭的青贮窖、壕中,在厌氧条件下经乳酸菌发酵产生乳酸,从而抑制有害的腐败菌生长,使青绿饲料能长期保存。禾本科作物和牧草、豆科牧草和作物、杂草及块根、块茎、野菜类都可青贮,有的可以单独青贮,有些需要混合青贮。天然青草及野菜类可单独青贮,也可混合青贮。豆科牧草或作物,含糖量少,蛋白质含量较高,不能单独青贮,否则易腐烂,应和禾本科混合青贮。瓜类、块根茎类应和糠麸、秕壳或切碎的秸秆一起青贮。

青贮饲料酸香可口,柔软多汁,营养损失少。同时,青贮饲料中由于大量乳酸菌存在,菌体蛋白质含量比青贮前提高 20%～30%,而且制作简便、成本低廉、保存时间长、使用方便、适口性强,是养羊的一类理想的饲料。但青贮饲料的水分含量高,能量物质含量不高,因此喂量不能太多,应与其他饲料混合使用。尤其是对初次饲喂青贮饲料的羊,要经过短期的过渡期适应,开始饲喂时少喂勤添,以后逐渐增加喂量。

五、能量饲料

能量饲料指干物质中粗纤维含量低于 18%,同时粗蛋白质含量低于 20% 的饲料。主要包括禾谷类籽实和糠麸。

(1)禾谷类籽实　包括玉米、大麦、高粱、燕麦、谷子等。这类饲料含无氮浸出物 60%～70%,是羊补充热能的主要来源。含粗蛋白质 9%～12%,含磷 0.3% 左右,钙 0.1% 左右。一般 B 族维生素和维生素 E 较多,而维生素 A、维生素 D 缺乏,除黄玉米外都缺胡萝卜素。因此,羊的饲料中除谷类籽实外,还应搭配蛋白质饲料,补充钙和维生素。

(2)糠麸类　糠麸类是谷物加工后的副产品,包括麸皮、玉米皮、米糠、大豆皮等。糠麸类饲料含能量为原粮的 60% 左右。糠麸体积大,重量轻,有利于胃肠蠕动,易消化。

能量饲料的能值高,但维生素含量不平衡,粗蛋白质含量较低、品质差,必需氨基酸不平衡,尤其赖氨酸和色氨酸缺乏,而且粗灰分含量低。因此,利用禾本科籽实饲料时,应与青饲料、粗饲料、矿物质饲料及蛋白质饲料搭配饲喂,利用其加工副产品时,因其含有较多的脂肪,饲喂时不宜超过 30%,以免引起腹泻。

六、蛋白质饲料

蛋白质饲料指干物质中粗蛋白质含量在 20% 以上,粗纤维含量在 18% 以下的饲料。生产当中常用的蛋白质饲料主要有植物性蛋白质饲料、动物性蛋白质饲料、非蛋白氮及单细胞蛋白质饲料。

(1)植物性蛋白质饲料　包括油料籽实提取油脂后的饼粕、豆科籽实、糟渣等。

①豆科籽实。豆科籽实无氮浸出物含量为 30%～60%,比谷

实类低,但蛋白质含量丰富(20%～40%)。除大豆外,脂肪含量较低(1.3%～2.0%)。大豆含粗蛋白质约35%,脂肪17%,适合作蛋白质补充料。

②饼粕类。饼粕类粗蛋白含量为30%～45%,粗纤维含量为6%～17%。所含矿物质一般磷多于钙,富含B族维生素,而胡萝卜素含量较低。

a.豆饼。品质居饼粕类之首,粗蛋白质含量40%以上,绵羊能量单位0.9左右。质量好的豆饼色黄味香,适口性好,但在日粮中的添加量不要超过20%。

b.棉籽饼。是棉区喂羊的好饲料,去壳机榨或浸提的棉籽饼含粗纤维10%左右,粗蛋白质32%～40%,带壳的棉籽饼含粗纤维高达15%～20%,粗蛋白质20%左右。棉籽饼中含有游离棉酚毒素,长期大量饲喂(日喂1千克以上)会引起中毒。羔羊日粮中一般不超过20%。

c.菜籽饼。含粗蛋白质36%左右,绵羊能量单位0.84,矿物质和维生素比豆饼丰富,含磷量较高,含硒比豆饼高6倍,居各种饼粕之首。菜籽饼含芥子毒素,羔羊、怀孕羊最好不喂。

d.向日葵饼。去壳压榨或浸提的饼粕粗蛋白质达45%左右,能量比其他饼粕低;带壳饼含粗蛋白质30%以上,粗纤维22%左右,喂羊营养价值与棉籽饼相近。

③糟渣类。是谷实及豆科籽实加工后的副产品。这类饲料含水分多,宜新鲜时喂用。

酒糟粗蛋白质占干物质的19%～24%,无氮浸出物46%～55%,是育肥肉羊的好饲料。粉渣是玉米或马铃薯制取淀粉后的副产品,粗蛋白质含量较低,但无氮浸出物含量较高,折成干物质后能量接近甚至超过玉米。

有些饼粕类饲料中含有抗营养因子或有害物质,如大豆饼粕中的抗胰蛋白酶因子、菜籽粕中的硫葡萄糖甙和棉籽粕中游离棉酚等,在使用时注意除去或脱毒。豆类、籽实、豆渣、豆浆都应熟喂。

(2)动物性蛋白质饲料 主要指用作饲料的水产品、畜禽加工副产品及乳、丝工业的副产品等,如鱼粉、肉骨粉、血粉、羽毛粉、乳清粉、蚕蛹粉等。其营养特点:蛋白质含量高,一般可达到40％～85％;灰分含量较高,钙磷含量丰富且比例适当。但动物性蛋白质饲料已经禁止在反刍动物中添加。

动物性蛋白质饲料适宜作为种公羊、泌乳母羊、生长羔羊的蛋白质补充饲料,一般占日粮10％左右,由于其脂肪含量较高,易发生酸败,应注意保存。

(3)非蛋白氮饲料 主要指蛋白质之外的其他含氮物,如尿素、双缩脲、硫酸铵、磷酸氢二铵等。其营养特点是:粗蛋白质含量高,如尿素中粗蛋白质含量相当于豆粕的7倍;味苦,适口性差;不含能量,在使用中应注意补加能量物质;缺乏矿物质,特别要注意补充硫、磷。

尿素只能喂给成年羊,用量一般不超过饲粮干物质的1％,不能单独饲喂或溶于水中让羊直接饮用,要将尿素混合在精料或铡短的秸秆、干草中饲喂。严禁饲喂过量产生氨中毒。饲喂时要有5周左右的适应期。

(4)单细胞蛋白质 是指利用糖、氮、烃类等物质,通过加工业方式,培养能利用这些物质的细菌、酵母等微生物制成的蛋白质。单细胞蛋白质含有丰富的B族维生素、氨基酸和矿物质,粗纤维含量较低;单细胞蛋白质中赖氨酸含量较高,蛋氨酸含量低;单细胞蛋白质具有独特的风味,对增进动物的食欲有良好效果。

对于来源于石油化工、污染物处理工业的单细胞蛋白质中,往往含有较多的有毒、有害物质,不宜作为单细胞蛋白质的原料。

七、矿物质饲料

凡天然可供饲用的矿物质(如白云石、大理石、石灰石等)、动物性加工副产品(如贝壳粉、蛋壳粉等)和矿物质盐类均属矿物质饲料。这类饲料含有矿物质元素,可补充日粮中矿物质的不足。

食盐主要成分是氯化钠,可补充钠和氯的不足,并促进唾液分泌,增强食欲。贝壳粉由贝壳煅烧粉碎而成,含钙 34%～40%,是钙补充剂。石粉即石灰石粉,为天然碳酸钙,一般含钙 34% 左右,是补充钙质最廉价的原料。磷酸氢钙一般含钙 20% 以上,含磷 18% 左右,作为重要的磷源近年应用广泛。其他矿物质如硫酸铜、硫酸亚铁、硫酸锌、硫酸锰、硫酸镁、亚硒酸钠、碘化钾等都可补充相应微量元素的不足。

使用微量元素盐砖,是补充微量元素的简易方法。饲料砖能为瘤胃提供良好的发酵环境,促进瘤胃微生物的大量繁殖,增加采食量,同时也能促进纤维性饲料的消化、吸收和利用。常用的饲料舔砖有矿物质盐砖、精料补充料砖和驱虫药砖,其饲喂方法简单,可用于羊舍或饲槽内供羊自由舔食,但在贮存和使用中要防雨水浸泡。

八、维生素饲料

维生素是指用工业提取的或人工合成的饲用维生素,如维生素 A 醋酸酯、胆钙化醇醋酸酯等。维生素在饲料中的用量非常小,而且常以单独一种或复合维生素的形式添加到配合饲料中,用以补充饲料中维生素的不足。

羊的瘤胃微生物可以合成维生素 K 和 B 族维生素,肝、肾可合成维生素 C。因此,一般除羔羊外,不需额外添加。但当青饲料不足时应考虑添加维生素 A、维生素 D 和维生素 E。

九、饲料添加剂

指为补充饲料中所含养分的不足，平衡饲粮，改善和提高饲料品质，促进生长发育，提高抗病力和生产效率等的需要，而向饲料中添加少量或微量可食物质。饲料添加剂不仅可以补充饲料营养成分，而且能够促进饲料所含成分的有效利用，同时还能防止饲料品质下降。常用的饲料添加剂有氨基酸添加剂、维生素添加剂、矿物质添加剂、抗生素、生长促进剂、食欲增进剂、防霉剂和黏结剂等。

第三节　饲料的加工调制技术

通过对饲料进行科学的加工调制，可以改变原先饲料的体积和理化性质，改善适口性，有的还可以改变饲料的化学组成，消除饲料原料中的有毒、有害物质，提高其营养价值和饲料转化率，使许多原来不能利用的农副产品和野生动植物作为新的饲料原料，为养羊业的发展提供丰富的物质基础。

一、精饲料的加工调制

1.粉碎和压扁

粉碎是最简单、最常用的加工方法。籽实粉碎后利于羊咀嚼，饲料碎粒表面积增大，有利于同消化液的接触，使饲料充分浸润，从而提高饲料消化率。粉碎的程度应根据饲料的性质、羊的年龄、饲喂方式等确定，并不是粉碎得越细越好。粉的过细，咀嚼不良，甚至不经咀嚼直接吞咽，造成唾液混合不良，反而不利于消化。一般羊饲料的粉碎度在2毫米左右，呈绿豆粒大小，饲喂效果最佳。

将谷物用蒸汽加热到120℃左右，再用压扁机压成薄片，迅速干燥，由于压扁饲料中的淀粉经糊化，用于喂羊，可明显提高消化率。

2. 浸泡

豆类、油饼类、谷类籽实等经水浸泡后,因吸收水分而膨胀柔软,可减轻所含的单宁、棉酚等有毒物质和异味,提高适口性,而且容易咀嚼,利于消化。浸泡时间应根据季节和饲料种类的不同而异,以免引起饲料霉变。

3. 蒸煮和焙炒

蒸煮和焙炒可以提高饲料的适口性。豆类籽实含有胰蛋白酶抑制素,蒸煮或焙炒后能破坏其中的抗胰蛋白酶,提高其消化率和营养价值。禾本科籽实含淀粉较多,经蒸煮或焙炒后,部分淀粉糖化,变成糊精,产生香味,适口性好,同时也易于消化。

4. 发芽

籽实发芽后可作为维生素补充料。发芽的原料最常用的是大麦等禾本科籽实。方法是先将籽实用15℃左右的温水或冷水浸泡12～24小时,摊放在木盘或纬席上,厚度约3～5厘米,上盖麻袋或草席,经常喷洒清水,保持湿润;放在20～25℃的室内,一般经过5～8天即可发芽。发芽所需时间视温度高低和需要芽长而定。

5. 糖化

糖化是将富含淀粉的谷物饲料粉碎后,经过饲料本身或麦芽糖中淀粉酶的作用进行糖化,使籽实饲料中一部分淀粉转变为麦芽糖,以提高饲料的适口性。方法是给磨碎的籽实饲料中加入2.5倍的热水,搅拌均匀,放在55～60℃的温度下,使酶发生作用。4小时后,即可使饲料中含糖量增加到8%～12%。如果加入2%的麦芽糖,糖化作用可以更快。

6. 颗粒化

饲料的颗粒化,就是将饲料粉碎后,根据营养需要,按一定的饲料配合比例搭配,并充分混合,用饲料压缩机加工成一定的颗粒形状,直接用来喂羊。颗粒饲料可以改善饲料的适口性,饲喂方便,有利于机械化饲养。颗粒饲料挤压过程中瞬间高温作用可以延长咀嚼时间,有利于消化;可以增加采食量;能充分利用饲料资源,减少饲料损失;颗粒饲料能避免运输过程中不同比重的原料分级现象,特别是微量元素的分级,从而增加了饲料的安全性。

7. 蛋白质过瘤胃保护技术

羊是反刍畜,蛋白质消化代谢过程与单胃动物有很大区别。进入羊小肠内的蛋白质有 2 个来源,一种是经瘤胃微生物降解后又合成的菌体蛋白,另一种是饲料中未经微生物酵解而直接进入小肠的未降解蛋白质,又称"过瘤胃蛋白质"。饲喂过瘤胃蛋白质可以增加反刍动物小肠可消化蛋白质和氨基酸,减少因饲料蛋白质在瘤胃内的大量降解而造成的浪费。目前已采用的有化学调控法、热处理法、化学保护法、食管沟反射、蛋白质包被和氨基酸包被等措施。比较实用的有以下几种:

(1)化学处理

甲醛处理:甲醛能较好地保护饼粕中的蛋白质不受瘤胃微生物的酵解,可用 0.3% 的甲醛溶液与饲料蛋白质混匀,然后密封于塑料袋内,经过 15 天即可饲喂。此法是目前应用较广泛的方法,操作时应注意不同的蛋白质饲料所需甲醛量不同,否则形成"过度保护"反而不利于蛋白质饲料的有效利用。

氢氧化钠处理:每 100 千克饼粕加入 3 千克 50% 的氢氧化钠溶液,在混合机中混合 10 分钟,密封贮存 24 小时,晾干即可。

(2)热处理　热处理有干热、热压、焙炒、蒸汽加热以及加热和其他化学物理方法复合处理等。加热是保护饼粕类饲料蛋白质过瘤胃的很有效的保护方法,但饲料的品种、蛋白质结构、加工方法不同,处理温度、湿度、时间、压力等也不同。一般认为 140℃ 左右焙烘 4 个小时,或 130~145℃ 火烤 2 分钟,或 420.5 千帕压力和 121℃ 处理饲料 45~60 分钟较为适宜。研究表明,加热以 150℃

处理 45 分钟最好。

(3)物理包被保护

全血包被处理:利用血粉在瘤胃中降解率低的特点,对蛋白质饲料作包被保护。将畜禽血液趁新鲜时收集于桶中,每升血加入柠檬酸钠 6.8 克。每 100 千克饼粕加如上处理过的血 150~200 升,均匀混合。在 70℃温度干燥,再过 3 毫米筛即可。Rakov 等(1980)用全血撒到蛋白质补充料上在 100℃下干燥,发现其在瘤胃内氮的消失率显著下降,随着全血用量的增加氮的消失率显著下降。Mirt 等(1984)用全血处理豆饼,发现其最佳处理量为每千克干物质 1.5 升,氮进食量和氮沉积显著增加。李爱科(1991)用 10%、20%、30%、40%、50%鲜血对豆饼蛋白质蒸煮时降解率研究结果表明,用 30%的鲜血比较合适。全血保护日粮蛋白质不存在过度保护,但存在用血量大的问题。

单宁保护法:原理是在瘤胃 pH 下,单宁可与饲料蛋白质形成复合物,保护蛋白质免受微生物的降解,但在真胃中不稳定,其蛋白质可被分解利用。用单宁处理饲料可增加过瘤胃蛋白质质量。Horigome 等(1984)发现,饲喂含单宁的日粮(无论是游离单宁还是蛋白质单宁复合物),蛋白质的消化率随日粮中单宁浓度的增加而减低。Sengar 等(1982)研究认为,单宁与蛋白质的反应有 2 类,一类是水解反应,在真胃酸性条件下可逆,易被家畜消化利用;另一类是不可逆的缩合反应,其降低了饲料适口性,抑制酶和微生物的活性,与蛋白质形成不良的复合物,消化率降低。但对反刍动物无不良后果,反而有利于预防膨胀。

白蛋白包被保护:乳清蛋白、卵清蛋白等富含白蛋白的物质都能对蛋白质起到保护作用,白蛋白在饲料颗粒外可形成一层保护壳(Matsumoto 等,1995),防止易溶蛋白质在瘤胃内的扩散溶解,从而降低了被保护的蛋白质饲料在瘤胃内的降解。

化合物、聚合物包被保护:依据瘤胃与皱胃液 pH 的差别,把饲料用一些在中性或崩解的材料包裹起来。要求包被材料能在蛋白质饲料颗粒外形成坚韧的保护薄膜,具有吸湿性、耐热性、无毒及异常的臭味、与包被物不反应以及价格便宜等优点。冯仰廉、陈喜斌(1994)研制的新型蛋白质保护剂可明显降低豆粕蛋白质的瘤胃降解率,增加氮的沉积。

8.尿素缓释技术

直接饲喂尿素,其适口性差,在瘤胃中的分解速度快,一部分氨通过瘤胃壁进入血液,经尿排出而浪费,而且血液中的氨过多会引起中毒,因此应采用尿素缓释技术。

(1)糊化淀粉尿素 将粉碎的高淀粉谷物饲料(如玉米、高粱)75%～80%与20%～25%的尿素混合后,通过糊化机,在一定的温度、湿度和压力下,使淀粉糊化,尿素则被融化,均匀地被淀粉分隔、包围,也可适当添加缓释剂。糊化淀粉尿素技术,可降低尿素在瘤胃中的氨释放速度,提高尿素日粮降解氮转化为瘤胃微生物蛋白质的效率。每千克糊化淀粉尿素的氮含量相当于棉籽饼的2倍、豆饼的1.6倍,可替代日粮总氮的25%～30%,从而明显地节约了饼粕类饲料,降低饲料成本,并能提高低营养状况羊的生产水平。

(2)硬脂酸包膜尿素 将硬脂酸在70℃水中溶解,再加入尿素,搅拌、干燥而成。用硬脂酸包膜尿素可降低瘤胃的 pH 和氮浓度,并使氨氮浓度峰值由饲喂后1小时推迟到2小时左右,微生物蛋白质含量提高到78.3%。用量可参照尿素用量。

二、粗饲料的加工调制

1.干草的调制

青草(或其他青绿饲料植物)在未结籽实以前,刈割后干制而成的饲料。由于干草是由青绿植物制成,在干制后仍保留一定青绿颜色,故又称青干草。

（1）青干草的特点　优质青干草呈绿色，气味芳香，叶量大，含有丰富的蛋白质、矿物质和胡萝卜素、维生素 D、维生素 E，适口性好，消化率高，是养羊的重要基础饲料。

干草的营养价值取决于制作原料的植物种类、生长阶段与调制技术。一般说豆科和禾本科植物调制的干草质地好，营养价值高。豆科干草粗蛋白质含量 12%～20%，钙含量较高，如苜蓿可达 1.2%～1.9%。禾本科干草粗蛋白质含量 7%～10%，钙含量 0.4%左右。谷物类干草则不如豆科、禾本科。

调制青干草的植物要适时刈割、合理调制。早期收割虽然含蛋白质、维生素等营养丰富，但产量低，单位总养分量相对少，并且水分高，难晒干；收割过迟，粗纤维增多，蛋白质等营养也下降。一般禾本科草选在孕穗期及抽穗期，最迟在开花期割完；豆科草在结蕾期或开花初期收割较好。注意减少叶片损失。

（2）青干草的调制方法　青干草的干燥方法有自然干燥法和人工干燥法 2 种。

①自然干燥法。分为地面干燥法和草架干燥法 2 种。

地面干燥法：选晴朗天气，将收割的青草薄薄地平铺在地面上暴晒，经 4～6 小时，当原料水分降到 38%左右时，牧草的叶片尚未脱落，聚成小堆，以减少日光对胡萝卜素的破坏。然后再晒 3～5 天，晒干后立即垛起。目前此法在我国应用最普遍，但该方法调制干草由于干燥过程缓慢，植物分解与破坏过程持续久，因而养分损失过多。

草架干燥法：牧草收割时多雨或天气潮湿，可以在专门制造的干草架上进行干草调制。根据当地条件可做成独木架、三角架、铁丝长架等。晒草架可做成组合式，任意拆装和调整大小，适于配合机械运输、堆积。方法是将刈割后的牧草在地面干燥半天或 1 天后放在草架上，遇雨时也可以立即上架。干燥时将牧草自上而下地置于干草架上,并有一定的倾斜度以利采光和排水。最低层牧草应高出地面,以利通风。草架干燥法花费一定物力,但制成的干草品质较好,养分损失比地面干燥减少 5％～10％。

②人工干燥法。利用人工干燥可以减少牧草自然干燥过程中营养物质的损失,使牧草保持较高的营养价值。人工干燥又可分为常温鼓风干燥法和高温快速干燥法。

常温鼓风干燥法:在堆贮场和干草棚中均安装常温鼓风机,堆垛后,通过草堆中设置的通风机强制吹入空气,达到干燥。这种方法可以改善水分较高牧草的干燥。

高温快速干燥法:将收割的牧草放在高温烘干机中,通过高温空气,使牧草快速烘干。烘干机的型号有多种,烘干机的型号不同,机内温度高低也不同,有的烘干机入口温度为 420～1 160℃,出口处温度为 60～260℃。虽然烘干机中热空气温度较高,但是牧草的温度很少超过 30～35℃,不会破坏草中的胡萝卜素和其他维生素。牧草干燥时间因烘干机型号、种类不同,从几秒钟到数小时不等,牧草含水量可由 80％～85％降至 5％～10％。此法养分损失很少,如早期刈割的紫花苜蓿制成的干草粉含蛋白质 20％,每千克含胡萝卜素 200～400 毫克和纤维素 24％以下。

2.青贮技术

优质青贮饲料是发展舍饲养羊生产的重要饲料来源,因而掌握青贮饲料制作技术十分必要。

(1)青贮原料的准备　除大量的玉米、甘薯外,牧草、蔬菜、树叶及一些农副产品等都可作为青贮原料。青贮原料适宜的含水量一般应为 65％～70％,不宜过低或过高,用手抓一把铡短的原料,轻揉后用力握,手指缝中出现水珠但不成串滴出,说明含水适宜,无水珠则含水分少,应均匀喷洒清水或加入含水分高的青饲料;若成串滴出水珠,说明水分过多,青贮前需加入干草或适量麸皮等吸收水分。青贮原料要求含有一定量的糖类。禾本科牧草或秸秆含糖量符合青贮要求,可制作单一青贮;豆科牧草含糖量少、含粗蛋白质多,可与禾本科牧草混贮。

(2)青贮设备　目前主要的青贮设备是青贮窖。分地下式和半地下式 2 种。地下式窖装填青贮料方便,容易踩实压紧,在生产中最常见;半地下式窖(壕)多在地下水位高或砂石较多、土层较薄的地区采用。

窖址应选在地势高燥,易排水,离羊舍较近的地方。不要在低注处或树荫下建窖。青贮窖多为长方形。一般小型长方形窖,宽 1.5～2.0 米(上口宽 2.0 米,下底宽 1.5～1.6 米),深 2.5～3.0 米,长 6～10 米。大型长方形窖,宽 4.5～6.0 米,深 3.5～7.0 米,长 10～30 米。窖壁要求光滑,长方形的窖壕四角应作成圆形,便于青贮料下沉,排出空气。半地下式窖先把地下部分挖好,内壁上下垂直,再用湿黏土或砖、石等向上垒砌 1 米高的壁,窖底一般应挖成锅底形。

(3)青贮步骤与方法

适时刈割:青贮原料过早刈割,水分多,不易贮存;过晚刈割,营养价值降低。收获玉米后的玉米秸不应长期放置,宜尽快青贮。禾本科草类在抽穗期、豆科草类在孕蕾及初花期刈割较好。

原料运输、铡短:必须在短时间内将原料收、运到青贮地点,不要长时间在阳光下暴晒。切铡时防止原料的叶、花序等细嫩部分损失。

装填:选晴好天气进行,尽量一窖当天装完,防变质与雨淋。装填时可先在窖底铺一层 10 厘米厚的干草,四壁衬上塑料薄膜(永久性窖不铺衬),然后把铡短的原料逐层装入铺平、压实,特别是容器的四壁与四角要压紧。由于封窖数天后,青贮料会下沉,最后一层应高出窖口 0.5～0.7 米。

封严及整修:原料装填完毕后,要及时封严,防止漏水漏气。先用塑料薄膜覆盖,然后用土封严,四周挖排水沟。也可以先在青贮料上盖 15 厘米厚的干草,再盖上 70～100 厘米厚的湿土,窖顶作成隆凸圆顶。封顶后 2～3 天,在下陷处填土,使其紧实隆凸。

(4)青贮饲料品质鉴定 青贮饲料品质鉴定主要作感官鉴定,必要时在有条件的地方可作实验室鉴定。

感官鉴定:根据色、香、味和质地来判断。优等青贮料呈绿或黄绿色,有光泽;芳香味重,给人以舒适感;质地松柔、湿润、不粘手,茎叶花能分辨清楚。中等青贮料呈黄褐或暗绿色;有刺鼻醋酸味,芳香味淡;质地柔软、水分多,茎叶花能分清。低等青贮料呈黑色或褐色;有刺鼻的腐败味、霉味;腐烂、发黏或结块,分不清结构。劣质青贮饲料不要喂用,以防引发消化道疾病。

实验室鉴定:是用 pH 试纸测定青贮饲料的酸碱度,pH 在 3.8～4.2 为优质,pH 在 4.2～4.6 为中等,pH 越高,青贮饲料质量越差。测定有关酸类含量也可判定青贮饲料品质,在品质优良的青贮饲料里,含游离酸 2%,其中乳酸占 1/2,醋酸占 1/3,酪酸不存在。

(5)青贮饲料取用 青贮制作 45 天后即可开始取用。取出后当天喂完,不可在外堆放。清除全部覆盖物如黏土、碎草层、上层发霉青贮料等,由上而下取用,保持表面平整,每次取用的厚度不应小于 5～9 厘米,取后及时覆盖草帘或席片。

羊喂青贮料时,喂量要由少到多,先与其他饲料混喂,使其逐渐适应。羊每只每天可喂 1.5～2.5 千克。过去认为妊娠初期应少喂,妊娠后期停喂,但是近年来人们发现,用青贮饲料特别是优质青贮料喂妊娠母羊,同时补加精料,可以改进母羊繁殖性能。妊娠母羊喂青贮料最好加温,切忌喂用带冰茬的青贮料。霉烂变质的要禁止喂。若青贮料酸味太大,可在日粮中加入碱性物质中和。

（6）特殊青贮 包括低水分青贮和外加剂青贮。

低水分青贮：又称半干青贮。青贮料刈割后，经风干水分含水量达到45%～55%时，风干植物对腐生菌、酪酸菌及乳酸菌，均可造成生理干燥状态，使繁殖受到限制。制作时要使青饲料原料尽快风干，一般应在收割后24～30小时内，豆科牧草含水量达到50%左右，禾本科牧草达到45%时装窖、压实、封严。低水分青贮因含水量低，干物质含量相对一般青贮饲料高1倍以上，具有无酸味或微酸、适口性好、色深绿、养分损失少的特点。采用低水分青贮技术可以解决豆科牧草单独青贮不易成功的问题。在生产中，二茬苜蓿收割时正值雨季，晒制干草常遇雨霉烂，用低水分青贮技术调制是个好办法。

外加剂青贮：添加外源物质进行青贮。常用的有添加尿素、酸类、酶制剂、乳酸菌及添加营养物质等方式。外加剂青贮主要从3方面影响青贮的发酵作用：一是促进乳酸发酵，如添加各种可溶性碳水化合物，接种乳酸菌、加酶制剂等，可迅速产生大量乳酸，使pH很快达到3.8～4.2；二是抑制不良发酵，如添加各种酸类、抑制剂等，可阻止腐生菌等不利于青贮的微生物的生长；三是提高青贮饲料的营养物质含量，如添加尿素、氨化物，可增加蛋白质的含量等。外加剂青贮可以将一般青贮中不易青贮甚至难青贮的原料加以利用，扩大了青贮原料的范围。

3.秸秆的加工调制

（1）机械处理 即用机械方法将秸秆切短在1.5～2.5厘米之间，可以提高采食量和减少浪费。也可采用秸秆碾青的方法，就是将秸秆铺在地面上约33厘米厚，再加铺青苜蓿等鲜草33厘米厚，上面再盖33厘米厚的秸秆，然后用碌碡碾压，压出来的鲜草汁液被秸秆吸收，再晒1天左右即可贮存。优点在于缩短了晒制青干草的时间，提高了秸秆的适口性及营养价值。

(2)碱化处理 碱化处理可改变秸秆和秕壳的物理性质,提高秸秆和秕壳的消化率。由于秸秆和秕壳内含有木质素和矽酸盐,影响其消化率和营养价值,用碱处理后可除去大部分木质素和部分可溶性矽酸盐,纤维素和半纤维素被释放出来,从而提高了秸秆和秕壳饲料的营养价值。

氢氧化钠处理方法:将秸秆铡成 2~3 厘米小段,每 100 千克干秸秆用 1.5% 的氢氧化钠溶液 6 千克进行均匀喷洒,使之湿润,24 小时后,再用清水冲洗几遍,将余碱除去。饲喂时应将碱化秸秆与其他饲料混合饲喂。

生石灰处理方法:用 1 千克生石灰或 3 千克熟石灰、1.0~1.5 千克食盐,加水 200~250 千克制成溶液,用制成的溶液浸泡 100 千克切碎的秸秆 5~10 分钟,然后捞出压实,放置 2~3 小时后饲喂,这种处理不仅提高了消化率,还可以补充钙质。

氢氧化钠和生石灰混合处理法:秸秆不铡碎平铺成 20~30 厘米厚,喷洒 1.5%~2.0% 的氢氧化钠和 1.5%~2.0% 的生石灰混合溶液,然后压实。再重新依次铺放秸秆,并再次喷洒混合溶液(每 50 千克干秸秆喷 80~120 千克混合溶液)。经过 1 周后,秸秆内温度达到 50~55℃。经过这样处理的秸秆粗纤维消化率可由 40% 提高到 70%。

氢氧化钠尿素处理法:把占秸秆重量 2% 的氢氧化钠制成水溶液处理小麦秸,然后加 3% 的尿素,拌匀,饲喂效果好。经这样混合处理的麦秸或稻草占日粮中的比例一般不超过 35%。这种方法既可以提高秸秆有机物的消化率,又可以增加秸秆的含氮量。

(3)氨化处理 氨化可以破坏木质素与半纤维素的结合,提高粗纤维和各种营养成分的消化利用率,改善秸秆质地。经氨化处理的粗饲料除提高饲料消化率外,还能使含氮量增加 0.8%~1.0%,使粗蛋白质含量增加 5%~6%。

窖贮法:建造土窖或水泥窖,深度一般不超过 2.0 米,窖的大小根据贮量的多少而定。窖的形状长、方、圆形均可,窖应四壁光滑,底微凹(蓄积氨水)。如为土窖,先在窖内铺一块塑料薄膜,薄膜的大小以密封好所贮秸秆为宜。然后将切断的秸秆填入窖中,装满后注入一定量氨水或尿素水溶液,然后将塑料薄膜四周折叠、密封、压土封严。

氨水用量:每 100 千克秸秆需水量为 3 千克÷氨水含氨量,如氨水含量为 15%,则每 100 千克秸秆需氨水 3 千克÷15%＝20 千克。

尿素用量:每 100 千克用尿素 3～4 千克,加水 30 千克。

小垛法:在家庭院内向阳处地面上,铺 2.6 米² 塑料薄膜,取 3～4 千克尿素,加水 30 千克,将尿素溶液均匀喷撒在 100 千克麦秸(或铡短的玉米秸)上,堆好踩实,最后用 13 平方米塑料布盖好封边,越严越好。小垛氨化 100 千克一垛,占地少,易管理,塑料薄膜可连续使用 4～5 次,投资小,省工。这种方法简单易行,取用方便,最适于在农户中推广。

缸贮法与袋贮法:将尿素水溶液(用量与窖贮法同)均匀喷洒在麦秸或铡短的玉米秸上,然后装缸或装于塑料袋中,封严即可。

氨化处理封闭时间:密封反应时间应根据气温并结合感官来确定。环境温度 30℃ 以上,7 天;15～30℃,7～28 天;5～15℃,28～56 天;5℃ 以下,56 天以上。

处理良好的秸秆,色泽为褐黄色或棕色,气味糊香,质地柔软。喂前必须将氨味完全放掉,且不可将带有氨味的饲料喂羊。饲喂量应由少到多,使羊逐渐适应,刚开始饲喂时,可与青干草等搭配饲喂,7 天后即可全部喂氨化秸秆;此外,饲喂氨化秸秆时应搭配些精料混合料。

(4)生物处理 在农作物秸秆中,加入高效活性菌(秸秆发酵活干菌)贮藏,经一定的发酵过程使农作物秸秆变成具有酸、香味的饲料。秸秆在微贮过程中,在适宜的温度和厌氧条件下,由于秸秆发酵菌的作用,秸秆中的半纤维素-糖链和木质素聚合物的酯键被酶解,增加了秸秆的柔软性和膨胀度,使羊瘤胃微生物能直接地与纤维素接触,从而提高了粗纤维的消化率。同时,在发酵过程中,部分木质纤维素类物质转化为糖类,糖类又被有机酸发酵菌转化为乳酸和挥发性脂肪酸,使 pH 降到 4.5～5.0,抑制了丁酸菌、腐败菌等有害菌的繁殖,使秸秆能够长期保存不坏。

微贮饲料的制作方法是,先将秸秆发酵活干菌菌种倒入浓度为 1%,温度为 25～30℃的 200 毫升白糖水中,放置 1～2 小时使菌种活化,再倒入 0.8%～1.0%的食盐水中混匀。一般 1 吨稻麦秸秆用发酵活干菌 3 克,自来水 1 200～1 400 千克;1 吨黄玉米秸秆用菌种 3 克,自来水 800～1 000 千克。然后,将秸秆铡成约 3 厘米长的小段。将铡好后的秸秆先在容器底部均匀地铺上 20～30 厘米厚,铺好后均匀喷洒菌液水,压实后再铺放 20～30 厘米厚的秸秆,再喷菌液水。在喷洒菌液水的过程中,要随时检查含水量是否合适和均匀。检查的方法是,抓取秸秆,用劲握拳,有水滴顺指缝下滴为合适;若顺指缝往下流水或不滴水,应适当调整用水量。这样每铺 20～30 厘米秸秆,喷洒 1 次菌液水,直到离容器口 40 厘米时为止。秸秆经充分压实后,在最上一层均匀地洒上食盐粉(用量为每平方米 250 克)。盖上塑料薄膜,再在上面铺 20～30 厘米厚的秸秆,秸秆上盖 15～20 厘米厚的湿土,四周一定要压实,不能漏气。为了进一步提高微贮饲料的营养价值,在微贮秸秆和稻草时,最好加入 0.5%的麸皮或玉米粉。方法是每铺一层秸秆撒一层。

微贮饲料一般经过 21～30 天的作用后即可开封取用。取料时先从一角开始,从上往下逐段取用。要随取随用,取料后立即把口封严。优质的微贮饲料玉米秆呈橄榄绿,稻麦秸呈金黄色,手感松散,柔松湿润,有醇香和果香味,并略带酸味。如秸秆变成褐色或墨绿色,说明质量较差。如有腐臭、发霉味,则不能饲用。

微贮秸秆可以作为羊日粮中的主要粗饲料,饲喂时可以与其他草料搭配,也可以与精料同喂。开始喂时要有一个适应过程,应循序渐进,逐步增加饲喂量。当羊完全适应后,可任其自由采食。饲喂量一般每日每只 1.5~2.5 千克。应注意饲喂微贮饲料时,不能再加喂食盐。

第四节　羊的营养需要及饲养标准

一、羊的营养需要

羊采食饲料后,被羊体消化利用的营养成分可分为维持和生产两大部分。维持需要是指不生长、不繁殖、不产奶、不育肥、不产毛,只维持正常的生命活动,如消化、呼吸、循环、体温等的需要。在维持需要的基础上再提供一定的营养物质,用以转化成各种畜产品,繁殖后代等,这就是生产的营养需要。由于绵、山羊的生产用途、年龄、生长发育阶段等不同,所需的营养物质的数量和质量也是不同的。

(1)维持需要　羊在维持饲养阶段,仍要进行生理活动,需要供给一定量的碳水化合物,经代谢产生热能,维持最低的营养和消耗,羊需要的热能与活动程度有关,放牧羊比舍饲羊多消耗 50%~100% 热量。羊体内各种酶、内分泌活动、各组织器官的细胞更新均需要蛋白质。为维持羊体内各组织器官的正常活动,还必须供给一定量的维生素 A、维生素 D 及矿物质钙和磷。成年绵羊的维持需要见表 4-4。

表 4-4　成年绵羊维持需要标准（按每只每日计量）

体重/千克	消化能/兆焦	可消化蛋白质/克	钙/克	磷/克	食盐/克	胡萝卜素/毫克
30	7.52	36	1.8	1.4	3.6	3.0
35	8.36	40	2.2	1.6	4.0	3.5
40	9.02	44	2.4	1.8	4.4	4.0
45	10.03	48	2.6	2.0	4.8	4.5
50	10.87	52	2.8	2.2	5.2	5.0
60	12.54	60	3.2	2.5	6.0	6.0
70	14.21	68	3.6	2.7	6.8	7.0
80	15.47	74	4.0	3.0	7.4	8.0
90	17.14	82	4.4	3.3	8.2	9.0
100	18.39	88	4.7	3.6	8.8	10.0

（2）繁殖需要　营养水平的好坏，对公、母羊繁殖能力的正常发挥至关重要，它能影响内分泌腺体对激素的合成与释放、母羊的受胎及产羔率、公羊的精液品质等。

母羊配种前期，应进行短期优饲，适当提高其营养水平，有利于母羊的发情和受胎。公羊在配种季节需要的营养物质比非配种季节要高。公羊每射 1 毫升精液，所需消耗的营养物质约等于50 克可消化蛋白质。配种期公羊的热能需要一般比非配种期增加 15%～20%，蛋白质增加 50%～60%，如体重 100 千克的种羊，每日需要总营养物 2.5～3.0 千克，消化能 26.8～31.8 兆焦，可消化粗蛋白质 220～270 克，钙 11.0～13.0 克，磷 8.5～9.5 克，胡萝卜素 20～30 毫克。维生素 A、维生素 D、维生素 E 及矿物质钙和磷不足，均可影响公、母羊的繁殖性能。

（3）胚胎发育对营养的需要　妊娠前 2 个月胎儿发育较慢，只相当于初生重的 30% 左右,营养上主要是质的要求,妊娠后期则胚胎发育较快,对能量、蛋白质、矿物质、维生素需要量增大。

妊娠后期的热能代谢要比空怀母羊高出 20%~30%,蛋白质增加 15%~20%,矿物质、维生素需要也相应增加,如体重 50 千克的妊娠后期母羊,日需钙 7.0~8.0 克,磷 4.0~4.5 克,胡萝卜素 10~12 克,维生素 A 4 000~4 500 国际单位,维生素 D 680~750 国际单位。还应注意维生素 E 和硒的补给,预防羔羊发生白肌病。

(4)生长对营养的需要　羔羊在哺乳前期主要以母乳供给营养,采食饲料较少,后期以吃料为主,哺乳为辅,离乳后则单纯靠饲料供应营养。羔羊在育成阶段的营养充足与否,直接影响其体重与体型,营养水平先好后坏,则四肢较长,体躯浅而窄;营养水平先坏后好,则影响其长度的生长,体型表现不匀称。因此,营养水平应根据羔羊生长强度的变化而改变,按生长需要供给营养物质。

哺乳期羔羊及育成前期羊主要是蛋白质的增长,育成后期主要是脂肪的增长,当体重达 10 千克时,体内蛋白质比例可占增重的 35%;而在体重 50~60 千克时,则比例下降为 10%,脂肪比例上升到首位。羊在哺乳和育成阶段,生长发育较快,应满足钙、磷及维生素 A、维生素 D 的需要。哺乳期 2~4 月龄的羔羊,每只每天需可消化蛋白质 70~100 克,钙 3~5 克,磷 1.6~3.3 克。育成期羊每只每日需可消化蛋白质 100~140 克,钙 5.0~7.0 克,磷 3.0~4.0 克。

(5)泌乳对营养的需要　羊奶中含有乳酪素、白蛋白、乳糖和乳脂、矿物质微量元素及维生素,营养供应不足,会直接影响乳产量和质量。

羔羊出生后,主要依靠母乳提供营养物质。只有为泌乳期的母羊提供充足的营养物质,才能保证质高量多的奶汁,促使羔羊正常发育。羔羊每增重 100 克约需母乳 500 克,而生产 500 克的乳大致需要 3 000 焦耳的净能、33 克蛋白质、1.8 克钙和 1.2 克磷。乳中的矿物质以钙、磷、钾、氯为主,1 千克绵羊乳中含钙 1.74 克,磷 1.29 克,氯 1.3 克,钾 0.8 克,同时还含有钠、铁、镁等。因此饲料中也必须供给相应的矿物质,供给量应为乳中含量的 1 倍左右。饲料中还必须含有足量的维生素 A 和维生素 D。维生素 D 缺乏,会影响羔羊的生长发育,尤其影响羔羊体内钙、磷的沉积,易造成软骨症。

(6)产毛对营养的需要　毛纤维是由蛋白质组成的,其中含硫氨基酸很重要,如胱氨酸在羊毛角质蛋白中含 9%～14%,而常用牧草中只占 1.1%～1.5%。据报道:生产 1 千克羊毛,需消耗 8～10 千克植物性蛋白质。在总可消化营养物质中,可消化蛋白质达到 18%,才能满足产毛需要,说明羊体沉积的蛋白质,用于形成羊毛的比例很小。羊用于产毛的能量需要也较少,一只体重 50 千克的绵羊,每天能量需要约 4602 千焦净能,其中用于产毛的只有 418 千焦,产毛的能量需要只占维持需要的 10% 左右。

矿物质对羊毛品质有明显影响,其中以硫和铜比较重要。在毛囊发生的角质化过程中,有机硫是一种重要的刺激素,既可增加羊毛产量,也可改善羊毛的弹性和手感。饲料中硫和氮的比例以1∶10 为宜。缺铜时,毛囊内代谢受阻,毛的弯曲减少,毛色素的形成也受影响。严重缺铜时,还能引起铁的代谢紊乱,造成贫血,产毛量也下降。

(7)育肥对营养的需要　绵、山羊的育肥分为羔羊育肥和成年淘汰羊育肥。成年羊育肥主要是脂肪的蓄积,应喂给丰富的碳水化合物饲料。而羔羊育肥包括肌肉的生长和脂肪量的增加,需要较多的蛋白质和矿物质。由于脂肪热能高,含水量比肌肉少 3～4 倍,每增长 1 千克脂肪的能量需要相当增长 2.6 千克肌肉的需要量,因此,羔羊育肥最有利。

二、羊的饲养标准

　　我国对羊的营养物质代谢规律研究与其他畜种同类研究相比,进展相对较慢。杨诗兴等(1981—1985 年)对湖羊进行了研究,王守清等(1983—1990 年)对内蒙古细毛羊饲养标准作了研究,李凤双等(1990—1992 年)进行了小尾寒羊和大尾寒羊的营养物质代谢规律及利用机理的研究,提出了这 2 种地方品种羊各生理阶段的能量和蛋白质需要量。内蒙古农牧学院饲养组经过研究、分析,曾提出了肥育羔羊饲养标准及成年肥育羊的饲养标准,制定出了每只羊每天有关营养物质的需要量。

　　饲养标准中衡量能量的单位为可消化能,即饲料总能扣除粪便所含能量,以兆焦耳表示。1 兆焦耳(MJ)=0. 239 兆卡(Mcal)。蛋白质需要量以可消化蛋白质表示,即饲料中粗蛋白质扣除粪中粗蛋白质的数量,以克表示。

　　根据羊不同体重、不同生理状态和不同生产水平、条件,科学地规定每头羊每天应供给各种营养物质的数量称为饲养标准。按照饲养标准进行饲养,就能使其发挥高的生产性能,并能节省饲料,降低成本,提高养羊业经济效益。下面介绍各种羊的饲养标准供生产中参考。

　　(1)育成及空怀母羊的饲养标准,见表 4-5。

　　(2)怀孕母羊的饲养标准,见表 4-6。

　　(3)哺乳母羊饲养标准,见表 4-7。

　　(4)育成羊的饲养标准,见表 4-8、表 4-9。

　　(5)种公羊的饲养标准,见表 4-10。

　　(6)育肥羊的饲养标准,见表 4-11、表 4-12。

　　(7)成年母羊微量元素的饲养标准,见表 4-13。

　　(8)生长发育中的绵羊微量元素的饲养标准,见表 4-14。

　　(9)奶山羊的饲养标准,见表 4-15、表 4-16。

　　(10)羊常用饲料及营养价值,见表 4-17。

表 4-5　育成及空怀母羊的饲养标准（按每日每只计量）

月龄	体重/千克	风干饲料/千克	消化能/兆焦	可消化粗蛋白质/克	钙/克	磷/克	食盐/克	胡萝卜素/毫克
4~6	25~30	1.2	10.9~13.4	70~90	3.0~4.0	2.0~3.0	5~8	5~8
6~8	30~36	1.3	12.6~14.6	72~95	4.0~5.2	2.8~3.2	6~9	6~8
8~10	36~42	1.4	14.6~16.7	73~95	4.5~5.5	3.0~3.5	7~10	6~8
10~12	37~45	1.5	14.6~17.2	75~100	5.2~6.0	3.2~3.6	8~11	7~9
12~18	42~50	1.6	14.6~17.2	75~95	5.5~6.5	3.2~3.6	8~11	7~9

资料来源：原内蒙古农牧学院。

表 4-6　怀孕母羊的饲养标准（按每日每只计量）

项目	体重/千克	风干饲料/千克	消化能/兆焦	可消化粗蛋白质/克	钙/克	磷/克	食盐/克	胡萝卜素/毫克
怀孕前期	40	1.6	12.6~15.9	70~80	3.0~4.0	2.0~2.5	8~10	8~10
	50	1.8	14.2~17.6	75~90	3.2~4.5	2.5~3.0	8~10	8~10
	60	2.0	15.9~18.4	80~95	4.0~5.0	3.0~4.0	8~10	8~10
	70	2.2	16.7~19.2	85~100	4.5~5.5	3.8~4.5	8~10	8~10
怀孕后期	40	1.8	15.1~18.8	80~110	6.0~7.0	3.5~4.0	8~10	10~12
	50	2.0	18.4~21.3	90~120	7.0~8.0	4.0~4.5	8~10	10~12
	60	2.2	20.1~21.8	95~130	8.0~9.0	4.0~5.0	9~12	10~12
	70	2.4	21.8~23.4	100~140	8.5~9.5	4.5~5.5	9~12	10~12

资料来源：原内蒙古农牧学院。

表4-7　哺乳母羊饲养标准(按每日每只计量)

体重/千克	风干饲料/千克	消化能/兆焦	可消化粗蛋白质/克	钙/克	磷/克	食盐/克	胡萝卜素/毫克
单羔和保证羔羊日增重 200~250 克时母羊的饲养标准							
40	2.0	18.0~23.4	100~150	7.0~8.0	4.0~5.0	10~12	6~8
50	2.2	19.2~24.7	110~190	7.5~8.5	4.5~5.5	12~14	8~10
60	2.4	23.4~25.9	120~200	8.0~9.0	4.6~5.6	13~15	8~12
70	2.6	24.3~27.2	120~200	8.5~9.5	4.8~5.8	13~15	9~15
双羔和保证羔羊日增重 300~400 克时母羊的饲养标准							
40	2.8	21.8~28.5	150~200	8.0~10.0	5.5~6.0	13~15	8~10
50	3.0	23.4~29.7	180~220	9.0~11.0	6.0~6.5	14~16	9~12
60	3.0	24.7~31.0	190~230	9.5~11.5	6.0~7.0	15~17	10~13
70	3.2	25.9~33.5	200~240	10.0~12.0	6.2~7.5	15~17	12~15

资料来源:原内蒙古农牧学院。

表 4-8 不同月龄的育成羊每增重 100 克的营养需要量

项目	月龄				
	4~5	6~8	8~10	10~12	12~18
消化能/兆焦	3.22	3.89	4.27	4.09	5.96
可消化粗蛋白质/克	33	36	38	40	46

资料来源:原内蒙古农牧学院。

表 4-9 育成公羊的饲养标准(按每日每只计量)

月龄	体重/千克	风干饲料/千克	消化能/兆焦	可消化粗蛋白质/克	钙/克	磷/克	食盐/克	胡萝卜素/毫克
4~6	30~40	1.4	14.6~16.7	90~100	4.0~5.0	2.5~3.8	6~12	5~10
6~8	37~42	1.6	16.7~18.8	95~115	5.0~6.3	3.0~4.0	6~12	5~10
8~10	42~48	1.8	16.7~20.9	100~125	5.5~6.5	3.5~4.3	6~12	5~10
10~12	46~53	2.0	20.1~23.0	110~135	6.0~7.0	4.0~4.5	6~12	5~10
12~18	53~70	2.2	20.1~23.4	120~140	6.5~7.2	4.5~5.0	6~12	5~10

资料来源:原内蒙古农牧学院。

表4-10　种公羊的饲养标准（按每日每只计量）

体重/千克	风干饲料/千克	消化能/兆焦	可消化粗蛋白质/克	钙/克	磷/克	食盐/克	胡萝卜素/毫克
非配种期							
70	1.8~2.1	16.7~20.05	110~140	5.0~6.0	2.5~3.0	10~15	15~20
80	1.9~2.2	18.0~21.8	120~150	6.0~7.0	3.0~4.0	10~15	15~20
90	2.0~2.4	19.2~23.0	130~160	7.0~8.0	4.0~5.0	10~15	15~20
100	2.1~2.5	20.5~25.1	140~170	8.0~9.0	5.0~6.0	10~15	15~20
配种期（配种2~3次）							
70	2.2~2.6	23.0~27.2	190~240	9.0~10.0	7.0~7.5	15~20	20~30
80	2.3~2.7	24.3~29.3	200~250	9.0~11.0	7.5~8.0	15~20	20~30
90	2.4~2.8	25.9~31.0	210~260	10.0~12.0	8.0~9.0	15~20	20~30
100	2.5~3.0	26.8~31.8	220~270	11.0~13.0	8.5~9.5	15~20	20~30
配种期（配种4~5次）							
70	2.4~2.8	25.9~31.0	260~370	13~14	9~10	10~20	30~40
80	2.6~3.0	28.5~33.5	280~380	14~15	10~11	10~20	30~40
90	2.7~3.1	29.7~34.7	290~390	15~16	11~12	10~20	30~40
100	2.8~3.2	31.0~36.0	310~400	16~17	12~13	10~20	30~40

资料来源：原内蒙古农牧学院，原新疆八一农学院。

表 4-11　肥育羔羊的饲养标准（按每日每只计量）

月龄	体重/千克	风干饲料/千克	消化能/兆焦	可消化粗蛋白质/克	钙/克	磷/克	食盐/克	胡萝卜素/毫克
3	25	1.2	10.5~14.6	80~100	1.5~2	0.6~1	3~5	2~4
4	30	1.4	14.6~16.7	90~150	2~3	1~2	4~8	3~5
5	40	1.7	16.7~18.8	90~140	3~4	2~3	5~9	4~8
6	45	1.8	18.8~20.9	90~130	4~5	3~4	6~9	5~8

资料来源：原内蒙古农牧学院。

表 4-12　肥育成年羊的饲养标准（按每日每只计量）

体重/千克	平均日增重/克	风干物质/千克	代谢能/兆焦	可消化粗蛋白质/克	钙/克	磷/克	食盐/克	胡萝卜素/毫克
毛用和肉毛兼用品种								
40	150	1.6	14.8	117	7.8	5.2	15	10
50	160	2.0	15.9	125	8.4	5.6	16	11
60	170	2.4	17.1	135	9.0	6.0	17	12
70	180	2.8	18.2	145	9.6	6.4	18	13
80	180	3.1	19.4	150	10.0	6.8	20	14
肉毛兼用品种								
50	170	1.9	16.5	1 320	9.0	4.5	16	12
60	180	2.2	17.6	135	9.6	4.8	17	12
70	190	2.4	18.7	145	10.0	5.1	18	13
80	190	2.6	19.5	150	10.5	5.3	20	14

资料来源：前苏联1985年制定。

表 4-13　成年母羊微量元素的需要量

羊别	体重/千克	每头每昼夜/毫克						每千克饲料干物质/毫克						
		碘	钴	铜	锰	锌	铁	碘	钴	铜	锰	锌	铁	硒*
空怀和怀孕12~13周的母羊	50	0.50	0.50	12	60	40	54	0.2~0.4	0.3~0.4	5~10	40~50	20~40	40	0.1
	60	0.57	0.58	14	69	46	62	0.2~0.4	0.3~0.4	5~10	40~50	20~40	40	0.1
	70	0.64	0.65	16	75	52	70	0.2~0.4	0.3~0.4	5~10	40~50	20~40	40	0.1
怀孕到最后7~8周的母羊	50	0.55	0.65	14	81	54	68	0.3~0.4	0.3~0.5	6~10	50~60	20~40	50	0.1
	60	0.63	0.75	16	93	62	78	0.3~0.4	0.3~0.5	6~10	50~60	20~40	50	0.1
	70	0.72	0.85	18	105	70	88	0.3~0.4	0.3~0.5	6~10	50~60	20~40	50	0.1
泌乳6~8周以前的母羊	50	0.85	1.08	18	110	110	110	0.4~0.5	0.4~0.7	8~10	50~60	30~50	50	0.1
	60	0.98	1.24	20	120	125	120	0.4~0.5	0.4~0.7	8~10	50~60	30~50	50	0.1
	70	1.10	1.40	22	130	142	130	0.4~0.5	0.4~0.7	8~10	50~60	30~50	50	0.1
泌乳后期的母羊	50	0.66	0.85	15	95	76	95	0.3~0.4	0.3~0.6	7~10	50~60	20~40	50	0.1
	60	0.74	0.94	17	105	84	105	0.3~0.4	0.3~0.6	7~10	50~60	20~40	50	0.1
	70	0.80	1.04	19	115	92	115	0.3~0.4	0.3~0.6	7~10	50~60	20~40	50	0.1

* 硒的最低量。

表 4-14 生长发育中的绵羊微量元素的需要量

月龄	活重/千克	平均日增重/克	每头每昼夜/毫克						每千克饲料干物质/毫克						
			碘	钴	铜	锰	锌	铁	碘	钴	铜	锰	锌	铁	硒*
								母 羊							
2	20	200	0.30	0.36	7.3	40	30	36	0.3~0.4	0.4~0.5	7~10	40~50	30~40	50	0.1
4	30	165	0.30	0.40	8.0	45	33	45	0.3~0.4	0.4~0.5	7~10	40~50	30~40	50	0.1
6	36	100	0.30	0.41	8.0	48	36	47	0.2~0.3	0.3~0.4	5~8	40~50	30~40	50	0.1
8	40	70	0.30	0.40	8.1	52	40	49	0.2~0.3	0.3~0.4	5~8	40~50	30~40	50	0.1
11	46	60	0.28	0.39	8.2	54	44	52	0.2~0.3	0.3~0.4	5~8	40~50	30~40	50	0.1
15	53	50	0.28	0.39	8.3	55	48	55	0.2~0.3	0.3~0.4	5~8	40~50	30~40	50	0.1
								公 羊							
2	24	250	0.36	0.45	9.0	45	36	45	0.3~0.4	0.4~0.5	8~10	40~50	30~40	50	0.1
4	38	200	0.40	0.46	10.2	50	40	50	0.3~0.4	0.4~0.5	8~10	40~50	30~40	50	0.1
6	50	180	0.38	0.51	11.0	58	45	56	0.3~0.4	0.4~0.5	8~10	40~50	30~40	50	0.1
8	50	130	0.38	0.55	11.7	62	49	62	0.2~0.3	0.3~0.4	7~10	40~50	30~40	50	0.1
11	73	100	0.38	0.57	12.1	69	52	69	0.2~0.3	0.3~0.4	7~10	40~50	30~40	40	0.1
15	84	80	0.38	0.58	13.4	76	58	75	0.2~0.3	0.3~0.4	7~10	40~50	30~40	40	0.1

* 硒的最低量。

表 4-15　奶山羊青年羊的饲养标准

千克

体重	干物质	可消化粗蛋白质	可消化总养分	惯用日粮	
				青粗饲料	混合饲料
22~29	0.6~0.7	0.06~0.07	0.42~0.52	优质野青草 2.5	0.25
30~40	0.8~0.9	0.09~0.10	0.56~0.60	优质野青草 3.0	0.30

表 4-16　奶山羊成年母羊(体重 50 千克)的饲养标准

千克

奶羊情况	干物质	可消化粗蛋白质	可消化总养分	惯用日粮	
				青粗饲料	精料
维持饲养	1.25	0.05	0.61	①优质青干草 4~5 ②干花干野草 1.5	
每产奶 1 千克需养分	0.05	0.05	0.30		
日产奶 1 千克	1.5~1.7	0.1	0.91	①优质青野草 7 ②干花生藤 1,甘薯藤青贮料 2	玉米粉 0.25
日产奶 2 千克	2~2.2	0.15	1.20	①优质青野草 7~8 ②干花生蔓 1(或优质干野草 1,甘薯青贮料 3)	玉米粉 0.3(精料 0.5)
日产奶 3 千克	2.5~3.0	0.225	1.50	①优质青野草 8~10 或优质干野草 1 ②干花生蔓 1 或优质干野草 1,甘薯蔓青贮 4	玉米粉 0.75(精料 1.00)

资料来源:原内蒙古农牧学院。

表 4-17　羊常用饲料成分及营养价值

饲料名称	干物质/%	粗蛋白质/%	粗脂肪/%	粗纤维/%	无氮浸出物/%	粗灰分/%	钙/%	磷/%	总能/(兆焦/千克)	消化能/(兆焦/千克)	代谢能/(兆焦/千克)	可消化粗蛋白质/(克/千克)
(一)青绿饲料类												
白菜(内蒙古)	13.6	2.0	0.8	1.6	8.0	1.2	—	0.07	2.47	1.92	1.59	14
冰草(北京)	28.8	3.8	0.6	9.4	12.7	2.3	0.12	0.09	5.02	3.05	2.51	20
甘蓝(北京)	5.6	1.1	0.2	0.5	3.4	0.4	0.03	0.02	1.05	0.84	0.71	9
灰蒿	28.4	6.8	2.0	6.7	9.9	3.0	0.17	0.08	5.31	3.05	2.51	39
胡萝卜叶(新疆)	16.1	2.6	0.7	2.3	7.8	2.7	0.47	0.09	2.68	1.80	1.50	17
马铃薯秧(哈尔滨)	12.1	2.7	0.6	2.5	4.5	1.8	0.23	0.02	2.09	1.09	0.88	14
苜蓿	25.0	5.2	0.4	7.9	9.3	2.2	0.52	0.06	4.43	2.68	2.17	37
三叶草(宁夏/红三叶)	18.6	4.9	0.6	3.1	7.0	3.0	—	0.01	3.18	2.30	1.88	38
沙打旺	31.5	3.6	0.5	10.4	14.4	2.6	—	—	5.39	2.88	2.38	25
甜菜叶	8.7	2.0	0.3	1.0	3.5	1.9	0.11	0.04	1.38	0.96	0.79	13
向日葵叶	20.0	3.8	1.1	2.9	8.8	3.4	0.52	0.06	3.39	2.09	1.71	24
小叶胡树子	41.9	4.9	1.9	12.3	20.5	2.3	0.45	0.02	7.69	4.14	3.39	34
紫云英	13.0	2.9	0.7	2.5	5.6	1.3	0.48	0.17	2.38	1.76	1.42	21

续表 4-17

饲料名称	干物质/%	粗蛋白质/%	粗脂肪/%	粗纤维/%	无氮浸出物/%	粗灰分/%	钙/%	磷/%	总能/(兆焦/千克)	消化能/(兆焦/千克)	代谢能/(兆焦/千克)	可消化粗蛋白质/(克/千克)
(二)树叶类												
槐叶	88.0	21.4	3.2	10.9	45.8	6.7	—	0.26	16.30	10.83	8.86	141
柳叶(内蒙古，落叶)	86.5	16.4	2.6	16.2	43.0	8.3	—	—	15.34	7.61	6.27	64
梨叶	88.0	13.0	0.9	10.9	51.0	8.6	1.41	0.10	15.59	8.69	7.15	82
杨树叶	92.6	23.3	5.2	22.8	32.8	8.3	—	—	17.39	7.02	5.77	92
榆树叶(青海西宁)	88.0	15.3	2.6	9.7	49.5	10.9	2.24	0.19	15.09	8.57	7.02	96
榛子叶	88.0	12.6	6.2	7.3	56.3	5.6	1.17	0.18	16.59	9.15	4.51	79
紫穗槐叶(宁夏，初花期)	88.0	20.5	2.9	15.5	43.8	5.3	1.20	0.12	16.43	10.78	8.82	135
(三)青贮饲料类												
草木樨青贮(青海西宁)	31.6	5.4	1.0	10.2	10.9	4.1	0.58	0.08	5.39	3.09	2.68	39
胡萝卜青贮(甘肃)	23.6	2.1	0.5	4.4	10.1	6.5	0.25	0.03	3.22	2.72	2.22	10
胡萝卜秧青贮	19.7	3.1	1.3	5.7	4.8	4.8	0.35	0.03	3.09	2.05	1.67	20
马铃薯秧青贮	23.0	2.1	0.6	6.1	8.9	6.3	0.27	0.03	3.39	1.71	1.42	8
苜蓿青贮(西宁青海湖)	33.7	5.3	1.4	12.8	10.3	3.9	0.5	0.10	5.85	3.26	2.68	34

续表 4-17

饲料名称	干物质/%	粗蛋白质/%	粗脂肪/%	粗纤维/%	无氮浸出物/%	粗灰分/%	钙/%	磷/%	总能/(兆焦/千克)	消化能/(兆焦/千克)	代谢能/(兆焦/千克)	可消化粗蛋白质/(克/千克)
(四)块根、块茎、瓜果类												
甘薯(鲜)(7省8样品均值)	25.0	1.0	0.3	0.9	22.0	0.8	0.13	0.05	4.39	3.68	3.01	6
胡萝卜(西宁,红色)	8.2	0.8	0.3	1.1	5.0	1.0	0.08	0.04	1.38	1.21	1.00	6
胡萝卜(西宁,黄色)	8.8	0.5	0.1	1.4	6.1	0.7	0.11	0.07	1.46	1.34	1.09	4
萝卜(青海,白萝卜)	7.0	1.3	0.2	1.0	3.7	0.8	0.04	0.03	1.21	1.00	0.84	9
马铃薯(内蒙古)	23.5	2.3	0.1	0.9	18.9	1.3	0.33	0.07	4.05	3.47	2.84	14
蔓菁(宁夏)	15.3	2.2	0.1	1.4	10.4	1.2	0.03	0.03	2.63	2.30	1.88	14
南瓜(内蒙古)	10.9	1.5	0.6	0.9	7.2	0.7	—	—	2.01	1.71	1.42	12
甜菜(内蒙古)	11.8	1.6	0.1	1.4	7.0	1.7	0.05	0.05	1.88	1.71	1.38	12
(五)干草类(包括收草)												
䅟草(黑龙江)	93.4	5.0	1.8	37.0	40.8	8.8	—	—	15.55	8.07	6.60	21
冰草	84.7	15.9	3.0	29.6	32.6	3.6	—	—	15.88	8.23	6.73	57
草木樨黄芪	85.0	28.8	6.8	22.0	22.5	4.9	2.56	0.05	17.35	10.37	8.49	181
狗尾草(内蒙古,青干草)	93.5	7.8	1.2	34.5	43.5	6.5	—	—	16.01	7.86	6.44	44
黑麦草(吉林)	87.8	17.0	4.9	20.4	34.3	11.2	0.39	0.24	14.09	10.87	8.90	105

续表 4-17

饲料名称	干物质/%	粗蛋白质/%	粗脂肪/%	粗纤维/%	无氮浸出物/%	粗灰分/%	钙/%	磷/%	总能/(兆焦/千克)	消化能/(兆焦/千克)	代谢能/(兆焦/千克)	可消化粗蛋白质/(克/千克)
混合牧草(内蒙古，夏季)	90.1	13.9	5.7	34.4	22.9	6.0	—	—	15.59	7.19	5.89	78
混合牧草(内蒙古，秋季)	92.9	9.6	4.7	27.2	42.8	7.9	—	—	16.43	10.20	8.36	60
豌豆	91.5	16.3	2.7	35.6	30.0	6.9	—	—	16.47	9.78	8.03	117
芨芨草	88.7	19.7	5.0	28.5	27.6	7.9	0.51	0.61	15.01	9.86	8.11	132
碱草	90.1	13.4	2.6	31.5	37.4	5.2	0.34	0.43	16.34	8.65	7.06	48
芦苇	92.9	5.1	1.9	38.2	38.8	8.9	2.56	0.34	14.09	6.98	5.73	22
马蔺	90.0	12.4	5.7	14.0	48.0	9.9	—	—	16.09	8.36	6.86	63
苜蓿干草(内蒙古，花期)	90.0	17.4	4.6	38.7	22.4	6.9	1.07	0.32	16.68	7.86	6.48	89
苜蓿干草(黑龙江，野生)	93.1	13.9	1.8	34.5	37.5	6.3	—	—	16.43	9.24	7.57	98
雀麦草(黑龙江)	94.3	5.7	2.2	34.1	46.1	6.2	—	—	16.3	8.49	6.94	16
沙打旺	92.4	15.7	2.5	25.8	41.1	7.3	0.36	0.18	16.47	10.45	8.57	118
沙蒿(黑龙江)	88.5	15.9	6.9	26.0	31.1	8.6	3.05	0.48	16.51	9.45	7.73	91
苏丹草(黑龙江)	85.8	10.5	1.5	28.6	39.2	6.0	0.33	0.14	15.01	9.49	7.77	66
羊草	88.3	3.2	1.3	32.5	46.2	5.1	0.25	0.18	15.09	6.52	5.35	16
野干草(吉林)	90.6	8.9	2.0	33.7	39.4	6.6	0.54	0.09	15.76	8.32	6.56	53
野干草(新疆)	89.4	10.4	1.9	26.4	44.3	6.4	0.14	0.09	15.63	9.86	8.11	79

续表 4-17

饲料名称	干物质/%	粗蛋白质/%	粗脂肪/%	粗纤维/%	无氮浸出物/%	粗灰分/%	钙/%	磷/%	总能/(兆焦/千克)	消化能/(兆焦/千克)	代谢能/(兆焦/千克)	可消化粗蛋白质/(克/千克)
(六)农副产品类												
蚕豆秸(新疆)	92.3	14.2	2.4	23.2	33.5	19.0	2.17	0.48	14.30	7.57	6.19	67
大豆荚(吉林)	85.9	6.5	1.0	27.4	38.4	12.0	0.64	0.10	13.50	7.23	5.94	31
大麦秸(宁夏)	95.2	5.8	1.8	33.8	43.4	10.4	0.13	0.02	15.63	7.73	6.35	10
稻草(新疆)	94.0	3.8	1.1	32.7	10.1	16.3	0.18	0.05	14.13	6.90	5.64	14
高粱秸(辽宁)	95.2	3.7	1.2	33.9	48.0	8.4	—	—	15.72	7.69	6.31	14
谷草	90.7	4.5	1.2	32.6	44.2	8.2	0.34	0.03	15.01	7.32	6.02	17
豌豆秕壳(内蒙古)	92.7	6.6	2.2	36.7	28.2	19.0	1.82	0.73	13.84	5.94	4.85	19
豌豆茎叶(新疆)	91.7	8.3	2.6	30.7	42.4	7.7	2.33	0.10	15.84	8.49	6.94	39
小麦秸(宁夏固原,春小麦)	91.6	2.8	1.2	40.9	41.5	5.2	0.26	0.03	15.59	5.73	4.68	8
小麦秕壳(内蒙古,打谷场副产品)	90.7	7.3	1.7	28.2	43.5	10.0	0.50	0.71	15.01	7.23	5.94	28
莜麦秕壳(内蒙古,打谷场副产品)	93.7	3.6	2.4	35.6	38.4	13.7	0.92	0.41	14.80	7.27	5.98	14
油菜秆(新疆)	94.4	3.0	1.3	55.3	31.0	3.8	0.55	0.03	16.69	6.94	5.68	2
玉米秸	90.9	5.9	0.6	24.9	50.2	8.1	—	—	14.96	8.61	7.06	21
玉米果穗包叶(吉林,双辽)	91.5	3.8	0.7	33.7	49.9	3.4	—	—	15.88	9.24	7.57	14

续表 4-17

饲料名称	干物质/%	粗蛋白质/%	粗脂肪/%	粗纤维/%	无氮浸出物/%	粗灰分/%	钙/%	磷/%	总能/(兆焦/千克)	消化能/(兆焦/千克)	代谢能/(兆焦/千克)	可消化粗蛋白质/(克/千克)
(七)谷实类												
大麦(新疆)	91.1	12.6	2.4	4.1	69.4	2.6	—	0.30	16.85	14.55	11.91	100
高粱(17省市,8样品均值)	89.3	8.7	3.3	2.2	72.9	2.2	0.09	0.28	16.88	13.88	11.41	58
青稞(西宁)	87.0	9.9	2.5	2.8	89.5	2.3	—	0.42	16.05	13.96	11.45	78
荞麦(11省市,14样品均值)	87.1	9.9	2.3	11.5	60.7	2.7	0.09	0.30	15.93	11.12	9.11	71
粟(6省市13样品均值)	91.9	9.7	2.6	7.4	67.1	5.1	0.09	0.26	16.43	11.66	9.57	70
小麦(15省市,28样品均值)	91.8	12.1	1.8	2.4	73.2	2.3	—	0.36	16.85	14.71	12.08	94
燕麦(11省市,117样品均值)	90.3	11.6	5.2	8.9	60.7	3.9	0.15	0.33	17.01	13.17	10.38	97
玉米(23省市,120样品均值)	88.4	8.6	3.5	2.0	72.9	1.4	0.04	0.21	16.55	15.38	12.63	65
(八)糠麸类												
大豆皮(内蒙古)	92.1	12.3	2.7	36.4	35.7	5.0	0.64	0.29	16.64	9.28	7.61	90
大麦麸(甘肃玉门)	91.2	14.5	1.9	8.5	63.6	3.0	0.04	0.40	16.89	11.58	9.49	109
麸皮(新疆)	88.8	15.6	3.5	8.4	56.3	5.0	—	0.98	16.47	11.20	9.20	117
高粱糠(内蒙古)	91.9	7.6	6.9	22.6	45.0	9.8	—	—	16.39	8.53	6.98	33
黑麦麸	91.7	8.0	2.1	19.1	57.9	4.6	0.05	0.13	16.26	9.15	7.44	46
青稞麸	90.6	12.7	4.2	12.7	54.8	2.6	0.02	0.41	17.14	10.37	9.74	100

续表 4-17

饲料名称	干物质/%	粗蛋白质/%	粗脂肪/%	粗纤维/%	无氮浸出物/%	粗灰分/%	钙/%	磷/%	总能/(兆焦/千克)	消化能/(兆焦/千克)	代谢能/(兆焦/千克)	可消化粗蛋白质/(克/千克)
小麦麸(24省市,115样品均值)	88.6	14.4	3.7	9.2	56.2	5.1	0.18	0.78	16.39	11.08	9.07	108
玉米稃(内蒙古)	87.5	9.9	3.5	9.5	61.5	3.0	0.08	0.48	16.22	11.37	9.32	56
玉米皮(内蒙古)	86.1	5.8	0.5	12.0	66.5	1.3	—	—	15.34	10.78	8.86	33
(九)豆类												
蚕豆(14省市,23样品均值)	88.0	24.9	1.4	7.5	50.9	3.3	0.15	0.40	16.72	15.50	11.91	217
大豆(16省市,40样品均值)	88.0	37.0	16.2	5.1	25.1	4.6	0.27	0.48	20.48	17.60	14.46	333
黑豆(7省市,9样品均值)	90.0	37.7	13.8	6.6	27.4	4.5	0.25	0.50	20.36	17.36	14.13	339
豌豆(19省市,30样品均值)	88.0	22.6	1.5	5.9	55.1	2.9	0.13	0.39	16.68	14.50	11.91	194
(十)油饼类												
菜籽饼(13省市,27机榨样品均值)	92.2	36.4	7.8	10.7	29.3	8.0	0.37	0.95	18.77	14.84	12.16	313
豆饼(13省市,42机榨样品均值)	90.6	43.0	5.4	5.7	30.6	5.9	0.32	0.50	18.73	15.93	13.08	366
胡麻饼(8省市,1机榨样品均值)	90.2	33.1	7.5	9.8	34.0	7.6	0.58	0.77	18.52	14.46	11.87	285
棉籽饼(13省市,27样品均值)	92.2	33.8	6.0	15.1	31.2	6.1	0.31	0.64	18.56	13.71	11.24	267

续表 4-17

饲料名称	干物质/%	粗蛋白质/%	粗脂肪/%	粗纤维/%	无氮浸出物/%	粗灰分/%	钙/%	磷/%	总能/(兆焦/千克)	消化能/(兆焦/千克)	代谢能/(兆焦/千克)	可消化粗蛋白质/(克/千克)
向日葵(内蒙古)	93.3	17.4	4.4	39.2	27.8	4.8	0.40	0.94	17.51	7.02	5.77	141
芝麻饼(10省市,13机榨样品均值)	92.0	39.2	10.3	7.2	24.9	10.4	2.24	1.19	19.02	14.67	12.04	357
(十一)糟渣类												
豆腐渣(宁夏,银川)	15.0	4.6	1.5	3.3	5.0	0.6	0.08	0.05	3.14	2.55	2.06	40
粉渣	81.5	2.3	0.6	8.0	66.6	4.0	—	—	13.88	11.08	9.07	14.0
酒糟	45.1	5.8	4.1	15.8	14.9	4.5	0.14	0.26	5.77	2.51	2.05	35
甜菜渣(宁夏,银川)	10.4	1.0	0.1	2.3	6.7	0.3	0.05	0.01	1.84	1.42	1.17	6
(十二)动物性饲料												
牛乳(哈尔滨,全脂鲜奶)	12.3	3.1	3.5	—	5.0	0.7	0.12	0.09	3.01	2.93	2.38	29
牛乳粉(哈尔滨,全脂鲜奶)	9.6	3.7	0.2	—	5.0	0.7	—	—	1.84	1.76	1.46	35
牛乳粉(北京,全脂奶粉)	98.0	26.2	30.6	—	25.5	5.7	1.03	0.88	24.49	23.95	19.65	249
血粉(宁夏,银川,羊血粉)	92.4	88.4	0.2	—	—	3.8	0.04	0.10	21.15	14.96	12.29	628
血粉(重庆,猪血喷雾干燥)	88.9	84.7	0.4	—	—	3.2	0.04	0.22	20.44	14.42	11.83	601
鱼粉(浙江)	91.2	38.6	4.6	—	20.7	27.3	6.13	1.03	16.63	11.16	9.15	344
鱼粉(秘鲁8省市,8样品均值)	89.0	60.5	9.7	—	4.4	14.4	3.19	2.90	19.02	16.72	13.71	538

第五节　羊的日粮配合

一、日粮配合的原则

羊的日粮,指一只羊一昼夜所采食的各种饲料的总量。按照饲养标准和饲料的营养价值配制出的完全满足羊在基础代谢和增重、繁殖、产乳、肥育等需要的全价日粮,在养羊生产中具有重大意义。随着养殖规模的不断扩大,配制营养全、成本低的日粮越来越成为许多养殖场实现高效养羊的基础条件。因而掌握日粮配合技术十分必要。具体配合时应掌握以下原则:

(1)符合饲养标准,满足营养需要　羊的日粮的配合应按不同羊不同生长发育阶段的营养需要为依据,结合生产实际不断加以完善。配合日粮时,首先满足能量和蛋白质的需求,其他营养物质如钙、磷、微量元素、维生素等应添加富含这类营养物质的饲料,再加以调整。

(2)要合理搭配日粮　羊是反刍动物,能消化较多的粗纤维,在配合日粮时应以青、粗饲料为主,适当搭配精料。以达到营养全价或基本全价。同时要注意饲料质量,选用优质干草、青贮饲料、多汁饲料,严禁饲喂有毒和霉烂变质的饲料。

(3)因地制宜,多种搭配　配合日粮应以当地资源为主,充分利用当地的农副产品,尽量降低饲料成本;同时要多种搭配,既提高适口性又能达到营养互补的效果。

(4)日粮组成要相对稳定　日粮突然发生变化,瘤胃微生物不适应,会影响瘤胃发酵、降低各种营养物质的消化吸收,甚至会引起消化系统疾病。如需改变日粮组成,应逐渐改变,使瘤胃微生物有一个适应过程,过渡期一般为7~10天。

(5)日粮体积要适当　日粮配合要从羊的体重、体况和饲料适口性及体积等方面考虑。日粮体积过大,羊吃不进去,体积过小,可能难以满足营养需要,即使能满足需要,也难免有饥饿感。所以羊对饲料的采食量大致为 10 千克体重 0.3～0.5 千克青干草或 1.0～1.5 千克青草。

二、日粮配制的方法

羊的日粮是指一只羊在一昼夜内采食的各种饲料的数量总和。但在实际生产中并不是按一只羊一天所需来配合日粮,而是针对一群羊所需的各种饲料,按一定比例配成一批混合饲料来饲喂。一般日粮中所用饲料种类越多,选用的营养指标越多,计算过程越复杂,有时甚至难以用手算完成日粮配制。在现代畜牧生产中,借助计算机,通过线性规划原理,可方便快捷地求出营养全价且成本低廉的最优日粮配方。

下面仅介绍常用的手算配方的基本方法。手算常用试差法,具体步骤如下:

第一步:确定每日每只羊的营养需要量。根据羊群的平均体重、生理状况及外界环境等,查出各种营养需要量。

第二步:确定各类粗饲料的喂量。根据当地粗饲料的来源、品质及价格,最大限度地选用粗饲料。一般粗饲料的干物质采食量占体重的 2%～3%,其中青绿饲料和青贮饲料可按 3 千克折合 1 千克青干草和干秸秆计算。

第三步:计算应由精料提供的养分量。每日的总营养需要与粗饲料所提供的养分之差,即是需精料部分提供的养分量。

第四步:确定混合精料的配方及数量。

第五步:确定日粮配方。在完成粗、精饲料所提供养分及数量后,将所有饲料提供的各种养分进行汇总,如果实际提供量与其需要量相差在±5％范围内,说明配方合理。如果超出此范围,应适当调整个别精料的用量,以便充分满足各种养分需要而又不致造成浪费。

现举例说明肉羊日粮配合的设计方法。例如,为平均体重25千克的育肥羊群设计一饲料配方。

第一步:查表(表 4-11)给出羊每天的养分需要量,该羊群平均每天每只需干物质 1.2 千克,消化能 10.5～14.6 兆焦(按14 兆焦计算),可消化粗蛋白质 80～100 克(按 100 克计算),钙1.5～2.0 克(按 2.0 克计算),磷 0.6～1.0 克(按 1.0 克计算),食盐 3～5 克,胡萝卜素 2～4 毫克。

第二步:查表(表 4-17)列出供选饲料的养分含量,见表 4-18。

表 4-18　供选饲料养分含量

饲料名称	干物质/%	消化能/ (兆焦/千克)	可消化粗蛋白 质/(克/千克)	钙/%	磷/%
玉米秸	90.9	8.61	21	—	—
野干草(吉林)	90.6	8.32	53	0.54	0.09
玉米	88.4	15.38	65	0.04	0.21
小麦麸	88.6	11.08	108	0.18	0.78
棉籽饼	92.2	13.71	267	0.31	0.64
豆饼	90.6	15.93	366	0.32	0.50

第三步:计算粗饲料采食量。因为是育肥羔羊,确定精粗比为6：4,则 25 千克体重的羔羊需粗饲料干物质为 1.2×0.4＝0.48(千克),根据实际考虑,确定玉米秸和野干草的比例为 2：1,则需玉米秸 0.32÷0.909＝0.35(千克),野干草 0.16÷0.906＝0.17(千克),由此计算出粗饲料提供的养分量,见表 4-19。

表 4-19　粗饲料提供的养分量

粗饲料	干物质/千克	消化能/兆焦	可消化粗蛋白质/克	钙/克	磷/克
玉米秸	0.32	3.01	7.35		
野干草	0.16	1.41	9.01	0.09	0.02
粗饲料提供	0.48	4.42	16.36	0.09	0.02
需精料补充	0.72	9.58	83.64	1.91	0.98

　　第四步：草拟精料补充料配方。根据饲料资源、价格及实际经验，先初步拟定一个混合料配方，假设混合料配比为 60% 玉米、20.7% 麸皮、8.5% 豆饼、10% 棉籽饼、0.69% 食盐，将所需补充精料干物质 0.72 千克按上述比例分配到各种精料中，再计算出精料补充料提供的养分，见表 4-20。

表 4-20　草拟精料补充料提供的养分

原料	干物质/千克	消化能/兆焦	可消化粗蛋白质/克	钙/克	磷/克
玉米	0.432	7.52	31.77	0.20	1.03
麦麸	0.149	1.86	18.16	0.30	1.31
棉籽饼	0.072	1.07	20.85	0.24	0.50
豆饼	0.061	1.07	24.64	0.22	0.34
食盐	0.005	0.0	0.0	0.0	0.0
总计	0.72	11.52	95.42	0.96	3.18

　　从表 4-20 可看出，干物质已完全满足需要，消化能和可消化粗蛋白质有不同程度的超标，且钙、磷不平衡，因此，日粮中应增加钙的量，减少能量和蛋白质的量，我们可用石粉代替部分豆饼进行调整，调整后的配方见表 4-21。

表 4-21 为调整后的日粮组成及养分供应情况。

表 4-21　日粮组成及养分提供量

饲料	干物质/千克	消化能/兆焦	可消化粗蛋白质/克	钙/克	磷/克
玉米秸	0.32	3.01	7.35		
野干草	0.16	1.41	9.01	0.09	0.02
玉米	0.432	7.52	31.77	0.20	1.03
麦麸	0.149	1.86	18.16	0.30	1.31
棉籽饼	0.072	1.07	20.85	0.24	0.50
豆饼	0.051	0.90	20.60	0.18	0.28
食盐	0.005	0.0	0.0	0.0	0.0
石粉	0.010	0.0	0.0	4.0	0.0
总计	1.2	15.77	107.8	5.01	3.14

从表 4-21 可看出,本日粮已经完全满足该羊的干物质、能量及可消化粗蛋白的需要量,而钙磷均超标,但日粮中的钙、磷之比为 1.6∶1,属正常范围[一般钙、磷比为(1.5~2)∶1],故认为本日粮中钙、磷的供应也符合要求。

在实际饲喂时,应将各种饲料的干物质喂量换算成饲喂状态时的喂量(干物质量÷饲喂状态时干物质含量)。

第五章　羊的饲养管理

羊的生长、繁殖和各种生理活动等,都离不开科学的饲养管理。不管什么品种的羊,不论其遗传基础如何,只有在相应的饲养管理条件下,才能发挥其遗传上的优越性,向高生产力方向发展,也就是说,只有养好羊管好羊,才能充分发挥其最大生产潜力。

第一节　羊的生活习性和行为特点

一、行为特性

绵羊属于沉静型,反应迟钝,行动缓慢。绵羊不能攀登高山陡坡,采食时喜欢低着头,易采食大牲畜、山羊啃不到的短小、稀疏的嫩草。山羊属活泼型,反应灵敏,行动灵活,喜欢登高采食,可在绵羊和其他大牲畜所不能利用的陡坡和山峦上放牧。山羊、绵羊同时放牧时,山羊总是走在前面,把优质草抢先吃掉,而绵羊慢慢地走在后面,只能吃到劣质草。

二、采食特点

羊由于有长而灵活的薄唇,下切齿稍向外弓而锐利,上额平整而坚,便于采食切断牧草。羊采食的牧草种类很多,据统计,在655种植物中,绵羊能利用522种,占80%,牛不能利用的植物比羊多28%。羊对粗纤维含量高的作物秸秆利用率可达70%。羊最喜欢采食粗纤维少而含蛋白质多的牧草和树木嫩枝叶。采食时间大部分集中在白天,采食的开始与日出密切相关。每天它们只是在一定的时间内摄食量很大,而在其他时间进行反刍、休息。据测定,每天清晨和黄昏时间,羊的采食量最大。此外羊的采食性也随季节的变化而变化。春季,牧草刚刚萌发,树枝变青绿,此时羊采食不挑剔,夏、秋季牧草繁茂时,则开始选择性采食。对禾本科牧草,喜欢在扬花抽穗时采食;对豆科牧草,喜欢在籽粒丰熟时采食;对树枝、树叶,喜欢新生、嫩绿时采食。末秋植物由青变黄,这时羊先挑食青绿部分。冬季,羊以吃落叶、杂草和秸秆为主。

三、合群性

绵羊有较强的合群性,受到侵扰时,互相依靠和拥挤在一起。驱赶时,有跟"头羊"的行为和发出保持联系的叫声。但由于群居行为强,羊群间距离近时,容易混群。所以,在管理上应避免混群。羊的合群性与多种因素有关,粗毛羊合群性强,细毛羊次之,半细毛羊、肉用羊合群性最差。山羊和绵羊比较,山羊比绵羊的合群性强;年龄小的没经过放牧调教的羊,合群性差;成年羊、经过调教的羊,合群性强。此外,夏、秋季饲草繁茂时,合群性强。冬、春枯草期合群性较差。

四、羊的起卧和睡眠特性

羊卧地时先把前肢向前弯曲而跪下,接着后肢向内弯曲而卧下,胸部放在两前肢中间。羊吃饱后多为右侧卧(瘤胃在左侧)。起立时两后肢先站起,继而前肢起立。其卧姿,有时右前肢和一左后肢外伸,有时一后肢外伸,也有时左前肢外伸,四肢全压在体下或全外伸的较少见。羊睡眠时间少,每天2～3小时,多站着睡或卧着睡,一般不闭双眼。卧倒靠地紧闭双眼鼾睡者较少见。

五、羊的嗅觉和听觉灵敏

羊嗅觉灵敏,母羊主要凭嗅觉鉴别自己的羔羊,视觉和听觉起辅助作用。分娩后,母羊会舔干羔羊体表的羊水,并熟悉羔羊的气味。羔羊吮乳时母羊总要先嗅一嗅羔羊后躯部,以气味识别是不是自己的羔羊。个体羊有其自身的气味,一群羊有群体气味,一旦两群羊混群,羊可由气味辨别出是否是同群的羊。在放牧中一旦离群或与羔羊失散,靠长叫声互相呼应。

六、清洁习性

羊具有爱清洁的习性。喜吃干净的饲料,饮清凉卫生的水。草料、饮水一经污染或有异味,就不愿采食、饮用。因此,在舍内补饲时,应少喂勤添,以免造成草料浪费。平时要加强饲养管理,注意绵羊的饲草饲料清洁卫生,饲槽要勤扫,饮水要勤换。

七、羊的调情特点

公羊对发情母羊分泌的外激素很敏感。公羊追嗅母羊外阴部的尿水,并发生反唇卷鼻行为,有时用前肢拍击母羊并发出求爱的叫声,同时做出爬胯动作。母羊在发情旺盛时,有的主动接近公羊,或公羊追逐时站立不动,初配母羊胆子小,公羊追逐时惊慌失措,在公羊竭力追逐下才接受交配。因此,由于母羊发情不明显,在进行人工辅助交配或人工授精时,要使用试情公羊发现发情母羊。

八、扎窝特性

由于羊毛被较厚、体表散热较慢故怕热不怕冷。夏季炎热时,常有"扎窝子"现象。即羊将头部扎在另一只羊的腹下取凉,互相扎在一起,越扎越热,越热越扎挤在一起,很容易伤羊。所以,夏季应设置防暑措施,防止"扎窝子",为使羊有休息乘凉的地方,羊场要有遮荫设备,可栽树或搭遮阴棚。

九、喜欢干燥、凉爽的环境

羊适宜在干燥、凉爽的环境中生活。羊舍潮湿、闷热，牧地低洼潮湿，容易使羊感染寄生虫病和传染病，导致羊毛品质下降，腐蹄病增多，影响羊的生长发育。绵羊汗腺不发达，散热机能差，在炎热天气应避免湿热对羊体的影响，尤其在我国南方地区，高温高湿是影响养羊生产发展的一个重要原因。除应将羊舍尽可能建在地势高燥、通风良好、排水通畅的坡地上外，还应在羊圈内修建羊床或将羊舍建成带漏缝地面的楼圈。

十、适应性

绵、山羊由于经过数千年驯化选育，体质健壮，毛被较厚，导热性小，体表散热较慢，因而多是怕热不怕冷，喜欢在干燥通风的地方休息生活，很少患病，非重症不表现病态。个别绵羊品种有特强的适应能力，如青藏高原地区有善于抗寒冷的藏羊，太湖两岸有能适应潮湿舍饲的湖羊。绵、山羊能够忍受营养上的四季变化，当夏、秋季节气候温暖，牧草丰茂时，羊能在短短的几个月内利用牧地迅速抓膘，不仅体重增长较快，还能大量蓄积脂肪。如新疆细毛羊在 6～10 月份平均体重增长 10 千克左右，最高可达 25 千克。河北大尾寒羊在青草期，不仅体重增长较快，而且尾部可蓄积大量脂肪（可达十几千克），而在冬、春枯草期，尾部脂肪又会被逐渐消耗，以保证其顺利渡过枯草期。

十一、抗病性

羊的抗病力较强。其抗病力强弱，因品种而异。一般来说，粗毛羊的抗病力比细毛羊和肉用品种羊要强，山羊的抗病力比绵羊强。体况良好的羊只对疾病有较强的耐受能力，病情较轻一般不表现症状，有的甚至临死前还能勉强跟群吃草。因此，在放牧和舍饲管理中必须细心观察,才能及时发现病羊。如果等到羊只已停止采食或反刍时再进行治疗,疗效往往不佳,会给生产带来很大损失。

第二节　羊的消化机能及饲料利用特点

一、消化机能特点

羊的消化机能特点是胃肠容积大,食物在消化道内停留时间长,消化液分泌量多,消化能力强,适宜利用青干草。

(一)消化器官特点

羊属于反刍动物,具有复胃,分 4 个室,即瘤胃、网胃、瓣胃和皱胃。前 3 个胃由于没有腺体组织,不能分泌酸和消化酶类,对饲料起发酵和机械性消化作用,称为前胃。皱胃胃壁黏膜有腺体,具有分泌盐酸和胃蛋白酶的作用,可对食物进行化学性消化,又称真胃。成年绵羊复胃总容积近 30 升,相当于整个消化道容积的66.9%,瘤胃最大,皱胃次之,网胃较小,瓣胃最小。依次占复胃总容积的 78.7%、11.0%、8.6%和 1.7%。山羊复胃容积相对较小,为 16 升左右。

前胃中起主要作用的是瘤胃,瘤胃不仅能容纳大量的粗饲料和青草,作为临时的"贮存库",而且瘤胃内有大量的微生物活动,可以消化分解食物。主要微生物有细菌、纤毛虫和真菌。据测定,羊瘤胃每克内容物中,细菌数量高达 150 亿个以上,纤毛虫为60 万~180 万个。细菌和纤毛虫多少与饲喂类型和采食量有关,在饲养上提供的养分多,微生物的繁殖加快,活动加强,能提高对饲料的分解能力;如增喂淀粉及蛋白质丰富的饲料,瘤胃内微生物显著增多,可以提高对粗饲料的利用率。粗饲料的质量很差时,瘤胃微生物区系的数量减少,对饲料的分解能力也减弱。网胃与瘤胃的作用基本相似。瓣胃黏膜形成新月状的瓣叶,对食物起机械压榨作用。皱胃黏膜由于能分泌胃液,可以对食物进行化学性消化。

羊胃的大小和机能,随年龄的增长发生变化。初生羔羊的前3个胃很小,结构还不完善,微生物区系尚未健全,不能消化粗纤维,初生羔羊只能靠母乳生活。此时母乳不接触前3个胃的胃壁,靠食道沟的闭锁作用,直接进入真胃,由真胃凝乳酶进行消化。随着日龄的增长,消化系统特别是前3个胃不断发育完善,一般羔羊生后10~14天开始补饲一些容易消化的精料和优质牧草,以促进瘤胃发育;到一个半月时,瘤胃和网胃重占全胃的比例已达到成年程度。如不及时采食植物性饲料,则瘤胃发育缓慢。只有采食植物性饲料后,瘤胃的生长发育加速,并且逐步建立起完善的微生物区系。采食的植物性饲料为微生物的繁殖、生长创造了营养条件,反过来微生物区系又增强了对植物饲料的消化利用。因此,瘤胃的发育、植物性饲料的利用以及瘤胃微生物的活动,三者是相辅相成的。

羊有发达的唾液腺,唾液除有润滑作用外,还有溶解食物及中和胃酸的作用。羊全消化道内的消化液每昼夜总分泌量为18~23升,饲料在消化道贮存的时间长达7~8天,有利于饲料营养成分的消化吸收。

小肠是羊消化和吸收的重要器官,长度为17~34米(平均约25米),是体长的25~30倍,有利于饲料营养成分的吸收。肠黏膜中分布有大量的腺体,可以分泌蛋白酶、脂肪酶和淀粉酶等消化酶类。胃内容物进入小肠后,在各种酶的作用下进行消化,分解为一些简单的营养物质经绒毛膜吸收;尚未完全消化的食物残渣与大量水分一道,随小肠蠕动而被推进到大肠。

大肠长度为4~13米(平均约7米),无分泌消化液的功能,其作用主要是吸收水分和形成粪便。小肠内未完全消化的食物残渣,可在大肠内微生物及食糜中的酶的作用下继续消化和吸收。吸收水分后的残渣形成粪便,排出体外。

(二)消化生理特点

1. 反刍

反刍是指草食动物在食物消化前把食团经瘤胃逆呕到口中,经过再咀嚼和再咽下的活动。反刍是羊的正常消化生理机能。其机制是饲草刺激网胃、瘤胃前庭和食管沟的黏膜,反射性引起逆呕。反刍多发生在吃草之后,每日反刍时间约为 8 小时,分 4～8 次,每次 40～70 分钟。反刍次数及持续时间与草料种类、品质、调制方法及羊的体况有关。采食牧草粗纤维含量高,反刍时间延长,相反缩短。当羊过度疲劳、患病或受到外界的强烈刺激时,会造成反刍紊乱或停止,引起瘤胃膨气,对羊的健康不利。当病羊表现出食欲废绝、反刍停止时,羊的病情已十分严重,往往预后不良。羔羊生后约 40 天开始出现反刍行为,羔羊在哺乳期,早期补饲容易消化的植物性饲料,可促进前胃的发育和提前出现反刍行为。

2. 瘤胃微生物作用

除机械作用外,瘤胃内有广泛的微生物区系活动。主要是细菌、纤毛虫和真菌,对羊食入草料的消化和营养具有重要意义。

(1)消化碳水化合物　瘤胃是消化碳水化合物,尤其是粗纤维的重要器官。羊采食饲料中 55％～95％的可溶性碳水化合物、70％～95％的粗纤维是在瘤胃中被消化的。反刍家畜之所以区别于单胃动物,能够以含粗纤维较高、质量较差的饲草维持生命并进行生产,就是因为具有瘤胃微生物。在瘤胃的机械作用和微生物酶的综合作用下,碳水化合物(包括结构性和非结构性碳水化合物)被发酵分解,最终产生挥发性脂肪酸(VFA),乙酸、丙酸、丁酸和少量的戊酸,同时释放能量,部分能量以三磷酸腺苷的形式供微生物活动。这些挥发性脂肪酸大部分被瘤胃壁吸收,随血液循环进入肝脏,合成糖原,提供能量供羊利用;部分可与氨气在微生物酶的作用下合成氨基酸；此外，挥发性脂肪酸还具有调节瘤胃正常pH 的作用。

（2）合成微生物蛋白质　瘤胃可同时利用植物性蛋白质和非蛋白氮（NPN）合成微生物蛋白质。日粮中的含氮物质进入瘤胃后，大部经过瘤胃微生物的分解，产生氨和其他低分子含氮化合物，瘤胃微生物再利用这些化合物来合成自身的蛋白质，以满足自身生长和繁殖的需要。随食糜进入真胃和小肠的微生物，可被消化道内的蛋白分解，成为羊的重要蛋白质来源。通过瘤胃微生物的作用，能把低品质的植物性蛋白质转化为高质量的菌体蛋白质，日粮的必需氨基酸含量可提高 5～10 倍。微生物蛋白质含有各种必需氨基酸，具有比例合适、组成稳定、生物学价值高的特点。而且据测定，微生物合成的菌体蛋白质数量很大，可供羊体每天消化利用的 3/5，饲料中不必另外添加。饲料蛋白质在瘤胃中被消化的数量主要取决于降解率和通过瘤胃的速度。非蛋白氮如尿素的分解速度相当快，在瘤胃中几乎全部分解，饲料中的可消化蛋白质约有 70% 被水解。饲料中总氮含量、蛋白质含量以及可发酵能的浓度是影响瘤胃微生物蛋白质合成量的主要因素。另外一些微量元素锌、铜、钼等，也对瘤胃微生物合成菌体蛋白质具有一定的影响。

（3）氢化不饱和脂肪酸　瘤胃微生物可将饲料中的脂肪酸分解为不饱和脂肪酸，并将其氢化形成饱和脂肪酸。羊采食牧草所含脂肪大部分是由不饱和脂肪酸构成，而羊体内脂肪大部分为饱和脂肪酸，且相当数量是反式异构体和支链脂肪酸。现已证明，瘤胃是对不饱和脂肪酸氢化形成饱和脂肪酸，并将顺式结构的饲料脂肪酸转化为反式结构的羊体脂肪酸的主要部位。同时，瘤胃微生物亦能合成脂肪酸。Sutton（1970）测定，绵羊每天可合成 22 克左右的长链脂肪酸。

（4）合成维生素　维生素 B_1、维生素 B_2、维生素 B_6、维生素

B_{12}、遍多酸和尼克酸和维生素 K 是瘤胃微生物的代谢产物，能被小肠等部位吸收利用，满足羊对这些维生素的需要。饲料中氮、碳水化合物和钴的含量是影响瘤胃微生物合成的主要因素。饲料中氮含量高，则 B 族维生素合成量多，但氮来源的不同，B 族维生素的合成情况亦不同。如以尿素作为补充氮源，硫胺素和维生素 B_{12} 的合成量不变，但核黄素的合成量增加。碳水化合物中淀粉的比例增加，可提高 B 族维生素的合成量。补饲钴，可增加维生素 B_1 的合成量。研究表明，瘤胃微生物可合成甲萘醌-10、甲萘醌-11、甲萘醌-12 和甲萘醌-13，它们都是维生素 K 的同类物。一般情况下，瘤胃微生物合成的 B 族维生素和维生素 K 足以满足各种生理状况下的需要。成年羊一般不会缺乏这些维生素。在放牧条件下，羊也很少发生维生素 A、维生素 D、维生素 E 的缺乏。

（三）羔羊的消化吸收特点

①初生羔羊，前 3 个胃的作用很小，此时瘤胃微生物的区系尚未形成，没有消化粗纤维的能力，不能采食和利用草料。

②对淀粉的耐受量很低，小肠液中淀粉酶活性低，因而消化淀粉的能力是有限的。

③起主要消化作用的是皱胃，羔羊所吮母乳顺食道沟进入皱胃，由皱胃所分泌的凝乳酶进行消化。

④随日龄增长和采食植物性饲料的增加，羔羊前 3 个胃的体积逐渐增加，约在 30 日龄开始出现反刍活动；此后皱胃凝乳酶的分泌逐渐减少，其他消化酶分泌逐渐增多，对草料的消化分解能力开始加强，瘤胃的发育及其机能才逐渐完善。

二、成年羊对饲草饲料的利用特点

①瘤胃微生物发酵产生甲烷和氢。其所含的能量被浪费掉，微生物的生长繁殖也要消耗一部分能量，所以，反刍家畜的饲料转化效率一般低于单胃家畜。

②成年羊的 4 个胃都已发育完整,瘤胃消化是为羊提供各种营养需要的主要环节。由于瘤胃微生物具有分解粗纤维的功能,所以成年羊可以有效地利用各种粗饲料,且羊的饲粮组成中也不能缺乏粗饲料。

③由于瘤胃微生物可将非蛋白氮合成为菌体蛋白质,所以饲粮中一般不需要考虑添加必需氨基酸。

④由于瘤胃微生物具有合成 B 族维生素和维生素 K 的能力,因此在羊的日粮配制中,一般不需要考虑添加这些维生素。

第三节　羊的饲养方式

一、放牧饲养

放牧饲养是养羊业的原始饲养方式,好处是适应绵、山羊的生活习性,增强体质;能充分利用各种自然资源,节省饲料,生产成本较低,劳动生产率较高。但存在着季节性差异,夏、秋两季饲草茂盛期,羊只生长速度快,生产性能高。到冬、春枯草期则生长发育缓慢,体重增长较少,甚至逐渐下降,羊的生产性能下降。因此,冬、春枯草季节除放牧外,还应给以补饲。

(一)放牧前的准备

(1)放牧羊群的组织　　由于绵羊和山羊的合群性、采食能力和行走速度及对牧草的选择能力有差异,因而放牧前应首先将绵羊和山羊分开,然后再按品种、性别、年龄和健康等合理组群,羊群的大小应按当地放牧草场状况而定,牧区草场大,饲草资源丰富,组群可大些,一般可达 200 只左右,山区草坡稀疏地形复杂,一般100 只左右为一群,农区牧地较少,羊群一般不超过 80 只。不同性别和不同年龄的羊对饲养管理条件要求不同,公羊组群定额应小,母羊组群大些。各群中的羊年龄应尽量相近,以便管理方便。

（2）选择牧场　根据羊的习性,应选择地势干燥、草质柔嫩的平地、山坡、丘陵以及渠道两旁、田埂等地。放牧前应对牧地分布、植被生长状况及水源设施等有所了解。有毒草的地方还应了解毒草的分布状况。农区放牧应避开打过农药的作物地,以防羊中毒。不要在低洼、潮湿、沼泽和生长茅草、苍耳草的地方放牧,低洼湿地放羊,容易使羊感染寄生虫病或腐蹄病。茅草、苍耳草针多,容易钻进毛被中,刺伤羊的皮肤和肌肉,引起皮肤感染,造成疾病。

（二）放牧技术

1.放牧队形

放牧队形主要根据牧地的地形地势、草生状况、放牧季节和羊群的饥饱状况而变换,目的是使羊采食均匀,吃饱吃好,又能充分利用牧地资源。选用适当的放牧形式,有利于羊的抓膘。

一条龙:放牧时,让羊排成一条纵队,放牧员走在最前面,如有助手,则跟在羊群后面。这种队形适宜在田埂、渠边、道路两旁较窄的牧地放牧。放牧员应走在上坡地边,观察羊群的采食状况,控制好羊群,不让羊采食庄稼。

一条鞭:将羊群排成一横队,放牧员在前面领着羊群,挡住强羊,助手在后追赶弱羊,边吃边进,稳着羊群慢慢走。这种队形适宜于在牧草生长中等且均匀的牧地上放牧,羊吃食匀,又可驱散蚊蝇。冬、春季队形稍紧,以利保暖,夏季稍松,有利于风凉。早上紧,晌午松;草厚紧,草薄松。

满天星:把羊均匀地分散在一定的牧地面积上,任意采食,放牧员站在高处或羊群中间控制全群。这种队形适合于高山、地势不平的丘陵地、茬子地,夏季炎热时常用这种队形。

2.放牧技术要点

（1）多吃少消耗　放牧羊群在草场上,吃草的时间应超过游走时间,超过的幅度越大,吃的草越多,走路消耗相对地减少。多吃少走的内容包括"走慢、走少、吃饱、吃好"8个字,走是措施,吃是目的,走慢是关键。

(2)四勤三稳　"四勤"是指放牧人员腿勤、手勤、嘴勤、眼勤。腿勤是指每天放牧时,放牧员一边放羊一边找好草,不能让羊满地乱跑,也要防止羊损害庄稼,因此放牧员应多走路,随时控制羊群,使之吃饱吃好;手勤是指放牧员不离鞭,以便随时控制羊群,放牧地有烂纸、塑料布等应随手拾起,以免羊食后造成疾病。遇有毒草、带刺植物等,要随手除掉。发现羊的蹄甲过长、羊毛掩眼,被毛挂有钩刺时,应及时处理;嘴勤是指放牧员应随时吆喝羊群,使全群羊能听使唤,放牧中遇有离群或偷吃庄稼的羊,都应先吆喝,后打鞭或投掷土块,以免伤羊;眼勤是指放牧员要时常观察羊的举动,观察羊的粪尿有无异常变化,观察羊的吃草和反刍情况,发现病情应及时治疗。配种季节,应观察有无母羊发情,以做到适时配种,产羔季节,要观察母羊有无临产症状,以便及时进行处理。"三稳"是指放牧稳、出入圈稳、饮水稳。放牧时只有稳住羊群才能保证羊多吃少走,吃饱吃好,才能抓膘。出入羊圈稳,目的是不让羊拥挤,否则会造成母羊流产或难产。饮水稳是防止羊急饮、抢水呛肺或拥挤掉入水中。三稳要靠四勤来控制,反过来只有对三稳的羊群才能更好地执行四勤。

(3)领羊挡羊相结合　放牧羊群应有一定队形,放牧员领羊前进,掌握行走速度与方向,同时挡住走出群的羊,控制羊群慢走多吃,队形不乱。为了控制好羊群,平时要训练头羊,俗话说:"放羊打住头(即头羊),放得满肚油,放羊不打头,放成瘦子猴"。头羊最好选择体大雄壮的阉山羊,山羊走路昂首阔步,便于眼观四方;绵羊走路常低看,盲从性大,一般不宜作头羊。训练时要用羊喜欢吃的饲料做诱导,先训练来、去、站住等简单的口令和它的代号,再逐渐训练其他如向左、向右、阻止乱跑等口令,使头羊识人意,听从人的召唤。

(4)饮水　水是新陈代谢不可缺少的物质,可以补充畜体水分,调节体温和生理机能,有利胃肠的消化吸收和增进食欲。羊的饮水量因季节、天气凉热和牧草生长状况而不同。一般天凉时饮水 2 或 3 次,炎热时饮 3～5 次,以泉水、井水、流动河水为宜,切忌饮浑水、污水、死水。羊接近水源时,应先停留片刻,待喘息缓和后再饮水,发现饮水过猛时,可向水中投石子,羊多抬头观望,可暂缓一下饮水速度。饮井水时应随打随喝,饮流水时应从上游向下游方向行走,先喝水的羊在下游,后喝水羊在上游,即可避免喝浑水,又可避免水呛。羊圈和运动场内应设有水槽,水槽应高出地面 20～30 厘米,以防止粪土污染,水槽内随时装有清水,保证在出牧前和归牧后能及时饮到水。

(5)啖盐　盐是羊生长发育不可缺少的物质,有助于维持体细胞的渗透作用,能帮助运送养分和排泄废物。钠和氯不仅是血液中不可缺少的成分,也是胃液中胃酸的组成部分,有助于对饲料的消化利用。给羊啖盐,能增强食欲,促进健康。

给羊啖盐的方法:一是将食盐直接拌入精料中,每日定量喂给,种公羊每天喂 8～10 克,成年母羊 5～8 克。一般应占日粮干物质的 1%。二是自由舐食,将盐块或盐水放入食槽内,让羊舐食。三是用食盐、微量元素及其他辅料制成固体盐砖,让羊自由舐食,既补充了食盐,又补充了微量元素,效果较好。

羊食盐供给不足可导致食欲下降,体重减轻,产奶量下降和被毛粗糙脱落等,适当补给氯化钠可提高其采食量和增重。如 Towers 等(1985)报道,将成年绵羊放牧于每千克牧草干物质含钠 0.7 克的牧场上,平均日增重为 72 克,补饲氯化钠后,可明显提高日增重,使之达到 94 克。

3.四季放牧要领

(1)春季放牧要领　春季气候特点是"寒冷潮湿雨雪多,冷热变化难掌握",春季牧草特点是"百草返青正换季,草嫩适口不易吃"。而春季的羊由于过了几个月的冬季,一般营养较差,体质瘦弱,有的母羊正处于怀孕后期,有的母羊正在哺乳,迫切需要较好的营养。这时冬草已喂完,青草没有长起来,如果遇上早春的寒潮和连阴雨的天气,对羊的威胁更大。因此,每年入冬前,必须贮备一定数量的越冬草料。春季放牧羊应选背风向阳、比较暖和的地方,在阳坡可以晒太阳,减少因寒冷而造成的热能消耗。而且阳坡地牧草返青早,地势比较干燥,既不会踏坏牧地,羔羊也不致因卧地受潮而得病。

春季正是牧草交替之际,有的地方青草虽已生长起来,但是薄而稀,要防止跑青。如果青草吃不饱,每天可先放老草坡,让羊吃些枯草,再去放青草。春季草嫩,含水量高,早上天冷,不能放露水草,否则易引起拉稀。同时,春季潮湿,羊体瘦弱,是寄生虫繁殖滋生的适宜时期,要注意驱虫,勤垫羊圈,保持羊圈卫生。

(2)夏季放牧要领　夏季气候特点是"炎热多雨蚊虻多",应该防暑防潮防蚊蝇。夏季百草繁茂养分好,应抓紧时机壮伏膘。入夏前应锻炼羊的抗热性,增强在伏天的抗热能力,使羊到了夏天不扎堆,少闹病。伏天要早一点选岗头、风口或上山放牧,这些地方风大,露水干得快。中午赶羊在树荫下休息,并延长休息时间,到下午 4~5 时出牧,放至晚上 8~10 时回圈。放牧时注意风向,上午顺风出牧,顶风归;下午顶风出牧,顺风归。天气炎热时,羊群顶风走感到凉爽,有利于采食。在一天之内,放羊的手法各不相同,早上出牧时,一般要"手稳、手紧",拦住头羊放成"一条龙",或"一条鞭",防止羊乱跑专挑好草吃,或者不安心吃草。利用羊喜吃回头草的习惯,每放一段距离后,拦羊回头,"羊吃回头草,越吃越饱"。放一个饱以后,有的羊开始躺下反刍,这时可以赶羊去喝水。喝罢水以后,改成"满天星"的方式放牧,让羊再去吃一个饱,直到中午休息。为了抓好膘,常常生坡、熟坡交替放牧,早上出牧先放熟坡(即前几天放牧过的地),因为早上羊饿,饥不择食,能充分利用牧场。吃了一个饱以后,再放生坡,生坡草皮好,能增进羊的食欲,采食更多的草,更有利于抓膘。山区上午放阳坡,下午放阴坡,或在比较凉爽的地方放牧。伏天的羊一般多在羊圈运动场内过夜,因地面热,上面凉,久卧对羊不利,夜间要抄圈 2 或 3 次,让羊站起来抖抖毛、拉拉屎再卧下。每次抄圈不可一轰而起,这样会惊动羊群,踏伤羔羊,羊群久久不能平静。应用羊鞭将羊一只一只地轻轻敲起。每次抄圈又可检查羊群,如果发现异常情况,便于及时处理。

(3)秋季放牧要领　秋季牧草开花结籽,营养丰富,正是抓膘季节,有利于满膘配种。所以,应在抓好夏膘的基础上抓好秋膘,贮积体脂过冬。哪里有好草就赶到哪里放,尤其不可错过放茬地的好时机。这些地方平时羊群来不了,除了收割后遗留的庄稼外,还生长一些熟草,都已结籽,是抓秋膘的好场所。秋季是羊的繁殖重要季节,母羊膘情的好坏,对繁殖率的影响很大,因此要努力做到满膘配种。9～10 月份,牧草丰茂,营养丰富,含维生素多,大量青绿饲料以及凉爽的气候条件,有助于性机能活动,能促进发情、排卵。

(4)冬季放牧要领　冬季天气转寒,常有霜雪,百草枯萎,树叶凋落。所以冬季放羊的任务是:防寒、保暖、保膘、保羔,并备足补饲草料。冬季应在村前村后背风暖和的阳坡地或林间放羊,让羊采食树叶和枯草。放羊时,背风顶太阳前进,能防寒保暖。晴天远牧,阴天近牧,先吃坏草,后吃好草。怀孕母羊要注意保胎,做到出门不拥挤,途中不急行,不走陡坡不跳沟,不吃霜草,不吃发霉的草料。晴天虽放不饱,也应在外走一走,使羊只得到运动和锻炼。晚上回圈后,酌情补草补料,并注意圈舍保温。

黑龙江省龙江县畜牧局李文超编写了牧羊四季歌,可供参考。

春放低洼一条线,防止跑青人在前。

山区先到阴坡放,草干再把阳坡上。

青草刚生吃不饱,先干后青防毒草。

合理分群去遛茬，早出晚归要补草。

夏放岗地满天星，沟旁壕沿防蚊蝇。

山区上午放西坡，下午再往东坡挪。

晴天顶风背太阳，早出晚归午乘凉。

阴天下雨顺风放，井泉流水来饮羊。

秋放甸子二茬草，山区树下把草找。

庄稼收完再遛茬，顺垅放牧效果佳。

先吃杂草饮好水，然后再去放豆茬。

多吃慢走勤换地，晚出早归防霜草。

冬季放牧满地跑，山区阳坡吃干草。

顶风出牧顺风归，吃饱饮足运动好。

要想秋冬保住膘，晚出早归夜投草。

母羊膘满胎儿壮，安全越冬要做好。

二、放牧加补饲饲养

冬、春枯草期，羊单纯靠放牧不能满足其营养需要，需补饲一些饲草、饲料，满足其生长发育所需的营养物质。此外，处在特殊生理阶段的羊，如怀孕母羊、哺乳羊、配种期种公羊除放牧外都应加强补饲。

冬、春不但草枯而少，而且饲草粗蛋白质含量比生长期显著下降（生长期为 13.16%～15.57%，枯草期为 2.26%～3.28%），加之此时又是全年最寒冷季节，能量消耗加大，如不加强补饲，必然造成羊生产性能下降，营养严重缺乏时则会造成羊的死亡。

（1）枯草期补饲时间　补饲时间根据放牧地的饲草状况和羊群的体质等因素而定。一般在 12 月份左右即开始补饲，补饲前应做好草料的准备，补饲从一开始应连续进行，否则会影响羊的放牧吃草。

（2）补饲方法　补饲可安排在放牧前或放牧后，一般来说精料在放牧前补，草在放牧后补。在草料分配上应按先弱后强，先幼后壮的原则进行。也可把营养差的羊挑出来单独补饲，营养好转后再与大群合喂。对怀孕母羊、羔羊等应给以特殊照顾。在草料利用上，要先喂次草、次料，再喂好草、好料，以免羊吃惯好草后，不愿再吃次草。补料时应将料放入饲槽中，并防止抢食。补草最好安排在草架上进行，可减少饲草的践踏浪费。如果羊只数量少，也可将饲草放入筐中进行饲喂。

三、舍饲饲养

舍饲即不进行放牧，在圈舍内采用人工配制饲料饲喂。舍饲的羊舍应宽敞些，舍外要设运动场，每日将羊赶出定时运动，并应经常对羊舍、运动场进行消毒。舍饲羊饲料应按饲养标准，结合本地区饲草、饲料资源进行配制，尽量做到营养全价，适口性好。

随着放养羊数量的增加，对草场的破坏程度日益严重。再加上近年来，由于人为的破坏、滥砍滥伐以及不合理放牧，使林地面积锐减，造成产草量和载畜能力急剧下降，使羊赖以生存的生态环境遭到了严重破坏。采用舍饲养殖羊不仅可以解决生态环境与养羊数量之间的矛盾，有效利用农区作物副产品，提高种植业的种植利润；还便于管理和控制，发展肉羊集约化、专业化生产，有效的提高肉羊的生产性能，获得更高的经济价值。因此，舍饲养羊是我国饲养肉羊的必然发展趋势。

第一，舍饲养羊使羊完全处于人为的环境保护之下。舍饲可以根据羊的品种、年龄、饲养方式以及各个品种羊的营养需要和当地的饲料资源，采用合理的饲养管理措施，进一步提高养羊生产水平，缩短出栏时间。

第二，发展舍饲养羊，实现规模化养殖，有利于羊的育种、杂交改良，育肥实现专业化，也有利于各个生产环节分工合作，结合现代先进的肉羊研究成果的应用，可以生产出优质、高档的羊肉，大幅度提高羊的生产效率和经济效益。

第三,发展舍饲养羊可以跟踪了解每只羊的情况,对羊进行登记、编号,可以全面的了解和掌握羊的健康状况及当地疫病的流行,严格按照生产无公害食品的要求,进行疫病防治,建立健全的防疫制度,减少因疾病造成的经济损失。

第四节 各类羊的饲养管理特点

一、种公羊的饲养

俗话说"母好好一窝,公好好一坡"。种公羊对改良羊群和提高品质有重要作用,在饲养管理上要求比较精细。种公羊的饲养要求,常年保持中上等膘情,健壮、活泼、精力充沛,性欲旺盛为原则。过肥过瘦都不利于配种。

种公羊所喂饲料要求富含蛋白质、维生素和无机盐,且易消化、适口性好。理想的粗饲料有苜蓿干草、三叶草干草和青莜麦干草等。好的精料有燕麦、大麦、玉米、高粱、豌豆、黑豆、豆饼。小米虽能改善性腺活动,提高精液品质,但不宜多喂,喂量过多易使羊肥胖,用量只能占精料量的50%以下。好的多汁饲料有胡萝卜、玉米青贮、甜菜等。

为保证和提高种公羊的种用价值,对种公羊分配种期和非配种期2个阶段,给予不同的饲养水平。对常年放牧的种公羊,除放牧外非配种期冬季一般每日补混合精料500克,干草2～3千克,胡萝卜0.5千克,食盐5～10克。春、夏季节以放牧为主,另补混合精料500克,每日喂3或4次,饮水1或2次。

(一)配种期的饲养

配种期包括:配种预备期(1～1.5个月)、配种期及配种复壮期(1～1.5个月)。配种预备期应按配种期喂量的60%～70%给予,从每天补给混合精料 0.3～0.5 千克开始,逐渐增加到配种期的饲养水平。同时进行采精训练和精液品质检查。开始时每周采精检查 1 次,以后增至每周 2 次,并根据种公羊的体况和精液品质来调节日粮或增加运动。对精液稀薄的种公羊,应增加日粮中蛋白质含量;当精子活力差时,应加强种公羊的放牧和运动。

　　种公羊在配种期内要消耗大量的养分和体力,因配种任务或采精次数不同,个体之间对营养的需要量相差很大。配种期除放牧外,每日另补混合精料 1.2～1.4 千克,苜蓿干草 2.0 千克,胡萝卜 0.5～1.5 千克,食盐 15～20 克。随着配种任务的增加还要另加鸡蛋 3～4 个,牛奶 0.5～1.0 千克。舍饲饲养的种公羊,在非配种期每日每只喂优质干草 2.0～2.5 千克,多汁饲料 1.0～1.5 千克,混合精料 0.8～1.2 千克。在配种期,每日每只给青绿饲料1.0～1.3 千克,混合精料 1.0～1.5 千克。采精次数多时,每日再补鸡蛋 2～3 个或牛奶 1～2 千克。在我国农区大部分地区,羊的繁殖季节有的可表现为春秋两季,有的可全年发情配种。因此,对种公羊全年均衡饲养尤为重要。除搞好放牧、运动外,每天应补饲0.5～1.0 千克混合精料和一定的优质干草。对舍饲饲养的种公羊每天应喂给混合精料 1.2～1.5 千克,青干草 1～2 千克,青贮料1.5 千克,并注意矿物质和维生素的补充。

　　种公羊的采精次数要根据羊的年龄、体况和种用价值来确定。对 1.5 岁左右的种公羊每天采精 1～2 次为宜;成年公羊每天可采精 3～4 次,有时可达 5～6 次,每次采精应有 1～2 小时左右的间隔时间。特殊情况下(种公羊少而发情母羊多),成年公羊可连续采精 2～3 次。采精较频繁时,也应保证种公羊每周有 1～2 天的休息时间,以免因过度消耗养分和体力而造成体况明显下降。

　　种公羊的日常管理应由专人负责,力争保持常年相对稳定。种公羊应单独组群放牧和补饲,避免公母混养。对配种期的公羊更应远离母羊舍,并单独饲养,以减少发情母羊和公羊之间的相互干扰。对当年的公羊与成年公羊也要分开饲养，以免互相爬跨，影响发育。种公羊舍宜宽敞明亮，保持清洁、干燥，定期消毒。对种公羊应定期检疫和预防接种及驱虫药浴，认真做好各种疾病的防治工作，确保种公羊有一个健康的体质。

（二）非配种期的饲养

种公羊在非配种期的饲养以恢复和保持其良好的种用体况为目的。配种结束后，种公羊的体况都有不同程度的下降。为使体况很快恢复，在配种刚结束的 1～2 个月内，种公羊的日粮应与配种期基本一致，但对日粮的组成可作适当调整，加大优质青干草或青绿多汁饲料的比例，并根据体况的恢复情况，逐渐转为饲喂非配种期日粮。我国大部分绵羊品种的繁殖季节很明显，大多集中在9～12 月份（秋季），非配种期较长。在冬季，种公羊的饲养要保持较高的营养水平，既有利于体况恢复，又能保证其安全越冬度春。做到精粗料合理搭配、补喂适量青绿多汁饲料（或青贮料）。对舍饲种公羊，每日每只喂给混合精料 0.5～0.6 千克，优质干草2.0～2.5 千克，多汁饲料 1.0～1.5 千克。种公羊在春、夏季有条件的地区应以放牧为主，每日补喂少量的混合精料和干草。

二、母羊的饲养

根据母羊所处的生理阶段，可分空怀期、妊娠期和哺乳期 3 个阶段。母羊的体况直接影响着母羊的发情、排卵及受孕情况，营养好、体况佳的母羊发情整齐，排卵数多，受胎率高。对每个阶段的母羊应根据其配种、妊娠、哺乳等不同的生产任务和生产阶段对营养的需要，给予合理饲养，使母羊能正常的发情配种和繁殖。

（1）空怀期的饲养管理　空怀期母羊，正处在青草季节，只要抓紧时间放牧，即可满足母羊的营养需要。但对个别体况欠佳，营养不良的羊只，应在配种前加强饲养管理，给予短期优饲。短期优饲就是在配种前 1～1.5 个月对母羊加强营养，提高饲养水平，短期内增加母羊配种前体重及体质,促进母羊发情整齐和多排卵,这是提高繁殖率的一种行之有效的技术措施。短期优饲的方法有两种:一是延长放牧时间,多放优良牧地和茬子地,少走路多吃草,同时喂盐和饮水,促进母羊增膘;二是除放牧外,适当补饲精料,增加母羊的营养水平,促使母羊快速复壮,以达到满膘配种。羊群膘情一致,有利于母羊集中发情、配种、产羔,有利于提高劳动生产率,降低生产成本。

(2)妊娠期的饲养管理　　妊娠前期(前3个月)因胎儿发育较慢,需要的营养物质与空怀期基本相同。对以放牧为主的母羊而言,夏秋季节一般的放牧即可满足,不补饲或补饲少量精料。在枯草季节,放牧不饱时,应补些精料或青干草。

妊娠后期(后2个月),胎儿生长迅速,其中80%～90%的初生体重是此时生长的,因此这一阶段需要营养水平较高。如果此期母羊营养不足,母羊体质差,会影响胎儿的生长发育。在妊娠后期,一般母羊要增加7～8千克,其物质代谢和能量代谢比空怀羊的母羊高30%～40%。为了满足妊娠后期母羊的生理需要,仅靠放牧是不够的,除放牧外,需补饲一定的混合精料和优质青干草。根据放牧采食情况,以下标准可酌情加减。每只羊日补混合精料0.45千克,青干草1.0～1.5千克,青贮1千克,胡萝卜0.5千克。

在母羊妊娠期间,前期要防止发生早期流产,后期要防止母羊由于意外伤害而发生早产。不要让羊吃霜草或霉烂饲料,不饮冰茬水,防止羊群受惊吓。在羊群出牧、归牧、饮水、补饲时都要慢而稳,严防跳崖、跳沟,最好在较平坦的牧场上放牧。要有足够数量的草架、料槽及水槽,羊舍要保持温暖、干燥、通风良好。母羊在预产期前1周左右,可放入待产圈内饲养,适当进行运动。

(3)产前、产后母羊的饲养管理　　产前、产后是母羊生产的关键时期,应给予优质干草舍饲;多喂些优质、易消化的多汁饲料;保持充足饮水。产前3～5天,对接羔棚舍、运动场、饲草架、饲槽、分娩栏要及时修理和清扫,并进行消毒。母羊进入产房后,圈舍要保持干燥,光线充足,能挡风御寒。母羊在产后1~7天应加强管理,一般应舍饲或在较近的优质草场上放牧。1周内,母子合群饲养,保证羔羊吃到充足初乳。产后母羊应注意保暖,防潮,预防感冒。产后1小时左右应给母羊饮温水,第1次饮水不宜过多,切忌让产后母羊喝冷水。

(4)哺乳期的饲养管理 哺乳期可分为哺乳前期和哺乳后期。哺乳前期即羔羊生后2个月,羔羊的营养主要依靠母乳。如果母羊营养好,奶水就充足,羔羊发育好、抗病力强、成活率高。如果母羊营养差,泌乳量必然减少,不仅影响到羔羊的生长发育,自身也会因消耗太大,体质很快消瘦下来。因此,必须加强哺乳前期母羊饲养管理,促进其泌乳。

对于大多数地区,哺乳前期正在枯草期或青草刚刚萌发,单靠放牧满足不了母羊的营养需要。应视母羊的体况,及所带单、双羔给予不同标准的补饲。产单羔的母羊日补混合精料0.3~0.5千克,青干草、苜蓿干草各0.5千克,多汁饲料1.5千克。产双羔的母羊日补混合精料0.4~0.6千克,苜蓿干草1千克,多汁饲料1.5千克。

到哺乳后期,即羔羊2月龄后,羔羊的胃肠功能已趋于完善,可以大量利用青草及粉碎精料,不再主要依靠母乳而生存,而此时母羊的泌乳能力也渐趋下降,即使增加补饲量也难以达到泌乳前期的泌乳量。此期的母羊,应以放牧吃青为主,逐渐取消补饲,对于枯草期的母羊,可适当补喂些青干草。补饲水平要视母羊体况而定。

膘情较好的母羊,在产羔1~3天内,不喂精料和多汁饲料,只喂些青干草,以防消化不良或发生乳房炎。在羔羊断奶的前1周,也要减少母羊的多汁饲料、青贮料和精料喂量,以防断奶时发生乳房炎。

三、羔羊的饲养

羔羊生长发育快、可塑性大，合理地对羔羊进行培育，既可促使其充分发挥其遗传性能，又能加强外界条件的同化和适应能力，有利于个体发育，提高生产力。

（一）初生羔羊的护理

初生羔羊因体质较弱，抵抗力差、易发病。所以，搞好羔羊的护理工作是提高羔羊成活率的关键。具体应注意以下几点：

（1）尽早吃好、吃饱初乳　母羊产后 3～5 天内分泌的乳，奶质黏稠、营养丰富，称为初乳。初乳容易被羔羊消化吸收，是其他食物或人工乳不能代替的食料。初乳含镁盐较多，镁离子有轻泻作用，能促进胎粪排出，防止便秘。另外，初乳还含较多的抗体和溶菌酶，含有一种叫 K 抗原凝集素的物质，几乎能抵抗各品系大肠杆菌的侵袭。初生羔羊在生后半小时以前应该保证吃到初乳。吃不到母亲初乳的羔羊，最好能吃上其他母羊的初乳，否则较难成活。初生羔羊，健壮者能自己吸吮乳，用不着人工辅助；弱羔或初产母羊、保姆性不强的母羊，需要人工辅助。即把母羊保定住，把羔羊推到乳房跟前，羔羊就会吸乳。辅助几次，它就会自己找母羊吃奶了。对于缺奶羔羊，最好为其找保姆羊。

（2）保持良好的生活环境　初生羔羊，生活力差，调节体温的能力尚低，对疾病的抵抗力弱，保持良好的环境有利于羔羊的生长发育。环境应保持清洁、干燥，空气新鲜又无贼风。羊舍最好垫一些干净的垫草，室温保持在 5℃以上。刚出生的羔羊，如果体质较弱，应安排在较温暖的羊舍或热炕上，温度不能超过体温，等到能够自己吃奶、精神好转，随之可逐渐降低室温直到羊舍的常温。

（3）加强对缺奶羔羊的人工哺乳　对多羔母羊或泌乳量少的母羊，其乳汁不能满足羊羔的需要，应适当补饲。一般宜用牛奶、人工奶或代乳粉，在补饲时应严格掌握温度、喂量、次数、时间及卫生消毒。

（4）搞好圈舍卫生　应严格执行消毒隔离制度。羔羊出生7～10天后，痢疾增多，主要原因是圈舍肮脏，潮湿拥挤，污染严重。这一时期要深入检查食欲、精神状态及粪便，做到有病及时治疗。对羊舍及周围环境要严格消毒，对病羔隔离，对死羔及其污染物及时处理掉，控制传染源。

（二）羔羊的培育措施

羔羊的培育是指羔羊断奶（3～4月龄）前的饲养管理。要提高羔羊的成活率，培育出体型良好的羔羊，必须掌握以下三个关键：

1.加强母羊饲养，促进泌乳量

俗话说"母壮儿肥"。只要母羊的营养状况较好，能保证胚胎的充分发育，所生羔羊的初生重大、体健，母羊的乳汁多，恋羔性强，羔羊以后的发育就好。对怀孕的母羊，要根据膘情、年龄、产期不同，对羊群作个别调整。放牧羊群，对那些体况差的母羊要放在草好、水足，有防暑、防寒设备的地方，放牧时间尽量延长，每天能保证吃草时间不少于8小时，以利增膘保膘。冬季饮水的温度不宜过低，尽量减少热量的消耗，增强抗寒能力。对个别瘦弱的母羊早晚要加草添料，或者留圈饲养，使群内母羊的膘情大体趋于一致。这种母羊群在产羔管理时比较容易，而且羔羊健壮、整齐。对舍饲的母羊要备足草料，夏季羊舍应有防暑降温及通风设施，冬季利于保暖。另外还应有适当的运动场所供母羊及羔羊活动。

2.做好羔羊的补饲

一般羔羊生后15天左右开始训练吃草、吃料。这时，羔羊瘤胃微生物区系尚未形成，不能大量利用粗饲料，所以强调补饲优质蛋白质和纤维少、干净脆嫩的干草。把草捆成把子，挂在羊圈的栏杆上，让羔羊玩食。精料要磨碎，必要时炒香并混合适量的食盐，提高羔羊食欲。为了避免母羊抢吃，应专为羔羊设补料栏。一般

15 日龄的羔羊每天约补混合料 50~75 克,1~2 月龄 100 克,2~3 月龄 200 克,3~4 月龄 250 克,一个哺乳期(4 个月)每只羔羊需补精料 10~15 千克。混合料以黑豆、黄豆、豆饼、玉米等为好,干草以苜蓿干草、青野干草、青莜麦干草、花生蔓、甘薯蔓、豆秸、树叶等为宜。多汁饲料切成丝状,再与精料混饲喂。羔羊补饲应该先喂精料,后喂粗料,要定时定量喂给,不能零吃碎叼,否则不易上膘。

3. 无奶羔的人工喂养及人工乳的配制

人工喂养就是用牛奶、羊奶、奶粉或其他流动液体食物喂养缺奶的羔羊。用牛奶、羊奶喂羊,首先尽量用新鲜奶。鲜奶味道及营养成分较好,病菌及杂质也较少。用奶粉喂羔羊应该先用少量冷或温开水,把奶粉溶开,然后再加热水,使总加水量达到奶粉量的 5~7 倍。羔羊越小,胃越小,奶粉兑水的量也应该越少。有条件的羊场应再加点植物油、鱼肝油、胡萝卜汁及多种维生素、多种微量元素、蛋白质等。其他流动液体食物是指豆浆、小米米汤,自制粮食,代乳粉或市售婴幼儿用米粉,这些食物在饲喂以前应加少量的食盐,有条件的滴加鱼肝油、胡萝卜汁和蛋黄等。

(1)人工喂养的关键技术 人工喂养的关键技术是要搞好"定人、定时、定温、定量和讲究卫生"几个环节,才能把羔羊喂活、喂强壮。不论哪个环节出差错,都可能导致羔羊生病,特别是胃肠道疾病。即使不发病,羔羊的生长发育也会受到不同程度的影响。所以从一定意义上讲,人工喂养是下策。

定人:就是从始至终固定一专人喂养。这样可以熟悉羔羊生活习性,掌握吃饱程度、喂奶温度、喂量以及在食欲上的变化、健康与否等。

定温:是指羔羊所食的人工乳要掌握好温度。一般冬季喂 1 月龄内的羔羊,应把奶凉到 35~41℃,夏季温度可略低。随着羔羊日龄的增长,喂奶的温度可以降低些。没有温度计时,可以把奶瓶贴在脸上或眼皮上,感到不烫也不凉时就可以喂羔了。温度过高,不仅伤害羔羊上皮组织,而且容易发生便秘;温度过低往往容易发生消化不良、拉稀或胀气等。

定量:是指每次喂量,掌握在"七成饱"的程度,切忌喂得过量。具体给量是按羔羊体重或体格大小来定,一般全天给奶量相当于初生重的 1/5 为宜。喂给粥或汤时,应根据浓稠度进行定量,全天喂量应略低于喂奶量标准,特别是最初喂粥的 2～3 天,先少给,待慢慢适应后再加量。羔羊健康、食欲良好时,每隔 7～8 天比前期喂量增加 1/4～1/3;如果消化不良,应减少喂量,加大饮水量,并采取一些治疗措施。

定时:是指羔羊的喂羊时间固定,尽可能不变动。初生羔羊每天应喂 6 次,每隔 3～5 小时喂 1 次,夜间睡眠可延长时间或减少次数。10 天以后每天喂 4～5 次,到羔羊吃草或吃料时,可减少到 3～4 次。

注意卫生条件:喂羔羊奶的人员,在喂奶以前应洗净双手。平时不要接触病羊,尽量减少或避免致病因素。出现病羔应及时隔离,由单人分管。羔羊的胃肠功能不健全,消化机能尚待完善,最容易"病从口入",所以羔羊所食的奶类、豆浆、面粥、水源、草料等都应注意卫生。例如奶类在喂前应加热到 62～64℃经 30 分钟或 80～85℃瞬间,可以杀死大部分病菌。粥类、米汤等在喂前必须煮沸。羔羊的奶瓶应保持清洁卫生,健康羔与病羔应分开用,喂完奶后随即用温水冲洗干净。如果有奶垢,可用温碱水或"洗净灵"等冲洗,或用瓶刷刷净,然后用净布或塑料布盖好。病羔的奶瓶在喂完后要用高锰酸钾、来苏儿、新洁尔灭等消毒,再用温水冲洗干净。

(2)人工乳的配制　对于条件好的羊场或养羊户,可自行配制人工合成奶类,喂给 7～45 日龄的羔羊。人工合成奶的成分为脱脂奶粉 60%,牛奶或脂肪干酪素、乳糖、玉米淀粉、面粉、磷酸钙、食盐和硫酸镁。

每千克饲料的营养成分如下:水分 4.5％,粗脂肪 24.0％,粗纤维 0.5％,灰分 8.0％,无氮浸出物 39.5％,粗蛋白质 23.5％;维生素 A 5 万国际单位,维生素 D 1 万国际单位,维生素 E 30 毫克,维生素 K 3 毫克,维生素 C 70 毫克,维生素 B_1 3.5 毫克,维生素 B_2 5 毫克,维生素 B_6 4 毫克,维生素 B_{12} 0.02 毫克,泛酸 60 毫克,烟酸 60 毫克,胆碱 1 200 毫克;镁 120 毫克,锌 20 毫克,钴 4 毫克,铜 24 毫克,铁 126 毫克,碘 4 毫克;蛋氨酸 1 100 毫克,赖氨酸 500 毫克,杆菌肽锌 80 毫克。

中国农业科学院饲料所研制的羔羊代乳粉,可直接食用。以温开水调服,含有羔羊所需要的各种微量元素、维生素和蛋白质、能量等,选用优质原料,含有免疫促生长因子,粗蛋白质 30％,粗脂肪 15％以上,粗纤维低于 2％,并富含多种氨基酸。经试验,饲喂羔羊代乳粉可提高羔羊成活率 50％、母羊繁殖率 80％,节省成本 20％。

4. 断奶

发育正常的羔羊,2～3 月龄即可断奶。断奶的方法,有一次性断奶和分批断奶 2 种。一次性断奶是当羔羊达到一定月龄或体况后将母仔断然分开,采用这种方法是把母羊移走,羔羊仍留在原圈饲养,尽量给羔羊保持原来的环境。断奶后,羔羊根据性别、强弱、体格大小等因素,加强饲养,力求不因断奶影响羔羊的生长发育。分批断奶是根据断奶羔羊生长发育和体质强弱的不同而分批分期断奶的方法。断奶后羔羊单独组群放牧、舍饲或肥育。

四、育成羊的饲养

羔羊在 3～4 月龄时断奶,到第 1 次交配繁殖的公母羊称育成羊。羔羊断奶后的最初几个月,生长速度很快,当营养条件良好时,日增重可达 150～200 克,每日需风干饲料 0.7～1.0 千克,以后随着月龄增加,则应根据日增重及其体重对饲料的需要适当增加。育成羊的饲养应根据生长速度的快慢,需要营养物质的多少,分别组成公、母育成羊群,结合饲养标准,给予不同营养水平的日粮。

在羊的一生中,其生后第1年生长强度最大,发育最快,因此如果羊在育成期饲养不良,就要影响一生的生产性能,甚至使性成熟推迟,不能按时配种,从而降低种用价值。

刚离乳整群后的育成羊,正处在早期发育阶段,产冬羔的,断乳后正值青草萌发,可以放牧青草,秋末体重可达35千克左右。产春羔的,断乳后,采食青草期很短,即进入枯草期。进入枯草期后,天气寒冷,仅靠放牧根本吃不饱,不能满足营养需要,处于饥饿或半饥饿状,过第1个冬天是一大难关。因此,在第1个越冬期,是育成羊饲养的关键时期。在入冬前一定要贮备足够的青干草、树叶、作物秸秆、藤蔓和打场的副产品,要把一切可饲用的都收集起来,包括成年羊在内,每只羊每天要有2～3千克粗饲料,还要适当给些精料,对粗饲料要贮存好,不能霉烂,一定要防火,同时还要搞些青贮、贮存些胡萝卜等作为青绿多汁饲料。越冬期的饲养原则上以舍饲为主,放牧为辅,放牧只能起到运动的作用,不仅吃不饱,还会将羊放瘦掉膘。寒冷地区要有暖圈,俗话说"圈暖三分膘",要防风、保温、保膘。

春季是由舍饲向青草期过渡的时期,主要抓住防止跑青这个环节。放牧要采取先阴后阳,扰群躲青,控制游走,增加采食时间,使羊群多吃少走。在饲草安排上,应尽量留些干草,以便在出牧前补给。

育成羊在配种前应安排在优质草场放牧,提高营养水平,使育成羊在配种前保持良好的体况,力争满膘迎接配种,以实现多排卵、多产羔、多成活的目的。

对舍饲养殖而言,为了培育好育成羊,应注意以下几点:

(1)合理的日粮搭配　育成羊阶段精料量,有优良豆科干草时,日粮中精料的粗蛋白质含量提高到 15%或 16%,混合精料中的能量水平占总日粮能量的 70%左右为宜。每天喂混合精料以 0.4 千克为好,同时还需要适当的粗饲料搭配多样化,青干草、青贮饲料、块根块茎等多汁饲料。另外还要注意矿物质如钙、磷、食盐和微量元素的补充。育成公羊由于生长发育比育成母羊快,所以营养物质需要量多于育成母羊。

(2)合理的饲喂方法和饲养方式　饲料类型对育成羊的体型和生长发育影响很大,优良的干草、充足的运动是培育育成羊的关键。给育成羊饲喂大量而优质的干草,不仅有利于促进消化器官的充分发育,而且培育的羊体格高大,乳房发育明显,产奶多。充足的阳光照射和得到充分的运动可使其体壮胸宽,心肺发达,食欲旺盛,采食多。有优质饲料,就可以少给或不给精料,精料过多而运动不足,容易肥胖,早熟早衰,利用年限短。

(3)适时配种　一般育成母羊在满 8～10 月龄,体重达到 40 千克或达到成年体重的 65%以上时配种。育成母羊不如成年母羊发情明显和规律,所以要加强发情鉴定,以免漏配。8 月龄前的公羊一般不要采精或配种,需在 12 月龄以后,体重达 60 千克以上时再参加配种。

五、奶山羊的饲养

(一)奶山羊的适宜饲养方式

我国奶山羊的饲养方式分为放牧、半放牧半舍饲和舍饲 3 种。放牧饲养是一种比较原始而粗放的饲养方式,多为地广人稀的天然草原地区和丘陵山区采用。放牧饲养的奶山羊,其生长、产奶受自然条件、季节和牧草盛衰的影响很大,管理简单粗放,生产水平低,不利于提高产奶量,且常会发生畜草矛盾,需要与草场改良,贮草越冬和补饲精料相结合,才能收到较好经济效益。舍饲圈养方式多为缺乏放牧地的农区采用的一种饲养方式。此法饲育的奶山羊,由于缺乏运动,往往影响食欲,体质较弱。如羊圈狭小,常因通风不良引起各种疾病。累代舍饲的奶山羊,多表现腿短、胸狭、体质纤弱、体格小、肌肉厚、使用年限短等现象。因此,对圈养的奶山羊,除按不同生理阶段补给一定数量的优质草料外,要尽量创造运动条件,采取系留放牧或进行定时的驱赶游走运动。

半放牧半舍饲是饲养高产奶山羊最理想的方式。早上补饲草料后出牧,到傍晚收牧后回羊舍再补饲。采用这种方式饲养的奶山羊,运动适当,营养全面,因此发育良好,一般体格较大,肌肉薄,腿高,胸宽,腰大,腹大,采食量大,体质结实,体型清秀,符合奶用动物要求健康、高产、稳产的条件。对泌乳母羊牧地不宜过远,一般不超过 2.5 千米,否则因体力消耗太大影响产奶。

(二)泌乳母羊的饲养

1. 繁殖、泌乳与饲养的关系

(1)繁殖与泌乳的关系 当育成母羊体重达到成年母羊体重 70%～75%时,或纯种萨能育成母羊体重达到 42～45 千克,杂种奶羊体重达到 32～35 千克时,即可以配种。母羊产羔后,有 10 个月产奶期,2 个月干奶期,年复一年,直到终生,这样安排,终生产奶最多。按胎次说,第 3 胎的泌乳量可达最高峰。

多数母羊在每年的 2 月份分娩,在 9 月份自然发情,产奶 7 个月即可再次交配。在妊娠的前 3 个月(9～11 月份),既泌乳又怀胎,但此时母羊泌乳机能渐衰,胎儿增重很慢,对泌乳所需的营养物质影响很小,因而不会影响泌乳量,泌乳和妊娠不会发生营养供应上的矛盾。

(2)泌乳曲线 泌乳曲线是奶山羊在泌乳期内产奶量升降情况的一种统计指标图形。即将奶山羊各月的产奶量连接成的分布曲线。它可以用来评定奶山羊个体在泌乳期产奶的平稳程度,作为科学饲养的依据。一般母羊产羔 20 天后,因催乳素作用强烈,加上干奶期的营养贮备,产奶量上升很快,到产后 40～70 天,达到最高峰。70 天以后,产奶量缓慢下降,180 天以后,特别是 210 天后,下降的幅度较快,至 300 天停止泌乳进入干奶期。

母羊在分娩后,在一个胎次内从开始泌乳到产奶进入高峰期,再下降进入干乳期停止泌乳,形成了一个抛物线形的泌乳曲线。高产奶山羊产奶量的泌乳曲线起点高,上升和下降的幅度都比较小,泌乳高峰期曲线较平,持续时间长,下降慢,而低产奶山羊的泌乳高峰出现得早,上升很快,但泌乳曲线峰值低,持续时间短,下降也快。

(3)乳脂率的变化 乳脂率的升降恰与泌乳曲线相反,是两头高中间低。分娩后初乳阶段,乳脂率最高,可达 8％～10％。随着产奶量的上升,乳脂率降低,产奶量最高时,乳脂率最低,随着产奶量的下降,乳脂率又逐渐上升。乳脂率的变化,没有泌乳量那么显著,只在泌乳的开始和结束时略见升高,中间长时期变化并不大。虽然乳脂率的变化规律与泌乳量正好相反,但每日乳脂肪的产量分布曲线是与产奶量相一致的,在泌乳高峰期产乳脂最多。

(4)体重的变化 在一个泌乳期中,母羊体重的变化规律是,产羔前体重最大,分娩后,胎儿、胎衣等排出,体重明显下降,初乳期略有恢复,以后随泌乳量的增加,体重仍继续下降,到泌乳高峰期,体重降至最低。直到泌乳期过半,即泌乳期第 6 个月开始,因为产奶量逐渐减少,体重开始有增加的趋势。泌乳 7 个月配种后,体重增加加快,干奶以后增重更快。干奶期母羊体重的增加应包括两方面:一是胎儿的生长发育;二是母羊自身膘度的增加。因此,必须加强干奶期饲养,这样一方面可以确保胎儿的健康发育;另一方面使母羊尽快恢复体力,使体内贮备足量的营养,以保证下一个泌乳期的生产。

(5)饲养原则 总的饲养原则是希望奶山羊能安全地大量采食,尽早满足泌乳需要,尽可能少消耗体内积贮,为高产稳产创造条件。在产后几日的初乳阶段,由于母羊体的积蓄营养较多,加上泌乳量少,所以喂量要少,以后随泌乳量的增加,喂量应逐渐加大,随泌乳量减少喂量也应相应减少。

产奶的饲料报酬与产奶量有关。泌乳量高时,饲料的利用率就高,每日产奶 3.5 千克者可给总可消化养分 1.5 千克;而泌乳量低时,饲料的利用率也低,每日产奶 1 千克者仍需给 0.91 千克的总可消化养分。为此我们在实际生产中应充分利用高饲料报酬时期。在产奶量上升阶段,增加喂量时要有意加大给量,即在加料至与产奶量基本相适应时,仍继续增加,使日粮比实际产奶量所需要的营养多,等到增料而奶量不再上升后,才将多余的饲料降下来。在产奶量下降时,降料要比加料慢些,逐渐至与产量相适应,即再减料,产量就会随之迅速下降。道理很明显,这时的饲料量不一定与饲养标准绝对一致。

2. 泌乳期的饲养

母羊产羔后,开始进入泌乳期,泌乳期可分泌乳初期、泌乳盛期和泌乳后期。不同的泌乳时期,母羊的生理状况和生产力也不同,对营养物质的需要亦有差别,必须按不同生理阶段的营养要求,合理饲养,使羊既能获得全价平衡日粮,又不致造成浪费。

(1)泌乳初期　母羊产后 15 天内为泌乳初期。母羊产后,体力消耗很大,体质较弱,腹部空虚且消化机能较差;生殖器官尚未复原,乳腺及血液循环系统机能不很正常,多胎羊因怀孕期心脏负担过重,腹下和乳房基部水肿尚未消失,此时应以恢复母羊体力为主。具体的饲喂原则是以优质嫩干草为主,视母羊体况肥瘦、乳房膨胀程度、食欲表现、粪便形状和气味,灵活掌握精料和多汁饲料的喂量。一般产后 4～7 天,每日可喂麸皮 0.1～0.2 千克,青贮饲料 0.3 千克;产后 7～10 天,每日可喂混合精料 0.2～0.3 千克,青贮饲料 0.5 千克;10～15 天每日可喂混合精料 0.3～0.5 千克,青贮饲料 0.7 千克;产羔 15 天后,逐渐恢复到正常的饲养标准。在泌乳初期的饲养过程中要注意:首先保证充足的优质青干草任其自由采食,但精料和多汁饲料的喂量要由少到多,缓慢增加,不能操之过急,否则会影响母羊体质恢复和生殖器官的恢复,还容易发生消化不良等胃肠疾病,轻者影响本胎次产奶量,重则伤害终生的生产性能。对于膘情好、乳房膨胀过大、消化不良者,应以饲喂优质青干草为主,不喂青绿多汁饲料,控制饮水,少给精料,以免加重消化障碍和乳房膨胀,延缓水肿的吸收;对体况较瘦、消化力弱、食欲不振和乳房膨胀不显著者,可适量补喂些含淀粉量高的薯类饲料,多进行舍外运动,以增强体力。

(2)泌乳盛期　产后 15～180 天为泌乳盛期。高产奶山羊在产后 60～70 天达到泌乳高峰,一般奶山羊在产后 30～45 天达到泌乳高峰,然后保持一段较稳定的高产期,到产后 180 天后产奶量开始明显下降。泌乳盛期是产奶最多时期,体内贮积的各种养分不断付出,体重也不断减轻。在这时期奶山羊食欲旺盛,饲料利用率高,应尽量利用优越的饲料条件,配给最好日粮,促进其多产奶。每天除喂给相当体重 2%～4% 的优质干草外,尽量多喂些青贮、青草、块根块茎类多汁饲料,不够的营养物质用混合精料补充。为刺激泌乳机能充分发挥,可采用超标准多喂一些饲料,如果超喂的饲料提高了产奶量,应继续喂下去,调整原有日粮标准,若不能提高奶量,应去掉多余的部分。

在泌乳盛期,高产奶山羊每日所食饲料达 10 千克以上,要使它安全地吃尽这样大量的饲料,必须注意日粮的体积和适口性,日粮的体积要小,适口性要好,营养高,种类多,易消化。并从各方面提高奶山羊的消化力,如进行适当的运动,增加采食次数,改善饲喂方法,定时定量,少给勤添,清洁卫生。在奶量稳定期,应尽量避免饲料、饲养方法以及工作日程的变动,尽一切可能使泌乳高峰较稳定地保持较长时期,因为泌乳高峰的产奶量一旦下降,是很难再上去的。

(3)泌乳后期　从泌乳期 180 天后,便进入泌乳后期。由于气候逐渐变冷和饲草条件变差,加上发情、妊娠的影响,产奶量显著下降,此时要维持羊的营养状况,逐渐减少精料喂量,但不能减得过快,要随着产奶量的下降逐渐减少。如精料减之过急,常可使产奶量急剧下降,影响胎次总产量。反之,若此时日粮长期的超过泌乳所需的营养,则母羊很快变肥,从而也可使产奶量下降。总之,此阶段要使母羊的体重增加得既不太快,又要使产奶量下降比较缓慢为好。每天除逐渐减少精料外,应尽量供应优质青干草和青绿多汁饲料,来延长泌乳期,提高本胎次产奶量,既有利于胎儿的健康发育,还能为下一胎次的泌乳蓄积体力。

3. 干奶期母羊的饲养

母羊经过 10 个月的泌乳和 3 个月的怀孕,营养消耗很大,为使它有个恢复和弥补的机会,让它停止产奶,就叫干奶。从停止产奶到下胎产羔以前这段时间叫干奶期。干奶的目的是使羊体力体质得到恢复,乳腺得到休息,从而保证胎儿的正常发育,并为下一个泌乳期贮存足够的营养物质,为提高产奶量打下基础。要达到以上目的,妊娠母羊必须在产羔前 2 个月干奶,而且要求妊娠后期的体重比泌乳盛期高 20% 以上,否则不仅影响羔羊生长发育,而且会因母羊体质瘦弱,影响下一胎的产奶量。

干奶的方法分自然干奶法和人工干奶法。产奶量低、营养差的母羊,在泌乳 7 个月左右配种,怀孕 1～2 个月以后奶量迅速下降而自动停止产奶,即自然干奶。产奶量高,营养条件好的母羊,要采取一些措施,让它停止产奶,即人工干奶法。人工干奶法又分为逐渐干奶法和快速干奶法 2 种。逐渐干奶法是通过改变生活习惯,如改变挤奶次数(甚至对难停奶的羊隔日挤 1 次)、饲喂次数,改变日粮(如减少多汁饲料,适当降低精料,多用干草等),加强运动,以抑制乳分泌活动,使羊在 7～14 天内逐渐干奶。快速干奶法在生产中较多采用。这种方法不需预先停料,不致影响母羊和胎儿的健康发育,但要求工作人员胆大心细,责任感强。具体做法是:只要到达干奶之日,即认真按摩乳房,将奶挤净,将乳房乳头擦干净后即停止挤奶,同时保持垫草清洁。采用这种方法,最好挤奶完后用盛 5％碘酒的小杯子浸一浸乳头,预防感染,再用盛有火棉胶的小杯子先浸每个乳头 1 次,然后再将每个乳头轮流浸 2 或 3 次,用火棉胶将乳嘴封闭,减少感染机会,也可在封闭乳嘴前先注入青霉素眼膏,作为预防乳房炎的措施。经 3～5 天后,乳房内积奶即逐渐被吸收,约 10 天乳房收缩松软,处于休止状态,干奶工作即安全结束。

　　干奶期的饲养可分干奶前期和干奶后期 2 个阶段,干奶前期自干奶之日起至泌乳活动完全休止乳房恢复松软正常为止,一般需 1～2 周。在此期间的饲养原则是:在满足干奶羊营养的前提下,使其尽早停止泌乳活动,最好以青粗料为主,不用多汁饲料,少用精料。如果母羊膘情欠佳,仍可用产奶羊料。精料喂量视青粗料的质量和母羊膘情而定,对膘情良好的母羊,一般仅充分喂给优质干草即可。总之,要充分满足母羊的营养需要,同时注意卫生管理,加强运动,洗刷羊体时防止触摸乳房,经常保持垫草清洁,密切注意乳房变化。干奶前期结束后至分娩前为干奶后期。这段时间要求母羊特别是膘情稍差的母羊有适当增重,至临产前体况丰满度在中上水平,健壮又不过肥。饲料应以优质青干草为主,同时饲料中应富含蛋白质、维生素和矿物质。进行日粮配合时,优质青干草如苜蓿、野青干草、甘薯蔓、花生秧等应占 2/3,青贮或多汁饲料如甘薯、胡萝卜、甜菜、南瓜、马铃薯等占 1/3,精料只作补充,每只羊每天给混合精料 0.2～0.3 千克。此期应注意不能喂发霉、冰冻、腐败、体积过大、不易消化及容易发酵的饲料,也不能饮用冰冻的凉水,并要严防惊吓,避免远牧。

　　4.奶山羊羔的饲养

　　羔羊出生后 5～7 天为初乳哺育期,最好让羔羊随母羊自然哺乳。初乳是新生羔羊不可缺少的理想天然食物,不仅营养丰富,容易消化吸收,且具有免疫抗病能力,因而应让羔羊尽量早吃、多吃初乳,吃得越早,吃得越多,增重越快,体质越强,发病少,成活率高。初乳期过后,羔羊即应与母羊分开,改为人工哺乳,使母羊减少带羔的干扰,进行定时挤奶。羔羊离开母羊初行人工哺乳往往不会吸吮,因此事先必须进行训练。一般有瓶喂法和盆饮法2种。瓶喂法可用橡皮乳头喂饮,如用盆饮法,最初可用两手固定其头部,使其在盆中舔奶,以诱导吸食,要注意勿使鼻孔浸入奶盆中,以免误吸入鼻腔影响呼吸。如果小羊不饮奶,可把洗净的右手食指浸入奶中,诱使它从手指上吮奶。训练羔羊吮奶,必须耐心,不可强行硬喂,否则容易将奶呛入气管造成疾病或引起死亡。一般羔羊经1～2天的训练,便可习惯人工哺乳。

人工哺乳要掌握的技术要点,要求定时、定量、定温、定质。即人工哺乳必须严格遵守规定的哺乳时间、次数、喂量,喂羔羊的奶必须新鲜,温度应与母羊体温相近或稍高(38～42℃)。此外,所有接触乳汁的用具要清洁、消毒,保持卫生。

羔羊的饲养方案可按表5-1进行,并灵活掌握。通常一昼夜的最高哺乳量,母羔不超过体重的20%,公羔不超过体重的25%。在体重达到8千克以前,哺乳量随体重的增加而增加。体重在8～13千克阶段,哺乳量不变。在此期间应尽量训练其采食草料,且要注意草要柔嫩,料要炒香。体重达13千克以后,哺乳量渐减,草料渐增,体重达18～24千克时,可以断奶。整个哺乳期平均日增重,母羔不应低于150克,公羔不应低于180克。如日增重太高,平均250克以上,喂得过肥,会影响到奶山羊应有的体况,对产奶不利。在哺乳期间,如有优质豆科牧草和比较好的精料,只要能完成增重指标,可减少哺乳量,缩短哺乳期。如以脱脂奶代替全奶,最早需自生后2月起,日粮中应有优质精料,并经常有充足的优质豆科干草,不致影响增重计划,羔羊哺乳期应充足饮水,在活动场所要放置水盆,供羔羊随时饮用。

表 5-1　羔羊哺乳方案

日龄	昼夜增重/克	期末重/千克	哺乳次数	全乳			混合精料		青干草		草(或青贮、块根)	
				一次克数	昼夜克数	全期千克数	昼夜克数	全期千克数	昼夜克数	全期千克数	昼夜克数	全期千克数
1~5	产重	4.0	自由哺乳									
6~10	150	4.75	4	220	880	4.4						
11~20	150	6.25	4	250	1 000	10.0			60	0.6		
21~30	155	7.8	4	300	1 200	12.0	30	0.3	80	0.8	50	0.5
31~40	155	9.4	4	350	1 400	14.0	60	0.6	100	1.0	80	0.8
41~50	160	11.0	4	350	1 400	14.0	90	0.9	120	1.2	100	1.0
51~60	160	12.6	3	300	900	9.0	120	1.2	150	1.5	150	1.5
61~70	155	14.1	3	300	900	9.0	150	1.5	200	2.0	200	2.0
71~80	150	15.6	2	250	500	5.0	180	1.8	240	2.4	250	2.5
81~90	140	17.0	1	200	200	2.0	220	2.2	240	2.4	300	3.0
合计(平均)		17.0				79.4		8.5		11.9		11.3

5. 育成奶山羊的饲养

断奶之后的育成羊,各种组织器官都处在旺盛的生长发育阶段。体重、躯干的宽度、深度与长度都在迅速增长。如果此时营养跟不上去,便会影响生长发育,形成体小、四肢高、胸窄、躯干细的体型,严重影响体质、采食量和将来的泌乳能力。加强饲养,可以增大体格,促进器官发育,对将来提高产奶量至关重要。因此为了培育高产奶山羊,必须重视育成羊的饲养。增重是育成羊发育程度的标志。原西北农业大学培育育成羊增重指标见表5-2。

表 5-2 育成奶山羊增重指标

项目	5～8 月龄	9～12 月龄	13～16 月龄	17～20 月龄
平均日增重/克	100	80	60	50
期末增重/千克	32	41.6	48.8	54.8

育成羊应以优质青粗饲料为主要日粮,并随时注意调整精料喂量和蛋白质水平,不喂给过多富含淀粉的精料,严忌体态臃肿、肌肉肥厚、体格粗短。喂给充足优质的青干草,再加上充分的运动,是育成羊饲养的关键。充足而优质的青干草,有利于消化器官发育,培育成的羊骨架大,肌肉薄,腹大而深,采食量大,消化力强,泌乳量高。充足的运动可使羊胸部宽广,心肺发达,体质健壮。半放牧半舍饲是育成羊最理想的饲养方式。断奶后至8月龄,每日在吃足优质干草基础上,补饲混合精料250～300克,其中可消化粗蛋白质的含量不应低于15%。以后如青粗饲料质量好,可以少给精料,甚至不给精料。

为了掌握育成羊阶段培育的特点,除对高产的羊群做好个别照顾外,必须做到大小分群和各种不同情况的分群饲养,以利定向饲养,促进生长发育。

6. 挤奶

挤奶是奶山羊生产中一项重要的工作内容。挤奶技术的好坏,对产奶量和乳品质影响很大。挤奶方法有机器挤奶和人工挤奶2种。欧美发达国家已普遍采用机器挤奶,我国奶山羊生产规模小,一般采用人工挤奶。

奶山羊每天挤奶次数应视产奶量而定:一般每日2次,即早、晚各1次。如日产奶量5～8千克者,应日挤3次,产奶8千克以上者,应日挤4次,每次挤奶间隔时间应大致相等。

奶山羊饲养较多的场、户,应设有专门的挤奶室和挤奶架。挤奶室设在羊舍一端,清洁卫生,光线充足,空气新鲜,无尘土,并应铺设水泥地面,便于清扫冲洗粪尿和污物。饲养奶山羊不多的户,一般不需专用挤奶室和挤奶架,但在大风天气不宜在室外挤奶,应在清洁卫生的室内挤奶,以防奶品污染。挤奶前应剪掉乳房周围的长毛,并用40～50℃的温水浸泡毛巾,擦洗乳房,擦干后用双手托住乳房,对乳房进行充分按摩,按摩时要柔和轻快,先左右后上下,在挤奶过程中,要求在挤奶的前、中、后期,进行按摩3或4次,每次0.5分钟,这样可迅速引起排乳反射,便于乳汁排出和提高产奶量。经过按摩的乳房,乳头膨胀后,要立即挤奶,最初挤出的几滴奶不要,然后以轻快的动作,均匀的速度,迅速将奶挤干。乳房中不留残乳,以免影响产奶量或形成乳房炎。

常用的人工挤奶法有压榨法(又名拳握法)和滑榨法(又名指挤法)。压榨法较为科学,符合奶山羊的生理和乳房发育特点,所以较为常用。压榨法适用于奶头适中或稍长的奶羊,先用拇指和食指握紧乳头基部,防止回流,手的位置不动,然后依次用中指、无名指和小指向手心压缩,把奶挤出。挤奶时用力要均匀,动作敏捷轻巧,两手的握力、速度要一致,方向要对称,以免造成乳房畸形。同时挤奶时两手不要同时挤压或放松,要一个放松一个挤压,交替进行。对于一些奶头过小的奶羊,可采用滑榨法挤奶,用拇指和食指捏住乳头基部,由上向下滑动,将奶挤出。对于初产乳头较小的母羊,采用滑榨法待奶头拉长后,应改为压榨法挤奶。无论采用哪种方法挤奶，挤奶的最后，应再次按摩乳房，以便将乳汁挤净。此外，挤奶时要求挤奶室安静洁净。挤奶员的指甲应经常修剪，避免损伤乳房。同时要经常保持手、衣物、用具的清洁卫生。另外挤奶员对羊的态度必须温和。挤奶必须定时，按照一定的方法和顺序挤奶。挤奶时切忌嘈杂，不可惊扰奶羊。

六、绒山羊的饲养

绒山羊的产绒量、绒毛品质、繁殖率、羔羊成活率等生产性能，都与饲养管理水平密不可分。因而掌握科学的饲养管理方法，是提高绒山羊生产性能的关键。

（一）饲养方式

放牧是绒山羊的基本饲养方式。绒山羊的放牧采食能力很强，四肢轻快，强健善走，能很好地利用低矮草地、陡坡、山峦和各种复杂牧地。天然牧草、灌木枝叶等是绒山羊的主要饲料。在我国绒山羊产区，绒山羊终年放牧，仅在大雪封地或母羊产羔前后补饲草料。放牧时应单独组群，羊群大小应根据草场大小而定，一般农区 50～60 只，半农半牧区 80～100 只，牧区 150～200 只，山区 60～70 只。牧地狭小时还可以采用牵牧或拴牧的方法，在农区、半农区可充分利用茬子地、隙地、渠道旁实行季节性放牧。

农区饲养绒山羊一般数量较少，每户几只或十几只，除季节性放牧外，多以舍饲为主，在专门的棚圈里饲喂。圈内设有饲槽和水盆，每只喂草料 3 或 4 次，饮水 1 或 2 次。舍饲羊在青草期，每日每只绒山羊喂 3～5 千克青草和鲜树叶，冬春枯草期，每日每只羊可喂青干草 1.0～1.5 千克。种公羊及怀孕、哺乳母羊需补部分精料和多汁饲料。精料补饲量 250～500 克，多汁饲料 1 千克左右。

（二）山羊绒生长的季节性

山羊绒的生长不同于羊毛，羊毛的生长是全年连续生长的，没有脱落现象，而山羊绒的生长是有季节性的，到春季天气变暖时会出现脱绒现象。山羊绒的生长是由夏至后日照由长变短开始,以后随着日照逐渐变短,山羊绒生长加快。冬至后日照由短变长,山羊绒生长变慢并逐渐停止生长。在一年中羊绒开始于秋分日照由长变短时期,而结束于春分光照由短变长时期,因而山羊绒生长的季节正好与繁殖季节一致。

　　在相同的气候条件下,不同的绒山羊品种绒毛开始生长的时间是有差异的,据研究报道,在宁夏地区,辽宁绒山羊6月份绒毛开始萌发,7月份生长,最大生长期在9月份;内蒙古绒山羊8月份绒毛开始生长;而本地山羊9月份绒毛才开始生长。虽然不同品种绒纤维开始生长的时期不同,但结束时间基本相同,即都在翌年2月份。这样不同的绒山羊品种的绒毛生长期长短不同,而生长期长的品种其产绒量就相对较高,生长期短的品种产绒量相对较低。绒纤维生长期长短除受品种因素影响外,温度和湿度对其也有明显作用。研究表明绒山羊喜欢干燥凉爽的环境,不能忍受高温、潮湿的气候条件,夏季的持续高温、多雨潮湿会使绒毛开始生长时间推迟,绒纤维生长期缩短,因而造成产绒量下降,为此夏季绒山羊应选择在干燥凉爽的山坡地放牧,避免在低洼闷热处放牧,中午气温高时要把羊赶到阴凉地采食或休息,尽快给绒山羊提供一个凉爽干燥的环境,以利于绒毛的萌发、生长。

(三)绒山羊的营养需要特点

　　绒山羊的绒纤维生长对营养水平的要求并不高,只要在维持饲养的水平以上,即可满足产绒的需求。Restall报道了不同营养水平日粮对产绒的影响。在210天的试验期内,低水平日粮组使绒山羊体重平均下降6.1千克,维持饲养日粮组绒山羊体重持平,高水平日粮组使体重平均增加6.9千克,维持日粮和高水平日粮组绒山羊总毛重、粗毛、绒毛重和绒毛长度均显著高于低水平日粮组,但维持日粮组和高水平日粮组在总毛重、粗毛、绒毛重和绒毛长度等方面无显著差异,说明绒山羊营养达到维持需要即可满足产绒要求,而多余的营养仅会增加体重,对产绒量无影响。在实际绒山羊生产中,绒的生长往往伴随配种、妊娠、哺乳等生理任务,而不是单纯的维持饲养,因而要使绒山羊保持较高的产绒量并合理利用饲料,绒山羊的饲养水平应比其所处生理时期的饲养标准略高。

(四)绒山羊的补饲

绒山羊主要依靠放牧,但当冬、春季节牧草枯黄时,牧草中营养价值降低,羊放牧采食量不足,牧草营养供给减少。而冬、春气温低,羊体能量消耗大,母羊又处于妊娠后期和泌乳前期,育成羊也处在快速生长期,此时单靠放牧往往不能满足羊的营养需要,必须适当补饲。科学的补饲对羊群的安全越冬,提高羔羊成活率,增加绒山羊生产的经济效益至关重要。

(1)补饲时间 补饲何时开始和时间长短,应根据当地气候特点,草场情况,羊体况和草料储备情况而定。一般寒冷地区、草场质量差的地区,补饲应早于温暖地区和草场质量好的地区,而草料储备充足的羊场,补饲开始也早。对大部分绒山羊饲养区到每年的 11 月份便进入枯草期,此时应考虑给予补饲。补饲一旦开始就应连续进行,直至翌年吃青为止,一般为 6~7 个月。

(2)补饲方法 对补饲量少的羊群,多在放牧回来一次进行。当补饲量多时,应分 2 次在早上出牧前和晚上归牧后进行。补饲的精料常和切碎的块根均匀地拌在一起,把喂的食盐和也同时加进去,预先撒在食槽内,再放羊进来。青贮的补饲应安排在吃完精料之后,干草最后补饲,让羊慢慢采食。

(3)补饲的数量 补饲的数量应根据草料储备量、羊群营养状况及其生理状况来确定。对种公羊和核心群母羊的补饲量应多些。草料分配上要保证优羊优饲,特别对高产羊、妊娠后期和泌乳前期母羊,应将补饲数量和质量提高,多给好草好料,并适当加大精料比例。

　　种公羊的补饲,在冬、春枯草期非配种季节,除每天坚持放牧6～8 小时外,还应补混合精料 0.35～0.45 千克,青贮 1.0～1.5 千克,优质青干草 0.8～1.0 千克,胡萝卜 0.3～0.5 千克;在晚春及夏季的非配种季节,除每天放牧 8～10 小时外,需日补混合精料 0.25～0.30 千克;在秋季配种期,除放牧外,需日补混合精料 0.7～0.8 千克,牛奶 0.5 千克,鸡蛋 2～3 个,食盐 15 克,胡萝卜、南瓜等多汁饲料 0.5～1.0 千克。

　　母羊的补饲应着重放在妊娠后期和哺乳前期。妊娠后期的母羊除每天放牧 6～7 小时外,需日补混合精料 0.3～0.4 千克,优质青干草、树叶等 2 千克,青贮饲料 1.0～1.5 千克,胡萝卜等多汁饲料 0.5 千克。对哺乳前期母羊应视所带羔羊确定补饲标准,产单羔母羊每天补混合精料 0.25～0.35 千克,青贮 1.5～2.0 千克,豆科牧草 0.5～1.0 千克,野干草 1.0～1.5 千克,胡萝卜 0.3～0.35千克;产双羔母羊混合精料增加 0.4～0.6 千克,胡萝卜 0.4～0.5千克。

　　育成羊的补饲一般从 12 月份至翌年 4 月份,除放牧外需日补混合精料 0.2～0.3 千克,青干草 1.0～1.5 千克。

　　表 5-3 介绍了绒山羊全年的补饲参考量。

表 5-3　每只绒山羊每年的补饲量　　　　　　千克

类型	补饲天数	补饲量		
		干草	多汁饲料	混合精料
种公羊	365	300	75	150
成年母羊	180	150	100	30
育成公羊	150	150	50	30
育成母羊	150	120	40	25
哺乳羔羊	100	50	—	20

七、毛用羊的饲养

(一)毛用羊对日粮水平的要求

毛用羊产毛的营养要求,与维持、生长、肥育和繁殖等的营养要求相比,所占比例不大,并远低于产奶的营养需要。产毛的能量需要约为维持需要的10%,一只体重50千克的绵羊,每天用于产毛的能量只有418千焦。而日粮中粗蛋白质含量不低于5.8%时,就能满足产毛的最低需要。一只年产4千克毛的细毛羊,全年仅需30千克左右的可消化粗蛋白质即能满足需要。

由于羊毛是一种富含硫氨基酸的角化蛋白质,其含硫氨基酸胱氨酸可占角蛋白质总量的9%～14%,其中含有3%～5%的硫元素,因此毛用羊对硫元素的需要大于其他用途羊。羊瘤胃微生物可利用饲料中的无机硫合成含硫氨基酸,以满足羊毛生长的需要,在羊日粮干物质中,氮、硫比例以保持(5～10)∶1为宜。在每天喂尿素的同时,可日补硫酸钠10克,能明显提高羊毛产量,改善羊毛品质。

铜与羊的产毛关系密切。缺铜的羊除表现贫血、瘦弱和生长发育受阻外,羊毛弯曲变浅、被毛粗乱,直接影响羊毛的产量和品质。但应注意羊对铜的耐受力非常有限,每千克饲料干物质中,铜的含量5～10毫克时能满足羊的各种需要,超过20毫克,有可能造成铜中毒。因此,在缺铜的地区补饲时应缺多少补多少,严禁超标造成中毒。

维生素A对羊的皮肤健康和羊毛生长十分重要。在青草期一般不易缺乏,而冬春枯草期往往饲草中维生素A被破坏,不能满足羊的需求,对以高粗料日粮或舍饲饲养为主的羊,应供给一定的青绿多汁饲料或青贮料,以满足羊对维生素A的需要。

(二)营养水平对羊毛的生长及其品质的影响

羊毛发生于羔羊胚胎时期的皮肤上,毛囊原始体发生在胚胎

50～55 日龄,胎儿 65～85 天形成初级毛囊,胎儿 80 天左右出现次级毛囊,并在此后约 100 天之内或至羔羊生后 1 个月内,出现较快。如果此时营养不良,则新毛囊发生速度转慢,达不到其遗传上所能达到的毛囊总数。

关于母羊妊娠后期营养水平对毛囊数的影响,有人用前苏联美利奴羊母羊试验,结果高水平日粮组比低水平日粮组初生羔羊每平方毫米皮肤面积上的毛囊原始体多 18.2%(49 个),长出的毛纤维多 19.6%(20 根)。另据对泊列考斯细毛羊和卡拉库尔粗毛羊不同月龄毛囊总数和毛纤维数的研究表明,羔羊出生以后只能由胎儿期发生的毛囊原始体形成毛纤维,细毛羊初生时形成的毛纤维只占胎儿期形成的毛囊原始体总数的 1/4～1/3,粗毛羊约占 1/2,羔羊生后的第 1 个月是毛纤维发育的最快时期,如果这个时期羔羊营养丰富,细毛羔羊毛纤维的发育通常要推迟到生后 5 月龄或更长一些时间,而粗毛羔羊则在 4～5 月龄。相反如果营养水平差,就会抑制未发育的毛囊原始体长出毛纤维。因此改善母羊妊娠后期的饲养、哺乳期的饲养以及加强羔羊出生后期的培育是提高毛用羊产毛性能的重要技术措施。表 5-4 可以说明母羊妊娠期及羔羊出生至断奶时期营养水平对羔羊成年后的生产性能影响。

表 5-4　妊娠母羊及产后羔羊的营养水平对成年后生产性能的影响

妊娠母羊营养水平	羔羊生后到离乳时营养水平	羊生长到三岁半时的生产性能（均为高营养水平饲养羔）	
		体重/千克	剪毛量/千克
高	高	60.9	7.4
高	低	54.5	6.2
低	高	54.1	7.1
低	低	49.5	6.0

　　羊毛纤维在全年四季的生长趋势,在饲养条件相对稳定时基本上是均衡的(季节性脱毛的原始粗毛羊品种除外)。但实际上由于季节的变化,牧草供应及其营养物质含量的不同,饲养条件完全均衡是不可能的,这样就造成在营养好时羊毛生长速度快、毛粗。而在营养差时生长速度变慢,毛也变细,羊毛粗细不匀,品质下降。据黑龙江省银浪种羊场和辽宁省小东种羊场测定东北细毛羊羊毛生长速度的资料(表5-5),种公羊全年饲养供应比较均衡,各月羊毛生长速度均在 0.5～0.8 厘米,平均月生长速度 0.6 厘米,特别是在 1～2 月份。如能加强饲养,也可获得较高的羊毛生长速度。种公羊在 8～9 月份羊毛生长速度较慢,与配种季节营养消耗较大有关。成年母羊平均每月羊毛生长速度为 0.52 厘米,生长最慢的时期为 1～2 月份,分别为 0.39 厘米和 0.34 厘米,与产羔和哺乳营养消耗有关。母羊羊毛生长最快的时期为 8～9 月份,恰为母羊营养最好的放牧季节。在毛用羊的饲养中,要想提高其产毛力和毛品质,应尽量做到全年饲料供应的营养丰富而均衡。对种公羊应加强配种期的饲养管理。对母羊应提高妊娠期和哺乳期的营养水平,这样一方面可以加速毛囊的发生和毛纤维形成,增加羊毛密度;另一方面可以提高羊毛的生长速度,改善羊毛品质。

八、小尾寒羊的饲养

　　小尾寒羊为多胎性的常年繁殖绵羊品种,生产任务十分繁重,必须做好常年的饲养,才能使小尾寒羊成熟早、生长发育快、多胎多产、产肉性能好等优秀品质得到充分表现。

(一)饲草种类及来源

　　小尾寒羊产区多没有牧地和草原,因此小尾寒羊饲草来源主要为农副产品的秸秆,如玉米秸、豆秸、花生秧、地瓜蔓等;河边渠旁以及田间路旁闲散土地的野草和树叶,如拉秧草、水稗草、猫尾草、节节草和一些洋槐叶、柳树叶、杨树叶、果树叶等。小尾寒羊对饲草要求不高,不挑不拣,群众对小尾寒羊的饲养总结说"羊吃百

表 5-5　东北细毛羊成年羊羊毛不同月份生长速度比较

厘米

羊别	场别	项目	6	7	8	9	10	11	12	1	2	3	4	5	平均月增
种公羊	银浪种羊场	累积		1.62	2.24	2.76	3.42	4.06	4.68	5.48	6.13	6.65	7.17	7.75	
		月生长			0.62	0.52	0.66	0.64	0.62	0.80	0.65	0.52	0.52	0.58	0.61
	小东种羊场	累积	2.08	2.80	3.18	3.82	4.51	4.98	5.73	6.45	7.17	7.99	8.76		
		月生长		0.72	0.38	0.64	0.69	0.47	0.75	0.72	0.72	0.82	0.77		0.668
成年母羊	银浪种羊场	累积		1.66	2.35	2.93	3.42	4.00	4.58	4.97	5.31	5.85	6.36	6.90	
		月生长			0.69	0.58	0.42	0.58	0.58	0.39	0.34	0.54	0.51	0.54	0.52
	小东种羊场	累积	1.79	2.42	3.03	3.48	3.92	4.16	4.79	5.25	5.65	6.49	6.98		
		月生长		0.63	0.61	0.45	0.44	0.24	0.63	0.46	0.40	0.84	0.49		0.519

样草,到处可以找,不用铡,不用洗涝,放在地上,就饱就上膘"。

(二)小尾寒羊的饲养方式

小尾寒羊产区为农区,放牧地较少,又多穿插于农田间或地边,为不让羊危害庄稼,一般都采用小群分散饲养,拴养或舍饲的方式饲养。小群饲养常常 30～50 只为一群,训练一只头羊,使羊群训练有素,可以放牧于田边、地角或零星空地,羊只也不会偷食庄稼。地宽的地方可以放成"一条鞭"或"满天星",地窄的地方让羊群走成"一条线"。放牧时,牧工一定要"押住头",每放牧 10～20 米距离,打羊回头,让羊吃回头草。俗语说:"羊吃回头草,天天吃个饱,羊吃跑马草,累死才拉倒"。在出牧、归牧时,牧工也要押住头羊,才能使羊群按照人意愿的方向行进。在小尾寒羊的放牧中还需注意,小尾寒羊较其他地方品种绵羊放牧游走能力差,放牧一天最好不超过 2.5 千米,否则因心肺功能跟不上,体力消耗太大而造成各种疾病。为此牧工放羊要熟悉地形、道路、水源、沿途农作物种植情况,每天出牧前应有一个计划,从哪条路出发,放牧哪几条地埂,在哪里歇羊、饮水,再放牧哪段堤坎、沟渠或荒地,最后从哪里回圈,做到少走路,多吃草。

农户饲养 3～5 只羊,往往拴养或舍饲。拴养就是人下地干活时把羊拉到田边、地头,脖子拴一根 3～5 米的绳子,将绳子另一头用铁钎子固定在地上,任羊吃草,过段时间再换一个地方,让羊充分采食。舍饲就是通过下地割草,或利用些树枝、树叶等,在羊圈内饲喂。

在枯草季节,小尾寒羊一般都要舍饲饲养,上下午各喂 1 次铡短的秸秆、杂草、树叶等,有条件的地方可制作些青贮及氨化饲草饲喂,吃多少给多少,避免浪费。一般一只羊每日需青粗饲料 2～3 千克。在晚上人睡觉前,视羊的种类、体况及所处的生理时期不同,给予一定的青干草和混合精料。

农民养小尾寒羊往往喂一些剩饭、剩菜及涮锅水,一定要注意卫生,发霉变馊的饭菜一定不能喂,以免发生胃肠道疾病。

　　无论采取哪种方式饲养,一定要做好小尾寒羊的常年补饲工作,除满足粗饲料外,必须饲喂混合精料。尤其对母羊,1 年 2 产负担相当重,多为奶着 2～4 只羔,同时又怀着 2～4 只羔,如不加强补饲,就会造成母羊极度瘦弱,产后无奶或产前产后瘫痪。因此在枯草期舍饲时,每天给青干草 2～3 千克、多汁饲料 1.0～1.5 千克、混合精料 0.4～0.5 千克,食盐 10～15 克。在青草期除放牧外,仍需补给混合精料 0.4～0.5 千克。

(三)小尾寒羊的四季饲养管理

　　因小尾寒羊饲养区多为农业良田,为此要处理好发展养羊与农作物生产的关系。在春季 3 月底各种作物下种、出土后到 10 月份秋收前,放牧时要防止羊啃青破坏庄稼,也可以舍饲为主,放牧为辅,尽量减少羊采食破坏农作物的机会。舍饲时多把羊拴到通风凉爽的树荫或凉棚下,以收割的鲜青草、树叶、干草等饲喂,一天不定时饮水 2 或 3 次。同时注意喂盐,每只羊每日 10～15 克。从秋收后 11 月初至翌年春天,靠近河、湖、荒滩林场的地方以及有较多白茬地的地方,可实行终日放牧,但也应根据草场质量情况而定。如果草场草多质好,可实行终日放牧,相反草场草少质差时就应舍饲,否则得不偿失,羊放牧采食的牧草营养还不抵放牧游走消耗,羊体质会急剧下降。

　　剪毛药浴:小尾寒羊剪毛多为 1 年 2 次,清明节前后 1 次,夏季末 1 次。剪毛后的羊皮肤新陈代谢机能增强,食欲旺盛,有利于羊毛的再生。为驱除寄生在羊体表的寄生虫,促进羊体健康,常于剪毛后 1 周进行药浴,并于 10～15 天后,再进行第 2 次药浴,以便杀死新孵出的幼虫。

　　小尾寒羊的四季保健和管理:

　　1. 春季

　　①春季是母羊产羔的最佳时期,应做好产前准备,彻底清扫消毒所有圈舍和场地。

②做好羔羊吃足初乳,吃好常乳,以及缺奶羔的人工哺育工作,同时加强产后母羊的饲养管理,对羔羊提倡尽早补草补料。

③预防接种、驱虫药浴。每年3～4月份用广谱驱虫药驱除寄生在体内的各种寄生虫,并搞好"羊四联"苗(快疫、猝死、羔痢、肠毒血)的预防注射。

④剪毛药浴,驱体表寄生虫。

⑤春季青黄不接,羊极度瘦弱,应加强补饲工作。在清明前后应防羊跑青和毒草中毒。

2.夏季

①及时清净羊圈中的粪草,彻底消毒,每天早起打扫羊圈,并注意圈舍的通风,干燥。

②忌放露水草,禁食发霉变馊的剩饭、剩菜,防止消化道疾病。

③做好防暑降温工作,严防中暑。

④收贮青干草,搞好青贮工作,做好草料的准备。

⑤放牧时严禁低洼潮湿牧地,避免寄生虫感染。

3.秋季

①秋季也是集中产羔的季节,应注意母羊和羔羊的饲养,秋季天气不冷不热,羊易上膘,应抓紧让羊吃足青草,积累营养,安全越冬。

②第2次驱虫和注射"羊四联"苗。

③初秋或夏末第2次剪毛、药浴。

④秋收后放秋茬地时,要防止羊过食胀肚。放豆茬地前,应先在禾本科草地上多吃些干草,或在羊吃秸秆、杂草八成饱时再放。放豆茬地后不能立即饮水和吃含水分多的根菜叶子,以防发生瘤胃臌胀。

⑤贮备越冬草料。将作物秸秆、秧、蔓、树叶、杂草等晾干入库,有条件的可制作些玉米青贮。

⑥修缮圈舍门窗,封堵风洞裂缝,保证安全越冬。

4.冬季

①将不作种的当年羔羊、老龄公、母羊在入冬后及时屠宰,压缩羊群,以缓解越冬期饲料紧张,把羊养精、养好。

②冬天天冷风寒,羊最好舍饲圈养,以利防寒、保暖、保膘、保羔。在晴天时可在村前村后,羊圈附近让羊吃些树叶和干草,使羊适当运动、晒太阳。

③做好冬季补饲工作。

九、育肥羊的饲养

(一)羊的育肥方法

羊的育肥方法可分为放牧育肥、舍饲育肥和混合育肥。

(1)放牧育肥　这是最经济的育肥方法,也是应用最普遍的一种方法。放牧育肥主要利用夏、秋季节牧草资源丰富这一特点,进行抓膘,但放牧育肥应掌握科学的放牧技术,放好羊,管好羊,使羊吃饱、吃好,上膘快。一般放牧育肥的羊,经过夏、秋季节体重可增加 10～20 千克。如河北文安平原畜牧场小尾寒羊羔羊放牧育肥,育肥 90 天,日增重平均达 188 克,育肥期平均增重 17.82 千克,最高达 22 千克;老龄公、母羊放牧育肥日增重可达 116 克,育肥期平均增重 10.4 千克。

为提高放牧育肥效果,应安排母羊产早春羔(2 月底 3 月初产),这样羔羊断奶后,正值青草期,可充分利用夏、秋季的牧草资源,适时育肥,适时屠宰。根据锡盟东乌旗试验,早春羔(2 月底产)比晚春羔(3 月底产)多产净肉 2.75 千克。

(2)混合育肥　混合育肥可分为放牧加补饲和放牧加舍饲育肥。放牧加补饲育肥技术是在放牧基础上,再给以补饲,充分利用当地农副产品,给以集中短期优饲,加快养羊业周转,提高产值。放牧加舍饲育肥是指在秋末草枯后,对一些还未抓好膘的羊,特别是还有很大增重潜力的当年羔羊进行短期舍饲,以提高增重达到育肥效果。

唐道廉等(1990)报道,对 20 千克以上的公羊进行放牧加补饲育肥,羔羊每天放牧并补饲混合精料 0.25 千克,混合精料配方为玉米 40%、麸皮 20%、胡麻饼 33%、豆饼 5.0%、食盐 0.5%、营养素 1.5%。育肥期 60 天,试验结束后,试验组羔羊平均重较对照组(纯放牧)高 8.67 千克,试验组平均日增重为 197.2 克,对照组为 52.7 克,两组相差 144.5 克。从屠宰测定结果看,试验组胴体平均重比对照组高 5.62 千克,屠宰率高 5.54%。经济效益分析,放牧加补饲育肥,只均可增加纯效益 29.60 元。

孙善发等(1988)报道,对 6～7 月龄贵州白山羊羯羊和公羊进行放牧加补饲育肥。羯羊组在放牧基础上每只补混合精料 250 克(混合精料有玉米、麸皮、菜子饼、贝壳粉、食盐组成;营养浓度每千克风干日粮中含干物质 0.868 千克,消化能 13.48 兆焦,粗蛋白质 12.24%,可消化粗蛋白质 106.2 克)。补饲 60～75 天,体重由试验开始的 18.22 千克增重 27.22 千克,日增重可达 120 克。比同龄放牧育肥阉羊体重平均增加 9.96 千克,日增重提高 64.74%。试验还表明,阉羔育肥比公羊育肥成本低,利润高,并且阉羔育肥所产肉膻味轻。

(3)舍饲育肥　在放牧地少或基本无放牧地的农区适于搞舍饲育肥,充分利用当地农副产品,走专业化集约化的养羊生产道路。在舍饲育肥期间,要求饲料营养要丰富、全面,适口性好,具有全价蛋白质、高能量,还需要喂给各种必需的矿物质和微量元素,以满足羊的生长需要,发挥其最大生产潜力。

(二)提高育肥效果的途径

①选用杂交羊。用优良肉用品种羊与地方品种进行杂交,利用杂交后代的杂种优势,对提高育肥羊的经济效益具有重要意义。根据我国各地的生产经验,用萨福克、德克赛尔、杜泊、夏洛莱肉羊和无角陶赛特羊与我国地方品种羊杂交,所生羔羊的生长速度加

快,肉用品质增强。张汝雷等(1995)报道,陶赛特杂一代羔羊与当地羊用不同育肥方法(舍饲育肥、放牧加补饲育肥、放牧育肥)进行育肥,杂种羊的生长速度及经济效益均高于本地羊。经 90 天的育肥期,舍饲组杂种羔比当地羔平均体重增加 15.7 千克,平均每只杂种羔多增经济收入 17.07 元;放牧加补饲组杂种羔体重比本地羔平均增加 13.3 千克,平均每只杂种羔多增效益 27.56 元;放牧组杂种羔体重比本地羔平均增加 1.6 千克,平均每只杂种羔多增经济效益 8.32 元。经屠宰试验表明,各育肥组杂种羔羊的产肉性能高于本地羔羊。

　　②利用羔羊早期断奶、早期育肥、适当屠宰。由于羔羊早期生长发育较快,育肥效果较好,并选择最佳育肥期,提高育肥经济效益。

　　李玉阁(1994)报道,小尾寒羊羔 2.5 个月断奶,在中等营养水平下育肥至 5 月龄,日增重最快,饲料报酬最高,料重比 2.9∶1。各试验组体重增长及饲料报酬见表 5-6。

表 5-6　试验各组羔羊平均体重增长及饲料报酬

组别	只数	育肥天数	育肥后月龄	始重/千克	末重/千克	日增重/克	每增重 1 千克耗	
							草/千克	料/千克
1	10	30	4	21.87	27.68	193.66	4.39	3.01
2	10	60	5	21.87	33.55	194.55	4.36	2.90
3	10	90	6	20.77	36.21	169.77	5.54	3.57
4	10	120	8	21.80	44.78	153.19	5.08	4.75

　　③合理搭配饲料。按照羊育肥期营养需要标准配合日粮,日粮中的精料或粗料应多样化,增加适口性。

　　④饲料添加剂的应用可提高育肥效果。

(三)饲料添加剂使用技术

羊的育肥添加剂包括营养性添加剂和非营养性添加剂,其功能是补充或平衡饲料营养成分,提高饲料适口性和利用率,促进羊的生长发育,改善代谢机能,预防疾病,防止饲料在贮存期间质量下降,改进畜产品品质等,正确使用饲料添加剂,可提高羊育肥的经济效益。

(1)非蛋白氮　非蛋白氮含氮物质包括蛋白质分解中间产物——氮、酰胺、氨基酸,还有尿素、缩二脲和一些铵盐等。其中最常见的为尿素。这些非蛋白质含氮物可为瘤胃微生物提供合成蛋白质的氮源,由于这类添加剂含氮量高,如纯尿素含47%的氮,如全部被瘤胃微生物利用,1千克尿素相当于2.8千克粗蛋白质的营养价值,或7千克豆饼蛋白质的营养价值,等于26千克禾本科籽实的含氮量。因此可代替部分饲料蛋白质,既能促进羊只生长发育,又能降低饲料成本。现将尿素的饲喂方法介绍如下。

尿素既不能单独喂,也不能干喂,通常是把尿素用水完全溶解后,喷洒在精料上,拌匀后饲喂。

尿素的喂量应严格控制,不能用尿素代替日粮中的全部蛋白质,一般不超过日粮粗蛋白质的1/3,或不超过日粮干物质的1%,或按羊体重计算,一般喂量相当于体重的0.02%~0.03%,即每10千克体重,日喂尿素2~3克。喂尿素应由少到多,逐渐增量,使瘤胃微生物有个适应过程,并且最好连续饲喂,一般短期饲喂效果不佳。

羊喂尿素要防止中毒,尿素在瘤胃中经尿素酶的作用,分解成氨,微生物才能利用。当瘤胃微生物利用尿素的速度低于尿素分解速度时,一部分氨即进入血液循环,由于血液的浓度增高,则发生氨中毒。为防止氨中毒,首先应设法减慢尿素在瘤胃内的分解速度,使瘤胃微生物能充分利用氨。国内已研制出了一些"安全型非蛋白氮"产品,如异丁基二脲、磷酸脲、缩二脲等。这些产品可使尿素在瘤胃中的分解速度减慢，有利于微生物对氨的充分利用。

喂尿素时，每日应少量多次喂给，一般每日 2 或 3 次，喂后不要马上饮水，防止尿素直入真胃，也不能空腹喂，避免瘤胃中尿素浓度过大。饲喂同时应供给瘤胃微生物充足的营养物质，如含淀粉多的玉米、高粱以及糖浆等，目的是提高微生物的繁殖能力，以加速对氨的利用。

喂尿素只有在日粮蛋白质不足时才喂，日粮蛋白质充足时，微生物则利用有机氮，加喂尿素反而造成浪费。注意饲喂尿素不能和生豆饼、生豆类同时喂，因这类物质中含有脲酶，对尿素分解较快，易发生中毒。

羊如果发生尿素中毒则表现全身紧张、心神不安、分泌过多的唾液、肌肉震颤、运动失调、膨胀、挣扎、吼叫，甚至卧地不起，窒息死亡。急救方法可静脉注射 10％～25％ 葡萄糖，每次 100～200 毫升。或灌服食醋，以中和氨。或灌服冷水，冷水能降低瘤胃胃液的温度，从而减少尿素分解，冷水还能稀释氨的浓度，减缓瘤胃吸收氨的速度。冷水和食醋同量灌服效果更好。

（2）矿物质与微量元素　矿物质微量元素是育肥羊不可缺少的营养物质。它可调节机体能量、蛋白质和脂肪的代谢，提高羊的采食量，促进营养物质的消化利用，刺激生长，调节体内酸碱平衡等。羊体内缺少某些矿物元素，将会出现代谢病、贫血病、消化道疾病等，造成生产力下降。

矿物质微量元素的添加量应按育肥羊的营养需要添加，可将微量元素制成预混剂，配方每吨碳酸钙 803.1 千克、硫酸亚铁 50 千克、硫酸铜 6 千克、硫酸锌 80 千克、硫酸锰 60 千克、氯化钴 0.8 千克、亚硒酸钠 0.1 千克，按每只每天 10～15 克添加，均匀混于精料中饲喂。或将矿物微量元素制成盐砖，让羊自由舔食，一般添加微量元素比不添加提高增重 10％～20％。

（3）维生素添加剂　由于羊瘤胃微生物能够合成 B 族维生素

和维生素 K、维生素 C,不必另外添加。日粮中应提供足够的维生素 A、维生素 D 和维生素 E,以满足育肥羊的需要。

维生素添加按羊的营养需要,在料中维生素不足的情况下,适量添加。添加过量,不但造成浪费,还可造成中毒。如维生素 A 过量可表现食欲不振、皮肤发痒、关节肿痛、骨质增生、体重下降。维生素 D 过量,可引起血钙增高,骨骼脱失钙盐,骨质疏松。一般 20～30 千克的羔羊育肥每日每只需要维生素 A 200～210 国际单位。维生素 D 55～57 国际单位,30～40 千克羔羊育肥需维生素 A 210～230 国际单位。维生素 D 57～61 国际单位。添加维生素时还应注意与微量元素间的相互作用,多数维生素与矿物元素能相互作用而失效,最好不要把它们在一起配制成预混料。

(4)稀土　稀土是元素周期表中钇、钪及全部镧系共 17 种元素的总称,可作为一种饲料添加剂用于畜禽,具有良好的饲喂效果和较高的经济效益。

河北省畜牧兽医研究所张英杰等对小尾寒羊进行了稀土添加剂饲喂试验,在放牧加补饲的条件下,试验组每只每日添加硝酸稀土 0.5 克,试验期 60 天。结果表明,添加稀土比不添加稀土平均重提高 11.2%,经济效益显著。

张启儒报道,用稀土添加剂饲喂细毛羊,添加量按每千克体重 10 毫克,饲喂期 3 个月,饲喂稀土的阉羊体重较不喂稀土组增加 2.07 千克,提高 55.49%;平均毛长增加 0.3 厘米,提高 12.5%。

王安琪报道,给断奶后育肥羊日粮中添加 0.2% 的稀土,在 60 天试验期内,日增重提高 17.1%,每千克增重节省饲料 0.41 千克,提高饲料转化率 14.29%。

一般作为饲料添加剂稀土类型有硝酸盐稀土、氯化盐稀土、维生素 C 稀土和碳酸盐稀土。

(5)膨润土　属斑脱岩,是一种以蒙脱石为主要组分的黏土。主要成分为钙 10%、钾 6%、铝 8%、镁 4%、铁 4%、钠 2.5%、锌

0.01％、锰 0.3％、硅 30％、钴 0.004％、铜 0.008％、氯 0.3％,还有钼、钛等。

膨润土具有对畜禽有机体有益的矿物质元素,可使酶、激素的活性或免疫反应有利于畜禽的变化,对体内有害毒物,胃肠中的病菌有吸附作用,有利于机体的健康,提高畜禽的生产性能。

张世铨报道,2～3 岁内蒙古细毛羊羯羊在青草期 100 天放牧期内,每只每日用 30 克膨润土加 100 克水灌服,饲喂膨润土组羊较对照组羊毛长度增加 0.48 厘米,每平方厘米剪毛量增加0.039 8 克。

(6)瘤胃素　又名莫能菌素,是肉桂的链霉菌发酵产生的抗生素。其功能是通过减少甲烷气体能量损失和饲料蛋白质降解、脱氨损失,控制和提高瘤胃发酵效率,从而提高增重速度及饲料转化率。

试验研究表明,舍饲绵羊饲喂瘤胃素,日增重比对照羊提高35％左右,饲料转化率提高 27％。生长山羊饲喂瘤胃素,日增重比对照羊提高 16％～32％,饲料转化率提高 13％～19％。

瘤胃素的添加量一般为每千克日粮干物质中添加 25～30 毫克。要均匀地混合在饲料中,最初喂量可低些,以后逐渐增加。

(7)缓冲剂　添加缓冲剂的目的是为改善瘤胃内环境,有利于微生物的生长繁殖。羊强度育肥时,精料量增多,粗饲料减少,瘤胃内会形成过多的酸性物质,影响羊的食欲,并使瘤胃微生物区系被抑制,对饲料的消化能力减弱。添加缓冲剂,可增加瘤胃内碱性蓄积,中和酸性物质,促进食欲,提高饲料的消化率和羊增重速度。

羊育肥常用的缓冲剂有碳酸氢钠和氧化镁。碳酸氢钠的添加量占日粮干物质的 0.7％～1.0％。氧化镁添加量为日粮干物质的 0.03％～0.50％。添加缓冲剂时应由少到多,使羊有一个适应过程,此外,碳酸氢钠和氧化镁同时添加效果更好。

(8)二氢吡啶　作用是抑制脂类化合物的过氧化过程,形成肝保护层,抑制畜体内生物膜的氧化,提高生物膜中 6-磷酸葡萄糖酶的活性,稳定生物体内的细胞组织,具有天然抗氧化剂维生素 E 的某些功能,还能提高家畜对胡萝卜素和维生素 A 的吸收利用。

周凯等 1993 年进行了二氢吡啶饲喂生长绵羊对增重效果的试验研究,试验羊以放牧为主,补饲时添加 200 毫克/千克二氢吡啶,其采食量提高 5.1%,日增重提高 18.25%,饲喂二氢吡啶的周岁羊体重可多增加 8.54 千克,经济效益显著。

使用二氢吡啶时应避光、防热,避免与金属铜离子混合,因铜是特别强的助氧化剂。如与某些酸性物质(如柠檬酸、磷酸、抗坏血酸等)混合使用,可增强效果。

(9)酶制剂　酶是活体细胞产生的具有特殊催化能力的蛋白质,是一种生物催化剂,对饲料养分消化起重要作用。可促进蛋白质、脂肪、淀粉和纤维素的水解,提高饲料利用率,促进动物生长。如饲料中添加纤维素酶,可提高羊对纤维素的分解能力,使其对纤维素得以充分利用。

李景云等(1993)报道,育成母羊和育肥公羔每只每日添加纤维素酶 25 克,育成母羊经 45 天试验期,日增重较对照组增加 29.55 克,育肥公羔经 32 天试验期,日增重较对照组增加 34.06 克。育肥公羔屠宰率增加 2.83%,净肉重增加 1.80 千克。

酶制剂除纤维素酶外,还有蛋白酶、脂肪酶、果胶酶、淀粉酶、植酸酶、尿素分解阻滞酶等。

(10)中草药添加剂　中草药添加剂是为预防疾病、改善机体生理状况、促进生长而在饲料中添加的一类天然中草药、中草药提取物或其他加工利用后的剩余物。

河北省畜牧兽医研究所张英杰等 1993 年对小尾寒羊育肥公羔进行了中草药添加剂试验,选用健脾开胃、助消化、驱虫等中草药(黄芪、麦芽、山楂、陈皮、槟榔等)经科学配伍粉碎混匀,每只羊每日添加 15 克,经 2 个月的饲喂期,试验组平均重较对照组增加

2.69千克,且发病率显著降低。

(11)微生物添加剂　微生物饲料添加剂又称活菌剂、益生素、微生态制剂等,是近十几年发展起来的一类新型饲料添加剂。美国饲料管理人员协会与NRC将其定义为"某种特殊需要一般以微量使用而添加到基本饲料混合物内或部分饲料内的一种制剂或几种制剂的混合物,需小心地处理和混合"。

根据我国农业部2008年发布的《饲料添加剂品种目录》所规定,允许作为微生物饲料添加剂的菌有乳酸菌类、芽孢杆菌类、酵母菌类及光合细菌类等。

①乳酸菌类。乳酸菌类用于研制饲料添加剂的历史最早、最广泛,种类繁多,效果较佳。此类菌既是营养物质,又可降低肠道pH(3.0～3.5),抑制病原菌和腐败菌的生长,减少肠道疾病的发生;过氧化氢和乳酸菌素能抑制或杀灭胃肠道内的病原菌,阻碍其生长繁殖,从而减少氨、硫醇等有害物质的含量,维持有益菌的优势状态,保证肠道菌群平衡。我国允许作为饲料添加剂的乳酸杆菌有嗜酸乳杆菌、干酪乳杆菌、粪肠球菌(粪链球菌)、乳酸肠球菌、屎肠球菌、乳酸乳杆菌、植物乳杆菌、乳酸片球菌、戊糖片球菌及保加利亚乳杆菌;而双歧杆菌有两歧双歧杆菌。目前主要应用的是嗜酸乳酸杆菌和粪链球菌。

②芽孢杆菌类。芽孢杆菌是在动物消化道微生物群落中仅零星存在的一类需氧菌,在一定条件下产生芽孢,耐高温、耐酸碱和耐高压,具有高度的稳定性,用于微生物饲料添加剂的芽孢杆菌是肠道的过路菌,不能定植于肠道中。这类菌剂可调节肠道菌群平衡,增强动物免疫力,提高生产性能,能促进动物对营养物质的消化吸收,产生多肽类抗菌物质,抑制病原菌。我国允许作为饲料添加剂的芽孢杆菌有枯草芽孢杆菌和地衣芽孢杆菌。我国目前应用的产品以芽孢杆菌为主。

③酵母菌类。酵母菌是动物肠道的有益微生物,用于微生态

制剂的酵母菌一种是活性酵母制剂,一种是酵母培养物。酵母细胞富含蛋白质、核酸、维生素和消化酶,其蛋白质含量高达50%～60%,具有提供养分,增强动物免疫力,增加饲料适口性,促进动物对饲料的消化吸收等功能。酵母培养物通常指固体培养基经发酵菌发酵后含培养物和酵母菌的混合物,其营养丰富,兼具营养与保健功效,含有丰富的B族维生素、氨基酸、促生长因子及矿物质,具有多种水解酶活性,同时能产生促进细胞分裂的生物活性物质。可为动物提供蛋白质,促进消化,刺激有益菌的增殖,抑制病原菌的生长,提高机体免疫,起到防治畜禽消化道疾病的作用。我国允许作为饲料添加剂的酵母菌有产朊假丝酵母和酿酒酵母。

④光合细菌类。光合细菌类是具有光合作用的异氧微生物,可利用小分子有机物而非CO_2合成自身生长繁殖所需的养分,有些菌还具有固氮作用。光合细菌不仅是安全的能量来源,为机体提供丰富的维生素、蛋白质、核酸等营养物质,还可以产生辅酶Q等生物活性物质,提高机体免疫功能。我国允许作为饲料添加剂的光合细菌有沼泽红假单胞菌。

第五节 羊的管理技术

一、给羊编号

为了搞好羊育种工作和识别羊,就必须进行编号。常用编号方法有插耳标法、剪耳法、刺墨法和烙角法。

(1)插耳标法 是目前最常用的一种方法。用铝或塑料制成圆形或长方形的耳标,用特制的钢字钉把所需要的号码打在耳标上。安置前先用特制的打耳钳在羊耳朵上打一圆孔,再将耳标扣上。耳标应插于左耳中下部,用打耳钳打孔时,要避免血管密集区,打孔部位要用碘酒充分消毒。

（2）剪耳法　就是用缺口钳在羊耳朵上打上口，不同部位的缺口代表不同数字。其规定是：左耳作个位数，右耳作十位数，耳的上缘剪一缺口代表3，下缘代表1。

（3）刺墨法　用特制的墨刺钳（上边有针制的字钉，可随意置换）蘸墨汁，把所需的号码打在羊耳内的皮肤上。这种方法经济简便，不掉号，但时间长了，字迹易模糊不清，可作为辅助编号。

（4）烙角法　仅限于有角羊。用烧红的钢字，把号码烙在角上。该方法可作为辅助编号，检查时较方便。

二、捉羊及导羊前进

捕捉羊是羊管理上常见的工作，有的捉毛扯皮，往往造成皮肉分离，甚至坏死生蛆，造成不应有的损失。正确的捕捉方法是：右手捉住羊后腱部，然后左手握住另一腱，因为腱部的皮肤松弛，不会使羊受伤，人也省力，容易捕捉。

导羊前进时，如拉住颈部和耳朵时，羊感到疼痛，用力挣扎，不易前进。正确的方法是一只手在额下轻托，以便左右其方向，另一只手在坐骨部位向前推动，羊即前进。但注意不要用力压迫气管。

放倒羊的时候，人应站在羊的一侧，一手绕过羊颈下方，紧贴羊另一侧的前肢上部，另一只手绕过后肢紧握住对侧后肢飞节上部，轻拉后肢，使羊卧倒。

三、羔羊去势

凡不做种用的公羔都应去势。去势的羊性情温顺，便于管理，生长速度较快，肉膻味小，且较细嫩。常用去势方法有结扎去势法、切割去势法。

（1）结扎去势法　适用于7～10日龄的小公羔，将睾丸挤到阴囊里，并拉长阴囊，用橡皮筋或细绳紧紧结扎在阴囊上部，一般经过10～15天，阴囊及睾丸萎缩自然脱落。结扎羔羊最初几天有些疼痛不安,几天以后即可安宁。

(2)切割去势法　2周以上的公羊都可用此法进行去势。去势方法是,一人保定羊,另一人握住阴囊上部,使睾丸挤向阴囊底部,剪掉阴囊及阴囊周围的毛,然后用碘酒局部消毒,用消毒过的手术刀横切阴囊,挤出一侧睾丸,将睾丸连同精索用力拉出,撕断精索,再用同样方法取出另一侧睾丸。阴囊切口处用碘酒消毒,阴囊内和切口处撒上消炎粉,过1～2天,再检查一次,如发现阴囊肿胀,可挤出其中的血水,再涂抹碘酒和消炎粉。去势的羔羊生活区内应保持清洁干燥,以防感染。

此外,中国科学院新疆化学研究所王云芳等进行了激素免疫去势公羊研究。应用碳二亚胺法,将促黄体素释放激素(LHRH)与牛血清白蛋白(BSA)偶联作为抗原主动免疫小公羊,其体内产生相应的高滴度的抗体,经激素检测、睾丸组织学研究及性行为观察,免疫组公羊其血液中睾酮水平明显下降,睾丸曲精细管直径变小,管内精子数量减少,管壁发生皱缩,且睾丸外形发生变化,重量减轻,公羊的性行为明显减弱。研究表明,LHRH主动免疫公羊有显著的去势作用。

四、断尾

由于长瘦尾羊尾巴细长,容易沾上粪便污染羊毛;肥尾羊尾巴硕大,不但影响配种,也造成行动不便,因此对羔羊应进行断尾。断尾时间一般在生后2～3天,断尾的方法有热断法、结扎法和快刀法。

(1)热断法　用一个留有半月形缺口的木板将尾巴套进并紧紧压住,用烧红的断尾铲在羔羊2～3尾椎节间处切断尾巴。热断法的成功与否决定于断尾时切的速度,速度过快,不易止血,速度过慢,造成烫伤。以能切断尾巴又能起到消毒止血为宜。热断法的好处是速度快,操作简便,羔羊痛苦小,缺点是如果断尾方法不当,易造成尾部感染,严重者出现败血症。

(2)结扎法　即用细绳或橡皮筋在羔羊尾椎 2～3 节处紧紧扎住,断绝血液流通,一般经 10～15 天尾巴自行脱落。此法的好处是经济简便,容易掌握。缺点是结扎部位易遭蚊蝇骚扰,造成感染,尾巴脱落时间长,羔羊痛苦大。

河北省畜牧研究所张英杰等 1989 年对大尾寒羊和小尾寒羊进行了断尾试验,断尾方法为热断法和结扎法 2 种,断尾时间为羔羊生后 2～3 天。通过对 2 种方法断尾后的羔羊观察及生长发育测定表明,热断法优于结扎法。此外,试验还表明,断尾羔羊体重 3 月龄前低于未断尾羊,6 月龄后体重超过未断尾羊,断尾羊体形发生改变,后躯丰满,胴体质量好,肌间脂肪增多,瘦肉率增加 15.29%。因此,今后应提倡肥尾羊的断尾。

(3)快刀法　将尾巴皮肤向尾根部推,用细绳捆住尾根,阻断血液流通,然后用快刀至距尾根 4～5 厘米处切断。上午断尾的羔羊,当天下午能解开细绳,恢复血液流通,一般 7～10 天后可痊愈。

五、剪毛

(1)剪毛时间　细毛羊一般年剪 1 次毛,粗毛羊可年剪 2 次。剪毛开始的时间,应根据当地气候和羊群膘情而定,宜在气候稳定和羊只体力恢复之后进行。细毛羊一般在春季 5～6 月份剪毛,粗毛羊除春季 1 次外,秋季 9～10 月份再剪 1 次。剪毛先从价值低的羊群开始,借以熟练剪毛技术。从品种讲,先剪粗毛羊,后剪半细毛羊、杂种羊,最后剪细毛羊。同品种羊剪毛的先后,可按羯羊、公羊、育成羊和带羔母羊的顺序来安排。

(2)剪毛前准备　手工剪毛时应准备好剪子,磨刀石、席子、秤、碘酊、记录本等。如采用剪毛机剪毛,应先培训好技术人员,检修机械,以保证剪毛质量。

剪毛应选择晴天上午,剪毛前羊应空腹。全天剪毛时,中午可以就近放牧 1 小时,然后休息 1 小时后再剪,傍晚再放牧 2～3 小时。

剪毛场地,则视羊场的大小而异。头数少,可露天剪。但场地要打扫干净,特别要注意防止秸草混入羊毛。也可铺上芦席或木板。大型羊场,头数多,可专设一剪毛室,室内光线要好,宽敞、干净。

(3)剪毛方法　先将羊的左侧前后肢捆住,使羊左侧卧地,先由羊后肋向前肋直线开剪,然后按与此平行方向剪腹部及胸部毛,再剪前后腿毛,最后剪头部毛,一直将羊的半身毛剪至背中线。再用同样方法剪另一侧毛。

剪毛的留茬高度应保持 0.3～0.5 厘米为宜。过高会影响剪毛量和毛的长度,过低又易剪伤羊的皮肤。剪毛时,即使剪的不整齐,也不应再剪,二刀毛剪下来极短,无纺织价值,不如长着好,留着下次再剪。

对皱褶多的羊,可用左手在后面拉紧皮肤,剪子要对着皱褶横向开剪,否则易剪伤皮肤,细毛及其杂种羊,剪毛时应尽量保持完整套毛,切忌随意撕成碎片,否则不利于工厂选毛。

养羊规模大时,可采用药物脱毛。就是用一定剂量的环磷酰胺作用于羊体,暂时性地抑制毛囊细胞增殖,使毛根萎缩变细,自然脱毛。

环磷酰胺的投药剂量可按细毛羊每千克体重 25～30 毫克,半细毛羊 30～35 毫克,粗毛羊 35～40 毫克的剂量投药。细毛羊在投药 9～10 天后毛根开始松动。可在站立状态下用拇指从背中线向两侧依次往下剥离,5 分钟即可完成。药物脱毛的注意事项是防止羊毛脱落丢失。在脱毛后的头几天内,一定要加强防寒和防晒措施。

剪毛时宁可慢些,也不要剪破皮肤,否则伤口易感染生蛆,对皮革质量也有影响,一旦发生剪伤,应立即涂以碘酊,以防感染。

剪毛后按羊毛等级及颜色等分类收集,要存放于干燥通风的室内,防雨淋、防热、防虫蛀、并应及时出售。

六、抓绒

山羊有 2 层毛,底层细毛称羊绒,为纺织工业的高级原料,上层长毛为粗毛。

(1)抓绒时间　抓绒季节应根据当地气温变化情况,结合羊体况灵活掌握。当春季天暖时,山羊的颈、肩、胸、背、腰及股部开始出现有顺序地脱绒现象。一般在 4～5 月份,山羊的头部、耳根及眼圈周围的绒毛开始脱落时,为最佳抓绒时期。抓绒时间过早,会造成绒短、色浅、拉力差、产量低,如遇寒冷天气,羊只不能适应,易患病,甚至死亡。抓绒时间过晚,发生顶绒、自然脱落、产量减少、绒的纤维脆弱。母羊脱绒早,应先从母羊开始抓绒,然后再抓公羊、羯羊,最后是育成羊。对妊娠后期母羊抓绒时必须小心,临产母羊,为避免流产,应在产羔后进行。

(2)抓绒前准备　抓绒应在明亮、避风的室内进行,抓绒前准备好抓绒用的铁梳子(一种是稀梳,一种是密梳),并将抓绒场地清扫干净,以免混入杂质,脏污绒毛。

(3)抓绒方法　抓绒应在山羊食后 10～15 小时的空腹时进行。抓绒时,先将羊只放倒,用绳子将两前腿及一后腿捆绑在一起。也可将羊角或颈拴在紧靠墙的木桩上,让羊站在墙边,以防骚动。先用稀梳顺毛由羊的颈、肩、胸、背、腰及股部,将毛梳顺,然后用密梳子逆毛而梳,其顺序是由股、腰、背到肩、颈部。梳子要紧贴皮肤,用力要均匀,不可用力过猛,以免抓破皮肤。为提高产绒量,在第 1 次抓后 1～2 周内可再抓 1 次。

七、药浴

药浴的目的主要为了防止羊虱子、蜱、疥癣等外寄生虫病的发生,这些羊体外寄生虫病对养羊业危害很大,不仅造成脱毛损失,更主要是羊只感染后瘙痒不安,采食减少,逐渐消瘦,严重者造成死亡。

药浴的时间一般在剪毛后 7～10 天进行,药浴要选择晴朗天气,药浴前停止放牧半天,并供足水,防止羊因干渴而喝药水中毒。

常用的药浴药物有以下几种:

杀虫脒:配制成 0.1%～0.2% 的水溶液使用。

50% 锌硫磷乳油:一种低毒高效药浴剂,配制方法是,100 千克水加锌硫磷乳油 50 克,有效浓度为 0.05%。

石硫合剂:配方是生石灰 15 千克,硫黄粉末 25 千克。2 种原料用水拌成糊状,再加水 300 千克煮沸,边煮边用木棒搅拌,待呈浓茶色时为止。补足蒸煮过程中蒸发掉的水分,弃去沉渣,保留上面的清液作母液,加入 1 000 千克温水即可。

敌百虫:纯敌百虫粉 1 千克加水 200 千克,配制成 0.5% 的溶液使用。

30% 烯虫磷乳油:一种无毒高效羊浴药液,药浴时 1 千克药液加水 1 500 千克,即按 1:1 500 倍稀释。

羊常用药浴方法有池浴法和喷雾法。池浴法即在药浴池中进行,可根据羊只的多少建固定药浴池或临时药浴池,农区羊数较少时如无固定药浴池可设帆布药浴池、木槽药浴池或铁桶药浴池,能达到药浴的目的即可。

喷雾法即是将药液装在喷雾器内,对羊全身及羊舍进行喷雾。可省掉建药浴池的费用,比较方便,但缺点是容易造成药浴不完全。

羊药浴应先让健康的羊浴,有病羊最后浴,怀孕 2 个月以上的羊一般不进行药浴。羊药浴应使羊全身湿透,以免某些部分药浴不完全而发生疥癣等。为了增强药浴效果,在药浴后的 7～14 天可再重复药浴 1 次。

八、驱虫

羊在饲养过程中易感染寄生虫,当大量虫体寄生于羊体时,就会分离出一种抗蛋白酶素,导致羊体胃腺分泌蛋白酶原的障碍,使蛋白质不能充分吸收,阻碍蛋白质代谢机能,同时还影响钙磷的代谢。寄生虫的代谢产物也会破坏造血器官的功能和改变血管壁的渗透作用,从而引起贫血和消化机能障碍。一般在春季 3～5 月份和夏、秋季在低洼潮湿地放牧时感染率较大,应做到定期驱虫,一般羊的驱虫为 1 年 2 次,春季 3～5 月份 1 次,入冬前再驱 1 次。

常用的驱虫药物有苯硫丙咪唑、左旋咪唑和驱虫净等。其中苯硫丙咪唑为广谱驱虫药,驱虫效果较好,给药剂量按每千克体重 10～15 毫克计算。

为防治寄生虫病的发生,平时应注意草料卫生,饮水清洁,避免在低洼或有死水的地方放牧。采用化学及生物学方法消灭中间宿主,对粪便及时进行发酵处理。

九、修蹄与去角

羊的蹄形不正或蹄形过长,将造成行走不便,影响放牧或发生蹄病,严重时会使羊跛行。因此,每年至少要给羊修蹄 1 次。修蹄时间一般在夏秋季节,此时蹄质软易修剪。修蹄时用蹄剪或蹄刀先去掉蹄部污垢,把过长的蹄壳削去,再将蹄底的边沿修整到和蹄底一样平齐,修到蹄底可见淡红色的血管为止,并使羊蹄成椭圆形。修蹄时要细心,不要一刀削得过多,以免因修得过深而损伤蹄肉。如修剪蹄过度,发生出血,可涂上碘酒或用烙铁微微一烫,但不可造成烫伤。

为防止羊角斗和顶人,应给羊进行去角,去角时间一般为山羊羔生后 7～10 天,绵羊羔生后 10～14 天,当头顶角基处开始出现突起的角基,去角效果较好。

去角方法是先剪掉角基周围的毛,并在角基周围涂一圈凡士林,以防药物损伤周围的皮肤。用棒状苛性钠在角基部用力反复涂磨,以腐蚀角基,一直到每个角基部出现血迹为止,以破坏角的生长芽。去角时应防止苛性钠涂磨过度,否则易造成出血或角基部凹陷。

十、年龄鉴别

羊的年龄主要根据门齿来判断。小羊的牙齿叫乳牙,共 20 颗,乳牙较小,颜色较白,乳齿长到一定时间后开始依次脱落,乳齿脱落后再长出的牙齿称为永久齿,共 32 颗,永久齿较乳齿大,颜色略发黄。

羊没有上门齿,只有下门齿 8 颗,臼齿 24 颗,分别长在上下四边牙床上。中间的一对门齿叫切齿,切齿两边的 2 个门齿叫内中间齿,内中间齿外面的 2 颗叫外中间齿,最外面的一对门齿称隅齿。

通过羊门齿的更换和磨损情况可判断其年龄。1 岁前,羊的门齿为乳齿,永久齿没有长出,1～1.5 岁时,乳齿的切齿开始脱落,长出永久齿,称为"对牙"。2～2.5 岁时,内中间乳齿开始脱落,换成永久齿,并充分发育称为"四牙"。3～3.5 岁时,外中间乳齿脱落,换成永久齿,称为"六牙"。4～4.5 岁时,乳隅齿开始脱落,换成永久齿,这时全部门齿都已更换整齐,称为"齐口"。5 岁时,由于牙齿磨损,牙上部由尖变平。6岁时,齿龈凹陷,有的牙齿开始活动。7岁时,齿与齿之间出现大的空隙,门齿变短。到8岁时,牙齿有脱落现象。

另外对于长角的羊,还可以根据羊角轮判断年龄。角是由角质增生而形成的,冬春季营养不足时,角长得慢或不生长,青草期营养良好,角长得快,因而会出现凹沟和角轮。每一个深角轮就是1岁的标志。

羊的年龄还可以从毛皮观察,一般青壮年羊,毛的油汗多,光泽度好,而老龄羊,皮松无弹性,毛焦躁。

十一、羊体外貌部位名称与体尺测量

(1)羊体外貌部位名称 羊的体形体貌在一定程度上能反映出生产力水平的高低,为区别、记载每个羊的外貌特征,就必须识别羊的外貌部位名称(图5-1、图5-2)。

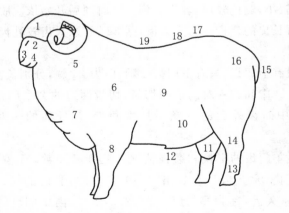

图5-1 绵羊外貌各部位名称

1.头 2.眼 3.鼻 4.嘴 5.颈 6.肩 7.胸 8.前肢 9.体侧 10.腹 11.阴囊 12.阴筒 13.后肢 14.飞节 15.尾 16.臀 17.腰 18.背 19.鬐甲

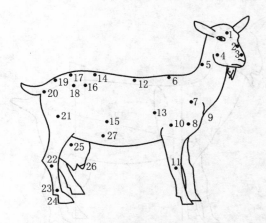

图 5-2　山羊外貌各部位名称

1.头　2.鼻梁　3.鼻镜　4.颊　5、6.颈　7.鬐甲　8.肩部　9.肩端　10.前胸

11.肘　12.前膝　13.背部　14.胸部　15.腰部　16.腹部　17.肷部

18.十字部　19.腰角　20.尻　21.坐骨端　22.大腿　23.飞节

24.蹄　25.乳房　26.乳头　27.乳静脉

(2)体尺测量　测量体尺用于确定羊的生长发育情况。测量时场地要平坦,站立姿势端正。常用测量体尺如下。

①体高。由肩胛最高点至地面的垂直距离。

②体长。由肩端至坐骨结节后端的直线距离。

③胸围。由肩胛骨后缘绕胸一周的长度。

④管围。左前肢管骨最细处的水平周径。

⑤十字部高。由十字部至地面的垂直距离。

⑥腰角宽。两侧腰角外缘间距离。

羊的体尺见图 5-3。

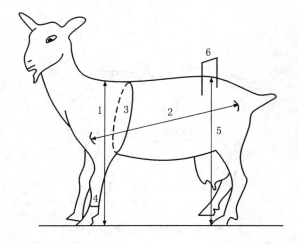

图 5-3　羊体尺测量示意图

1.体高　2.体长　3.胸围　4.管围　5.十字部高　6.腰角宽

第六章　羊舍的建设与设备

第一节　环境因素对养羊业的影响

环境因素与养羊业生产有密切关系。恶劣的环境可使羊生产性能下降,饲养成本增高,还可诱发多种疾病,甚至造成羊只死亡。只有生活在适宜的环境条件下,才能发挥其最大生产潜力。

一、气温

在自然生态因素中,气温是对羊影响最大的生态因子,直接或间接地影响羊的健康和生产力。

气温过高时,羊机体散热受阻,体内蓄热,体温升高,代谢率提高,采食量下降,会出现喘息甚至中暑;气温过低时,羊体散热量增加,为维持体温,就必须提高代谢率增加产热量,因而造成饲料消耗量增多,当营养供应不足时,则会出现掉膘现象。

绵羊的适宜温度一般为 $-3\sim23℃$,山羊为 $0\sim26℃$,羔羊为 $20\sim30℃$。气温高于或低于适宜温度时,则绵、山羊的生长速度减慢,繁殖性能下降,养羊经济效益减少。

二、湿度

空气中相对湿度的大小,直接影响着绵、山羊体热的散发。在适宜的温度条件下,空气湿度对绵、山羊体热的调节影响不大。当环境温度升高时,羊主要靠蒸发散热,如果空气湿度大,则羊体散热量减少,当羊只散热受到抑制时引起体温升高,皮肤充血,呼吸困难,最后致死。在低温高湿的条件下,绵、山羊则因寒冷潮湿易患感冒、风湿痛、关节炎和肌肉炎等。

当气温特别高,空气过分干燥时对羊也会引起一定危害,在高温干燥的环境下,机体散失水分过多,会发生干渴,新陈代谢作用减弱。但对绵、山羊来讲,最重要的是要尽量避免高湿度的环境。夏秋季节,降水量增多,空气湿度相对增大,由于放牧地多雨潮湿,往往引起羊只患腐蹄病和寄生虫病,因此,夏秋放牧应尽量避开低洼潮湿的地方。

三、光照

光照对绵、山羊的繁殖有明显的影响。一般公绵羊的精液质量在秋季日照缩短时最高。母羊的性活动也与日照长短有密切关系,发情、排卵数也是在日照时数由长变短的秋季最高。而春季随着日照时数的增加,发情母羊减少。

光照还可影响绒纤维的生长,研究表明,山羊绒生长是在夏至后,当日照由长变短时开始生长,随日照长度递减,山羊绒生长加快。冬至后,日照由短变长,山羊绒生长缓慢并逐渐停止生长。

四、气流

气流(又称风)在一般情况下,对绵、山羊的生长发育和繁殖没有直接影响,而是加速羊体内水分的蒸发和热量的散失,间接影响绵、山羊的热能代谢和水分代谢。

研究表明,当风力在3级(3.4～5.4米/秒)以下时,有利于羊群的放牧;夏季气温高时,羊群可适应4～5级(5.5～7.9米/秒至8.0～10.7米/秒)的风力;冬季寒冷时,4级以上的北风对羊群就有不利影响,若发生6～7级(10.8～17.1米/秒)大风时,羊群则不能正常放牧,甚至引起惊慌而发生"炸群"现象。

如果天气降温、降雨或降雪时,再遇大风,对羊群危害较大,尤其在产羔和剪毛时期,可使羔羊及剪毛羊受寒而发生各种疾病,因此,应随时注意天气变化,及时采取预防措施,减少羊群损失。

五、土壤和地形

绵、山羊在放牧饲养条件下,放牧效果的好坏与放牧场的土壤和地形也有很大关系。平缓的地形有利于绵羊的放牧,山区和半山区有利于山羊的放牧。

某些地区的土壤、牧草中缺乏某种微量元素,导致该地区绵、山羊对这种元素的营养缺乏病。如河北省沧州地区土壤及牧草中缺乏微量元素硒,因而常有白肌病的发生。可采用亚硒酸钠预防,方法是:怀孕母羊后期每只注射 1‰亚硒酸钠水溶液 1 毫升,羔羊生后再每只注射 1‰亚硒酸钠水溶液 0.5 毫升,预防效果较好。又如,在新疆准噶尔盆地南缘、塔里木盆地北缘及东疆的许多盐渍化芦苇草甸地区,由于缺铜,经常流行一种以后肢运动失调或瘫痪为主要特征的羔羊常见病,称为"摆腰病",重病者几乎全部死亡,病轻者也因不能正常放牧采食逐渐消瘦。预防方法是:给羔羊用 1‰硫酸铜溶液饮水,或补饲氨基酸螯合铜,对病轻者有一定疗效。

不同的地区应根据本地土壤及牧草中微量元素的盈缺情况,在羊日粮中给以调整,以满足其对微量元素的需要。

此外,羊舍内的有害气体(如硫化氢、氨等)和某些微生物也可使羊导致疾病影响羊的生产力,应保持羊舍内的清洁卫生,注意通风换气。

第二节　羊舍场址的选择及布局

一、场址的选择

场址选择关系到养羊成败和经济效益,也是羊场设计遇到的首要问题。选择羊场场址时,应对地势、地形、土质、水源以及居民点的配置、交通、电力等物资供应条件进行全面的考虑。场址选择除考虑饲养规模外,应符合当地土地利用规划的要求,充分考虑羊场的饲草饲料条件,还要符合羊的生活习性及当地的社会自然条件。较为理想的场址选择应具备下述基本条件。

(1)地势高燥平坦 按照羊的生活习性,建造羊舍的场地应选在地势较高,排水良好,地下水位应在 2 米以下的地方。在寒冷地区和山区则应选择背风向阳、面积较宽敞的缓坡地建场。这样的地势可以避免雨季洪水的威胁和减少因土壤毛细管水上升而造成的地面潮湿。羊场的地面要平坦且稍有坡度,以便排水,防止积水和泥泞。地面坡度以 1%~3% 较为理想,坡度过大,建筑施工不便,也会因雨水长年冲刷而使场区坎坷不平。

场地的土壤情况对机体健康影响很大。应该选择透气透水性强、毛细管作用弱、吸湿性和导热性小、质地均匀、抗压性强的土壤。土质以沙质土壤为好。沙壤土透水透气性良好,持水性小,因而雨后不会泥泞,易于保持适当的干燥环境,防止病原菌、蚊蝇、寄生虫卵等的生存和繁殖。同时也利于土壤本身的自净。选择沙壤土质作为羊场场地,对羊只本身的健康、卫生防疫、绿化种植等都有好处。土质黏性过重,透水、透气性差,不易排水,不适于建场。低洼涝地、山谷与冬季风口等地,也不宜选建羊场。

(2)水质良好,水源充足 在羊场的生产过程中,羊的饮用水、饲料清洗与调制、设备和用具的洗涤等,都需要大量的水。所以,必须有可靠的水源。水源应符合下列要求:

①水量充足。羊场的供水量要考虑羊只直接饮水量、间接耗水量、冲洗用水、夏季降温和生活用水等,全场用水量以夏季最大日耗量计算。并应考虑防火和未来发展的需要。

②水质良好。水源最好是不经处理即符合饮用标准。新建水井时,要调查当地是否因水质不良而出现过某些地方病,同时还要

作水质化验,以利人、羊的健康。羊只饮水水质要求 pH 在 6.5～7.5,大肠杆菌数量每升在 10 以下,细菌总数每升在 100 以下。毒物安全上限:砷 0.2 毫克/升,铅 0.1 毫克/升,锰 0.05 毫克/升,铜 0.5 毫克/升,锌 2.5 毫克/升,镁 14 毫克/升,钠正常量 6.8～7.5 毫克/升,亚硝酸盐正常量为 0.4 毫克/升。选择场址前,应考察当地有关地表水、地下水资源的情况,了解是否有因水质问题而出现过某种地方性疾病等。尽可能建场于工厂和城镇的上游,以保持水质干净。

③取用方便,便于防护。羊场用水要求取用方便,处理技术简便易行。同时要保证水源水质经常处于良好状态,不受周围条件的污染。在建场时还需要考察附近有无屠宰场和排污水的工厂。

(3)便于防疫　羊场场地的环境及附近的兽医防疫条件的好坏是影响羊场经营成败的关键因素之一,场址选择时要充分了解当地和四周疫情,不能在疫区建场,羊场周围的居民和牲畜应尽量少些,以便发生疫情时进行隔离封锁。建场前要对历史疫情做周密的调查研究,特别警惕附近的兽医站、畜牧场、集贸市场、屠宰场、化工厂等距拟建场地的距离、方位,有无自然隔离条件等,同时要注意不要在旧养殖场上建场或扩建。羊场与居民点之间的距离应保持在 300 米以上,与其他养殖场应保持 500 米以上,距离屠宰场、制革厂、化工厂和兽医院等污染严重的地点越远越好,至少应在 2 000 米以上。做到羊场和周围环境互不污染。如有困难,应以植树、挖沟等建立防护设施加以解决。

(4)交通方便　放牧育肥羊场多设在牧区,要求有广阔的草场,优良的牧草。舍饲育肥羊场大多数设在农区、半农半牧区,要求交通便利,便于饲草运输,特别是大型集约化的商品场和种羊场,其物资需求和产品供销量极大,对外联系密切,故应保证交通方便。但为了防疫卫生,羊场与主要公路的距离至少要在 100～300 米(如设有围墙时可缩小到 50 米)。羊舍最好建在村庄的下风头与下水头,以防污染村庄环境。

此外,选择场址时,还应重视供电条件,特别是集约化程度较高的羊场,必须具备可靠的电力供应。在建场前要了解供电源的位置与羊场的距离,最大供电允许量,供电是否有保证,如果需要可自备发电机,以保证场内供电的稳定可靠。

二、羊舍建筑

1. 羊舍设计的基本参数

(1)羊舍面积及运动场大小　羊舍应有足够的面积,使羊在舍内不拥挤,可以自由活动。羊舍过小时,羊拥挤,舍内潮湿,混浊,不利于羊的健康,而且饲养管理也不方便。羊舍的面积大小可根据饲养数量、品种和饲养管理方式来确定。各类羊只羊舍所需面积见表 6-1。

表 6-1　各类羊只羊舍所需面积　　　　　　　　　米^2/只

羊 别	面 积	羊 别	面 积
春季产羔母羊	1.1～1.6	成年羊和育成羊	0.7～0.9
冬季产羔母羊	1.4～2.0	1 岁育成母羊	0.7～0.8
群养公羊	1.8～2.2	去势羔羊	0.6～0.8
种公羊(独栏)	4～6	3～4 月龄羔羊	占母羊面积的 20%

产羔室可按基础母羊数的 20%～25% 计算面积。

对舍饲而言,除有足够的羊舍面积外,还需有足够的运动场地,以保证羊一定的舍外运动,有利羊的健康。运动场面积一般为羊舍面积的 2.0～2.5 倍。成年羊运动场可按 4 米^2/只计算。

(2)羊舍的跨度和长度　羊舍的跨度一般不宜过宽,有窗自然通风羊舍跨度以 6～9 米为宜,这样舍内空气流通较好。羊舍的长度没有严格的限制,但考虑到设备安装和工作方便,一般以 50～

80 米为宜。羊舍长度和跨度除要考虑羊只所占面积外,还要考虑生产操作所需要的空间。

(3)羊舍高度 羊舍高度根据气候条件有所不同。跨度不大、气候不太炎热的地区,羊舍不必太高,一般从地面到天棚的高位为 2.5 米左右;对于跨度大、气候炎热的地区可增高至 3 米左右;对于寒冷地区可适当降低到 2 米左右。羊数多时,羊舍可高些,以保证充足的空气,但过高则不利于保温,建筑费用也高。

(4)门、窗 羊舍的门应宽敞些,以免羊进出时发生拥挤,一般门宽 3 米,高 2 米左右,寒冷地区的羊舍,为防止冷空气直接进入,可在大门外设套门。门上不应有尖锐的突出物,以免刺伤羊只。不设门槛和台阶,有斜坡即可。羊舍的窗户面积一般占舍地面积的 1/15～1/10,距地面在 1.5 米以上,以便防止贼风直接吹袭羊群。窗应向阳,保证舍内充足的光线,以利于羊的健康。

2.羊舍建造的基本要求

(1)地面 通常称为畜床,是羊躺卧休息、排泄和生产的地方。地面的保暖和卫生状况很重要。羊舍地面有实地面和漏缝地面两种类型。实地面又以建筑材料不同分夯实黏土、三合土(石灰:碎石:黏土为 1:2:4)、石地、砖地、水泥地、木质地面等。黏土地面易于去表换新,造价低廉,缺点是容易潮湿和不便消毒,在干燥地区可采用。三合土地面较黏土地面好。石地和水泥地面不利于保温,太硬,但便于清扫和消毒。砖地和木质地面保暖,也便于清扫与消毒,但成本高,适合于寒冷地区。饲料间、人工授精室、产羔室可用水泥地面或砖地面,以便消毒。漏缝地面能给羊提供干燥的卧地,国外常见,国内亚热带地区新区养羊已普遍采用。

(2)墙壁 羊舍的墙壁应坚固、耐久、抗震、耐水、防火;结构简单、便于清扫和消毒;同时应有良好的保温与隔热性能。墙壁的结构、厚薄及多少主要取决于当地的气候条件和羊舍的类型。气温高的地区,可以建造简易的棚舍或半开放式舍。气温低的地区,墙壁要有较好的绝热能力,可以用加厚墙、空心砖墙或在中间充稻糠、麦秸之类的隔热材料。

(3)屋顶和天棚 屋顶兼有防水、保温、隔热、承重3种功能,正确处理三方面的关系对于保证羊舍环境的控制极为重要。其材料有陶瓦、石棉瓦、木板、塑料薄膜、油毡等。国外也有采用金属板的。屋顶的种类繁多,在羊舍建筑中常采用双坡式,也可以根据羊舍实际情况和当地的气候条件采用半坡式、平顶式、联合式、钟楼式、半钟楼式等(图6-1)。单坡式羊舍,跨度小,自然采光好,适用于小规模羊群和简易羊舍;双坡式羊舍,跨度大,保暖能力强,但自然采光、通风差,适于寒冷地区,也是最常用的一种类型。在寒冷地区还可选用平顶式、联合式等类型,在炎热地区可选用钟楼式和半钟楼式。

在寒冷地区可加天棚,其上可贮存冬草,并能增强羊舍保温性能。

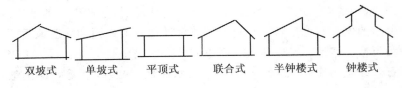

双坡式　　单坡式　　平顶式　　联合式　　半钟楼式　　钟楼式

图 6-1　羊舍屋顶种类

(4)运动场 呈"一"字排列的羊舍,运动场一般设在羊舍的南面,低于羊舍地面,向南缓缓倾斜,以沙质壤土为好,便于排水和保持干燥。运动场周围设围栏,围栏高度 1.5～1.8 米。

三、羊舍的基本类型

由于各地的气候条件不同,羊舍的类型也有很大差异,各地在建羊舍时应根据当地自然条件、饲养品种、方式、规模大小和经济情况而定。

（1）长方形羊舍　这类羊舍建筑方便、实用，舍前的运动场可根据分群饲养需要隔成若干小圈。羊舍面积可根据羊群大小、每只羊应占面积及利用方式等确定。寒冷地区建肉羊育肥舍可考虑采用该类型，这种羊舍可供 600 只羔羊育肥或 400 只左右的母羊群冬季产羔使用。见图 6-2。

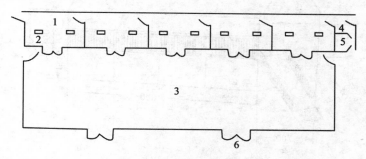

图 6-2　长方形羊舍

1.羊舍　2.通气孔　3.运动场　4.工作室　5.饲料间　6.舍门

（2）棚、舍结合羊舍　这种羊舍大致分为 2 种类型。一种是利用原有羊舍的一侧墙体，修成三面有墙，前面敞开的羊棚。羊平时在棚内过夜，冬、春进入羊舍。另一种是三面有墙，向阳避风面为 1.0～1.2 米的矮墙，矮墙上部敞开，外面为运动场的羊棚。平时羊在运动场过夜，冬、春进入棚内，这种棚舍适用于冬、春天气较暖的地区。

（3）剪毛、产羔两用羊舍　在四季草场轮牧的牧区，只在冬、春季时才利用羊舍，因此，可建造剪毛与产羔两用羊舍。冬春用于产羔、育羔，夏季用于剪毛。建筑此类羊舍时，既要按照剪毛羊群的数量、规模及工作要求，又要考虑到产羔、育羔时的一些特殊需要，统一布局，合理安排。

（4）楼式羊舍　这种羊舍通风良好，防热、防潮性能较好。楼板多以木条、竹片敷设,间隙 1.0～1.5 厘米,离地面 1.5～2.5 米。夏、秋季节气候炎热、多雨、潮湿,羊可住楼上,且通风好、凉爽、干燥。冬、春冷季,楼下经过清理即可住羊,楼上可贮存饲草。见图 6-3。

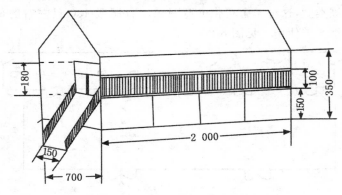

图 6-3　楼式羊舍(单位:厘米)

(5)农膜暖棚式羊舍　是一种更为经济合理、灵活机动、方便实用的棚舍结合式羊舍。这种羊舍可以原有三面墙的敞棚圈舍为基础,在距棚前檐 2～3 米处筑一高 1.2 米左右的矮墙。矮墙中部留约 2 米宽的舍门,矮墙顶墙与棚檐之间用木杆或木框支撑,上面覆盖塑料薄膜,用木条加以固定。薄膜与棚檐和矮墙的连接处用泥土紧压。在东、西两墙距地面 1.5 米处各留一可关可开的进气孔,在棚顶最高处也留 2 个与进气孔大小相当的可调节排气窗。在北方冬季气温降至 0～5℃时,这种暖棚式羊舍棚内温度可比棚外提高 5～10℃;气温至-30～-20℃时,棚内可较棚外提高 20℃左右。这种羊舍充分利用了白天太阳能的蓄积和羊体自身散发的热量,提高夜间羊舍的温度,使羊只免受风雪严寒的侵袭。使用农膜暖棚养羊,要注意在出牧前打开进气孔、排气窗和舍门,逐渐降低室温,使舍内外气温大体一致后再出牧。待中午阳光充足时,关闭舍门及进、出气口,提高棚内温度。

肇源县畜牧局繁育站杨维文 1988 年冬至 1989 年春进行了塑料暖棚养羊效果观测。暖棚采用朝阳面覆盖双层塑料膜,底面一层用秫秆撑起展平,上面一层利用竹片支成中空,呈拱形构造,拱高 50 厘米,利用中空层形成保温层。当舍外温度近 -25~-22℃时,舍内温度保持在 -4~0℃,可提高舍内温度近 20℃。采用该塑料暖棚养羊,毛长可比常规羊舍饲养提高 1~2 厘米,平均每只羊产毛量增加 1 千克左右;饲料利用率显著提高;羔羊成活率提高10%;初生羔离乳重平均提高 0.5 千克。经济效益显著增加。

(6)农家简易羊舍　这种羊舍适用于千家万户规模较小的饲养。羊舍一般为长方形,房顶可用瓦片或稻草覆盖,三面整墙,前面半墙或栅栏,高 1 米左右,上半部敞开,墙用砖石砌成或泥土筑成。也可利用旧房、草棚等改建而成。舍内靠里半侧可设羊床,羊床离地面高 50~80 厘米,以利于羊的休息和栖地清洁。舍内靠前沿墙壁设草架和栏门,以利羊采食和出人。见图 6-4。

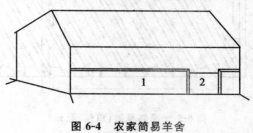

图 6-4　农家简易羊舍
1.前半墙　2.门

第三节　养 羊 设 备

养羊的常用设备主要包括草架、饲槽、栅栏、堆草圈、药浴池、青贮壕等。

一、草架

羊爱清洁、喜吃干净饲草,利用草架喂羊,可避免羊践踏饲草,减少浪费,还可减少感染寄生虫的机会。草架的形式多种多样,有靠墙固定单面草架和"⌣"形两面联合草架,还有的地区利用石块砌槽,水泥勾缝,钢筋作隔栅,修成草料双用槽架。草架设置长度,成年羊按每只 30～50 厘米,羔羊 20～30 厘米,草架隔栅间距以羊头能伸入栅内采食为宜,一般宽 15～20 厘米。

(1)简易草架　用砖或石头砌成一堵墙,或直接利用羊舍墙,将数根木棍或木条下端埋入墙根,上端向外斜 25°,各木条或木棍的间隙应按羊体大小而定,一般以能使羊头部进出较易为宜。并将各竖立的木棍上端固定在一横棍上,横棍的两端分别固定在墙上即可。可参照图 6-5。

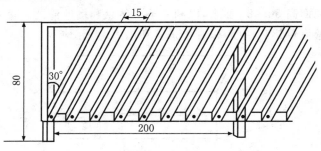

图 6-5　简易草架(单位:厘米)

(2)木制活动草架　先制作一个长方形立体框,再用木条制成间隔 15～20 厘米的"U"形装草架,将装草架固定在立体框之间即可。见图 6-6。

一般木制草架成本低,容易移动,在放牧或半放牧饲养条件下比较实用。舍饲条件下在运动场内用砖块砌槽,水泥勾缝,钢筋作隔栅,做成饲料饲草两用饲槽,使用效果更好。建造尺寸可根据羊群规模设计。

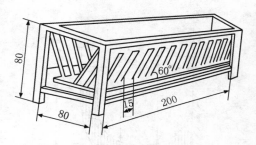

图 6-6　木制活动草架(单位:厘米)

二、饲槽

为了节省饲料,讲究卫生,要给羊设饲槽。可用砖、石头、土坯、水泥等砌成固定饲槽,也可用木板钉成活动饲槽。

(1)固定式饲槽　用砖、石头、水泥等砌成长方形或圆形固定饲槽。见图 6-7。长方形饲槽大小一般要求为:槽体高 23～25 厘米,槽内宽 23～25 厘米,深 14～15 厘米,槽壁应用水泥抹光。槽长依据羊只数而定,一般可按每只大羊 30 厘米、羔羊 20 厘米计算。固定式圆形食槽中央砌成圆锥体,内放饲料。圆形体外砌成一带有采食孔、高 50～70 厘米的砖墙,羊可分散在圆锥体四周采食。

(2)活动式饲槽　用厚木板或铁皮制成长 1.5～2.0 米,上宽 30～35 厘米,下宽 25～30 厘米的饲槽。见图 6-8 和图 6-9。其优点是使用方便、制造简单。

羔羊哺乳饲槽:这种饲槽可先做成一个长方形铁架,用钢筋焊接成圆孔架,每个饲槽一般有 10 个圆形孔,每孔放置搪瓷碗一个,适宜于哺乳期羔羊的哺乳。

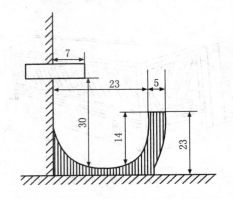

图 6-7　固定式水泥槽侧面示意图(单位:厘米)

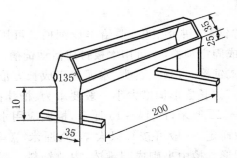

图 6-8　活动式轻便料槽(单位:厘米)

三、饮水槽

饮水槽多为固定式砖水泥结构。长度一般为 1.0~2.0 米。也可安装自动饮水器,这样能够节约用水。并且可在水箱内安装电热水器,使羊能在冬天喝上温水。

四、栅栏

(1)母子栏　将 2 块栅栏板用铰链连接而成,每块高 1 米,长

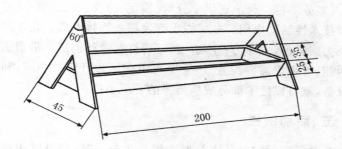

图 6-9 活动式三角架料槽(单位:厘米)

1.2～1.5 米,将此活动木栏在羊舍角隅呈直角展开,并将其固定在羊舍墙壁上,可围成 1.2～1.5 米² 的母仔间(图 6-10)。目的是使产羔母羊及羔羊有一个安静又不受其他羊只干扰的环境,便于母羊补料和羔羊哺乳,有利于产后母羊和羔羊的护理。

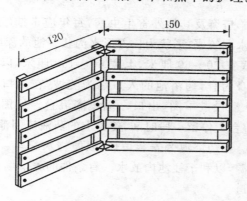

图 6-10 活动母仔栏(单位:厘米)

(2)羔羊补饲栅 可用多个栅栏、栅板或网栏在羊舍或补饲场靠墙围成足够面积的围栏,并在栏间插入一个大羊不能进,而羔羊自由进出采食的栅门即可。

（3）分羊栏　分羊栏供羊分群、鉴定、防疫、驱虫、测重、打号等生产技术性活动中用。分羊栏由许多栅板连接而成。在羊群的入口处为喇叭形，中部为一小通道，可容许羊单行前进。沿通道一侧或两侧，可根据需要设置 3～4 个可以向两边开门的小圈，利用这一设备，就可以把羊群分成所需要的若干小群。

五、活动围栏

活动栏可供随时分隔羊群之用。在产羔时，也可以用活动围栏临时间隔为母子小圈，以保证羔羊安全，使产羔母羊有一个安静又不受干扰的环境，利于产羔、接羔和护羔。可将带羔母、仔羊圈在一起，便于哺乳补料及保护羔羊。通常有重叠围栏、折叠围栏和三角架围栏几种类型。

六、药浴池

为防治羊疥癣及其他外寄生虫病，每年应定期给羊药浴。药浴池一般用水泥筑成，形状为长方形水沟状。池的深度约 1 米，长 10～15 米，底宽 30～60 厘米，上宽 60～100 厘米，以 1 只羊能通过而不能转身为宜，药浴池的入口端为陡坡，在出口一端筑成台阶，在入口一端设贮羊圈，出口一端设滴流台。见图 6-11。羊出浴后，在滴流台上停留一段时间，使身上的药液流回池内。滴流台用水泥修成。在药浴池旁安装炉灶，以便烧水配药。药浴池应临近水井或水源，以利于往池内放水。有条件的养羊场、户可建造药浴池排水通道。

七、青贮窖或青贮壕

青贮料是绵、山羊的良好饲料，可以和其他饲草搭配，提高羊的采食量。为了制作青贮饲料，应在羊舍附近修建青贮窖或青贮壕。

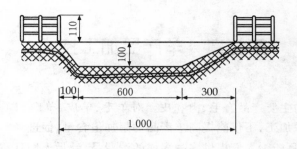

图 6-11　药浴池(单位:厘米)

(1)青贮窖　一般为圆桶形,底部呈锅底状,可分地下式或半地下式。建窖时应选地势干燥、地下水位低的地方修建,先挖一个土窖,窖的大小应根据羊群数量、饲喂青贮量决定,一般窖的直径2.5～3.5米,深3米左右。然后将窖壁用砖和水泥砌成,窖壁应光滑,防止雨水渗漏。

(2)青贮壕　一般为长方形,壕底及壕壁用砖、石、水泥砌成。为防止壕壁倒塌,青贮壕应建成倒梯形。青贮壕的一般尺寸,人工操作时深3～4米,宽2.5～3.5米,长4～5米;机械操作时长度可延长至10～15米,以2～3天能将青贮原料装填完毕为原则。青贮壕也应选择地势干燥的地方修建,在离青贮壕周围50厘米处,应挖排水沟,防止污水流入壕中。

第七章　羊产品加工技术

羊的主要产品有毛、肉和皮。对羊毛、羊皮、羊肉和羊的副产品的精深加工,不仅能提高羊产品的附加值含量,促进养羊产业化发展,而且能为人们提供多种多样的消费品,满足人们日益增长的精神和物质的要求。羊产品的加工大有可为。

第一节　羊　　肉

一、羊的屠宰加工

(一)宰前准备

待宰的羊只必须进行宰前检验和宰前禁食。经宰前检验合格,确属健康者,方可进行屠宰。

宰前检验的主要内容是观察口、鼻、眼有无过多分泌物,观看可视黏膜,观看精神状态、被毛、呼吸和运步姿态;听羊的叫声、咳嗽声;触摸羊体各部,判断体温高低,摸体表淋巴结大小。有传染病的羊不得屠宰,患有炭疽、羊快疫、羊肠毒血症、传染性胸膜肺炎等恶性传染病的羊,还要采取不放血的方法扑杀,如深埋。同群羊应隔离观察 3 天后,确无病症者方可屠宰。此外,注射炭疽疫苗14 天内的羊不得屠宰。

病羊大多食欲减退或废绝,粪便干燥或稀薄,被毛蓬乱,呼吸困难,鼻镜干燥,鼻孔分泌物过多,体温升高或降低,运动迟缓,四肢无力。

宰前禁食供水是生产优质肉所必需的。要在宰前 24 小时停止饲喂或放牧。禁食期间,应供给足够的水,以使生理活动正常进行,调节体温,促进粪便排泄,放血完全。宰前 2～4 小时要停止供水,以防屠宰期间胃肠道内容物污染胴体。

禁食期间,要让羊只休息充分,避免惊慌,禁止用棍棒殴打和用力抓羊的皮肤。否则,会降低屠宰产品的质量。

(二)屠宰

羊的屠宰一般包括放血、剥皮、胴体整理等过程。

(1)放血　屠宰时,不要让羊惊慌和过分挣扎,以免引起放血不全,影响胴体品质。放血方法有以下几种。

大抹脖(切断 3 管):从颈部切断羊的血管、气管和食管放血。这种方法容易使血液污染毛皮,胃肠内容物污染血液等。在信仰伊斯兰教地区,多采用此法。

胸腔放血:将羊仰卧,用尖刀从羊的第 3、4 肋骨间胸骨偏左处刺开一刀口,将手伸入胸腔,刺破主动脉弓,血液流入胸腔。

两管刺杀放血:在羊的颈部纵向切开皮肤约 8 厘米,然后将刀刺入切口,割断气管和血管,血液流入容器。

放血时要把羊固定好,防止血液污染毛被。放血完毕,及时剥皮。宰羊时放出的血量约占活体重的 3.5%。

(2)剥皮　羊的剥皮一般采用水平剥离,将羊体横放固定台上,使腹部朝上。大型屠宰厂多采用垂直剥离法。剥皮方法又分人工剥和机械剥。水平剥离时,用尖刀沿腹中线挑开皮层,向前挑至下颌,向后挑至尾部。再从两前肢和两后肢内侧切开,前肢挑至胸中线,后肢挑至肛门。剥皮时,先用刀剥开 5～10 厘米,然后用拳击法自腹部向背部将皮逐步剥开。要防止刀伤皮板。对于羔皮,要保持皮型完整,保持全头、全耳、全腿,去掉腿骨、尾骨及耳骨,公羔阴囊保留在羔皮上。

(3)胴体整理　用刀沿腹中线开膛,防止刀伤内脏。将全部内脏取出后,前肢从腕关节,后肢从跗关节处去蹄,头从枕寰关节处切断。然后,去掉生殖器、板油及肾脏。最后修刮残毛、血污、血斑及伤痕等,以保持胴体整洁卫生,符合商品要求。经检验合格后,方可入库冷藏或分割、出售。

(三)羊肉的成熟排酸

羊经屠宰后,其胴体内部发生一系列的生物化学变化,使肉具有柔嫩,并产生特殊的气味与滋味,持水性也有所恢复。这个过程称为肉的成熟排酸。它可以分为 3 个阶段,即尸僵、解僵和自溶。

(1)尸僵　刚宰后的胴体温度为 38～40℃。经过一段时间,胴体由软变硬,关节不灵活,呈现僵硬状态,叫做尸僵。在 4℃ 条件下,羊肉的尸僵时间为在宰后 8～10 小时。此时的肉,风味低劣,硬度大,持水性差,不宜加工食用。

(2)解僵和自溶　尸僵持续一段时间后,胴体开始变软,嫩度提高,持水性有所恢复,具有良好的风味和滋味,最适于加工和食用。在 4℃ 下,经 2～4 天可完成成熟排酸过程。

(3)冷收缩　羊肉在尸僵状态完成之前,胴体温度降到 10℃ 以下时,肌肉就会收缩,这种现象称为冷收缩。这种肉硬度大,可逆性小,甚至在烹调加工中仍然是坚韧的。剔骨肉比不剔骨肉更易发生冷收缩。在不低于 10℃ 的条件下冷却胴体或剔骨,可避免冷收缩的发生。

(4)电刺激　在宰后 30 分钟内对羊胴体进行电刺激,也就是通电,可以防止冷收缩,提高嫩度,改进肉的色泽,降低 pH,增加肉的黏性,提高灌肠的弹性。电刺激方法简单易行,只需保持良好的电接触即可。使用安装时,一个电极是活动的,用于连接胴体,另一个电极通过高架传送接地,两极间的电压需足以产生可通过胴体的交流电流。高压法电压可在 300 伏特以上,低压法电压可低于 110 伏特。电刺激时间在 30～120 秒钟。

二、羊肉的分割利用

绵羊肉可分为大羊肉和羔羊肉,前者多指周岁以上的羊,后者指不满 1 岁的羊。4～6 月龄的羊生产的肉称为肥羔肉。

(一)绵羊肉的规格标准

我国把绵羊胴体分为 4 级。

一级:肌肉发育最佳,骨不外露,全身充满脂肪,在肩胛骨上附有柔软的脂肪层。

二级:肌肉发育良好,骨不外露,全身充满脂肪,肩胛骨稍突起,脊椎上附有肌肉。

三级:肌肉不甚发达,仅脊椎、肋骨外露,并附有细条的脂肪层,在臀部、骨盆部有瘦肉。

四级:肌肉不发达,骨骼明显外露,体腔上部有脂肪层。

(二)山羊胴体的分级

按肌肉发育程度和肥度,山羊肉可分为 3 级。

一级:肌肉发育良好,仅肩胛部和脊椎骨上部稍外露,其他部位骨骼不外露,皮下脂肪布满全身,肩颈部脂肪层分布稀薄。

二级:肌肉发育中等,肩胛部及脊椎骨稍外露,背部脂肪层薄,腰部、肋部稍有脂肪沉积。

三级:肌肉发育较差,肩胛骨和脊椎骨明显外露,体表脂肪层稀薄且分布不均。

(三)胴体分割

根据羊胴体各部位肌肉组织结构的特点,结合消费者的不同需求,可将羊的胴体进行分割,以便于按质论价,便于运输和保管。近年来,羊肉分割肉的需求量不断增加。分割时,先把胴体一分为二。再以半片胴体为基础,按要求进一步剖分。

(1)常见分割法　这种分割法把胴体分为 6 块(图 7-1)。

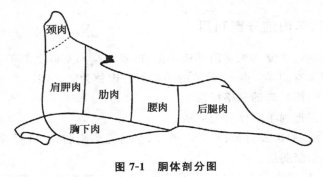

图 7-1　胴体剖分图

后腿肉:从最后腰椎处横切下的后腿部分。

腰肉:从最后腰椎处至最后一对肋骨间横切,去掉胸下肉。

肋肉:从最后一对肋骨间至第 4 与第 5 对肋骨间横切,去掉胸下肉。

肩胛肉:从肩胛骨前缘至第 4 肋骨,去掉颈肉和胸下肉。

胸下肉:从肩端到胸骨,以及腹下无肋骨部分,包括前腿腕骨以上部分。

颈肉:从最后颈椎与第 1 胸椎间切开的整个颈部肉。

不同的分割肉其价格、食用价值和食用方法区别很大。一般后腿肉和腰肉最好,而且占胴体肉的 50％以上。按商品肉分级,后腿肉、腰肉、肋肉和肩胛肉属于一等肉,颈部、胸部和腹肉属于二等肉。

(2)美国的羔羊胴体分割法　通常把羊胴体分割成 8 块(图 7-2)。

(3)英国的羔羊胴体分割法　在英国,依据胴体的大小和当地习惯把羊肉分成数量不同的肉块。一般说来,屠宰后,胴体在 0～4℃下冷却并悬挂数天,完成成熟排酸。肩胛肉去骨并打卷出售,其他部位肉带骨出售。英国羊胴体剖分如图 7-3 所示。

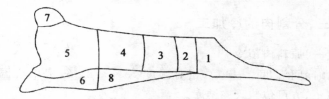

图 7-2　美国羔羊胴体剖分示意图

1.后腿肉　2.上腰肉　3.腰肉　4.肋骨　5.肩胛肉　6.胫肉　7.颈肉　8.胸肉

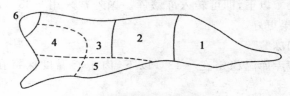

a. 13~16 千克的胴体

1.后腿肉　2.腰肉　3.上等颈肩肉　4.肩胛肉　5.胸肉　6.颈肉

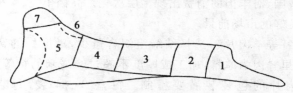

b. 16~18 千克的胴体

1.后腿肉　2.腰臀肉　3.腰肉　4.上等颈肩肉　5.肩胛肉　6.颈肩肉　7.颈肉

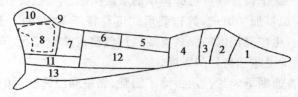

c. 20~27 千克的胴体

1.小腿肉　2.后腿肉　3.腿臀肉　4.腰臀肉　5.腰肉　6.上等颈肩肉　7.夹心肉

8.肩胛肉　9.颈肩肉　10.颈肉　11.臂关节肉　12.肋骨　13.胸肉

图 7-3　英国羊胴体剖分示意图

三、分割肉的冷加工

(一)原料肉预冷

预冷间温度 0～4℃，相对湿度 75％～84％，肉中心温度达 7℃以下，方可包装入冻结库。

(二)冻结

库温在－25℃以下，相对湿度 95％以上，经 48 小时肉中心温度达－15℃以下，即可转入冻藏库。国外常采用－38℃，38 小时速冻，效果更好。

(三)冻藏

冻藏库库温稳定在－18℃以下，肉中心温度保持在－15℃以下。

(四)涮羊肉片的加工

在我国，对羊肉的消费出现多层次化。高档羊肉、高档羊肉制品具有良好的市场前景。

(1)特等羊肉片 选择结缔组织含量少，嫩度好的背最长肌（眼肌）、里脊肉为原料，加工成厚度不超过 2 毫米的特等羊肉片。特等羊肉片的包装装潢要精制。每盒 2～4 袋，每袋 0.3～0.5 千克。

(2)一级羊肉片 以后腿肉中的股二头肌、半膜肌、半腱肌、肩胛肉等为原料加工而成，其包装形式可与特等羊肉片相同。值得注意的是，生产高档肉的原料肉要经过低温成熟排酸，使羊肉具有特有的鲜美滋味和良好的嫩度。

(3)普通涮羊肉片 用去除了筋腱、韧带和经修整后的羊肉为原料，根据各肉块的食用价值或当地的食用习惯，将分割肉统一搭配、装模或卷筒造型后进行速冻。然后用切片机切片。把羊肉片装入塑料袋密封，每袋重 0.4 千克或 0.5 千克，每盒 5～10 袋。

(4)涮羊肉片加工中的注意事项

①要选择经过肥育的羔羊肉,以阉割的公羔肉为最好。老羊肉嫩度差,色泽深。

②冻羊肉块经过适当的解冻后,方可用切片机切片。硬度过大过小都不易切片成型。解冻方法有自然空气解冻、水解冻和微波解冻等。自然空气解冻法所需时间长,简便易行。微波解冻法快捷、均匀,解冻质量高。

③切好的羊肉片最好采用真空密封,然后冷藏。操作要迅速,刀具要锋利。

四、羊肉的标准与规格

(一)我国规定的羊肉标准

1.羊肉质量标准的总体要求

羊肉的整体质量标准,按照规定,应除尽羊体内的生殖器官,如母羊的胎盘、子宫、卵巢和公羊的外生殖器、睾丸等,摘除所有内脏,不带毛、皮块、血污、粪污、病灶或有害腺体如甲状腺、肾上腺、颌下腺和有病变的淋巴结等,保证肉质新鲜,色泽良好。

2.鲜羊肉卫生标准(GB 2723—81)

鲜羊肉系指羊经过屠宰加工、兽医卫生检验等,符合市场鲜销而未经冷冻的新鲜的羊肉。其感官指标和理化指标如表7-1和表7-2所示。

表 7-1　鲜羊肉感官指标

项目	一级鲜度	二级鲜度
色泽	肌肉有光泽,红色均匀,脂肪洁白或淡黄色	肌肉色稍暗,切面尚有光泽,脂肪缺乏光泽
黏度	外表微干或有风干膜,不粘手	外表干燥或粘手,新切面温润

续表 7-1

项目	一级鲜度	二级鲜度
弹性	指压后的凹陷立即恢复	指压后的凹陷恢复慢,且不能完全恢复
气味	具有鲜羊肉的正常气味	稍有氨味或酸味
煮沸后肉汤	透明澄清,脂肪团聚于表面,具有香味	稍有混浊,脂肪呈小滴浮于表面,香味差或无香味

表 7-2 鲜羊肉理化指标

项目	一级鲜度	二级鲜度
挥发性盐基氮/(毫克/100 克)	≤15	≤25
汞/(毫克/千克,以汞计)	≤0.05	

3.冻羊肉卫生标准(GB 2709—81)

冻羊肉系指活羊经屠宰加工、经兽医卫生检验符合市场鲜销,并经符合冷冻条件要求冷冻的羊肉。感官指标(解冻后)如表 7-3 所示。

表 7-3 冻羊肉解冻感官指标

项目	一级鲜度	二级鲜度
色泽	肌肉色鲜艳,有光泽,脂肪白色	肉色稍暗,肉与脂肪缺乏光泽,但切面尚有光泽,脂肪稍发黄
黏度	外表微干或有风干膜,或温润不粘手	外表干燥或轻度粘手,切面温润粘手
组织状态	肌肉结构紧密,有坚实感,肌纤维韧性强	肌肉组织松弛,肌纤维有韧性
气味	具有羊肉正常气味	稍有氨味或酸味
煮沸后肉汤	透明澄清,脂肪团聚于表面,具有鲜羊肉汤固有的香味和鲜味	稍有混浊,脂肪呈小滴浮于表面,香味鲜味较差

理化指标同"鲜羊肉卫生标准"。

4.鲜冻胴体羊肉标准(GB 9961—88)

本标准所列羊胴体,包括绵羊和山羊胴体,共分 3 个等级(表 7-4)。

表 7-4 鲜冻羊肉胴体分级标准

项目	一级鲜度	二级鲜度	三级鲜度
外观及肉质	肌肉发达,全身骨骼不突出(小尾羊肩隆部之脊椎骨尖稍突出)。皮下脂肪布满身(山羊的皮下脂肪层较薄),臀部脂肪丰满	肌肉发育良好,除肩隆部及颈部脊椎骨尖稍突出外,其他部位骨骼均不突出。皮下脂肪布满全身(山羊为腰背部),肩颈部脂肪层较深	肌肉发育一般。骨骼稍显突出,胴体表面带有薄层脂肪。肩部、颈部、荐部及臀部肌膜露出
胴体重量/千克	绵羊≥15 山羊≥12	绵羊≥12 山羊≥10	绵羊≥7 山羊≥5

感官指标应符合 GB 2723—81 和 GB 2709—81 中的一级鲜度标准。具体感官指标见表 7-5。

表 7-5 羊肉具体感官指标

项目	鲜羊肉	冻羊肉(解冻后)
色泽	肌肉有光泽,色鲜红或深红,脂肪呈乳白或淡黄色	肌肉色鲜,有光泽,脂肪呈乳白色
黏度	外表微干,或有风干膜不粘手	外表微干或有风干膜,或温润,不粘手
弹性	指压后的凹陷立即恢复	肌肉结构紧密,有坚实感,肌纤维韧性强
气味	具有鲜羊肉的正常气味	具有羊肉的正常气味
肉汤状态	透明澄清,脂肪团聚于表面,具有特香味	澄清透明,脂肪团聚于表面,具有羊肉汤固有的香味或鲜味

理化指标应分别符合 GB 2723—81 和 GB 2709—81 中的一级鲜度标准。具体理化指标见表 7-6。

表 7-6　羊肉具体理化指标

项目	鲜羊肉	冻羊肉
挥发性盐基氮/(毫克/100 克)	≤15	≤0.05
汞/(毫克/千克,以汞计)	≤15	≤0.05

5. 出口冻羊肉标准(ZBX 22004—86)

中华人民共和国出口冻羊肉标准的全文如下:

本标准适用于出口冻带骨羊肉,冻带皮山羊肉、冻去骨羊肉和冻分割羊肉。

(1)兽医卫生条件

①羊只系来自安全非疫区,经兽医宰前检验健康,宰后检验无病。

②按伊斯兰教方法屠宰(无要求者除外)。

③羊肉加工清洁卫生,无出血、瘀血,无炎症、脓肿、坏死及其他局部病变。

④患下列疾病者不得出口:炭疽、羊快疫、羊肠毒血症、口蹄疫、布氏杆菌病、副结核、羊痘、破伤风、蓝舌病、囊尾蚴等。

⑤残留有害人体健康的化学、生物药剂者不得出口。

(2)品质

①肉质新鲜,色泽、气味正常,无毛、血污、杂质等。

②加工工艺良好,冷冻适宜。

③不得进行二次冷冻。

④去骨羊肉和分割羊肉的原料,采用肌肉发育正常,不过度瘦者。

(3)规格　去头、蹄、内脏、大血管、乳房、生殖器官、腹内脂肪

（板油）。

①冻带骨羊肉。

a.去皮、带骨、带或不带骨，去或不去肾周围脂肪，带或不带尾。

b.淋巴结应在自然位置上，胸腹膜不得剥离或切除。

c.皮肌完整，横膈膜去掉腱质部。

d.胴体净重不低于 8 千克。

②冻带皮山羊肉。

a.带皮、去毛、带尾、带或不带肾。

b.体表色素斑点和斑痕允许轻微修割，但不得露骨透腔。

c.胴体净重为 6～18 千克。

③冻去骨羊肉。

a.去皮、去内脏。

b.不得带皮肌、腹肌、横膈肌、碎骨和软骨。

c.修去筋腱膜、腱头、允许保留背最长肌筋膜 2/3。

d.去骨肉要求修净外露脂肪，保持肌膜完整，保留肌间脂肪。

e.冻去骨卷装羊肉，每卷重量为 2.5 千克，每箱净肉 20 千克。

④冻分割羊肉。

a.去皮、带或不带骨。

b.分割可根据不同要求，分别切取不同部位。

（4）等级

①一级羊肉：肌肉发育良好，肩隆部脊椎骨棘突稍外露，其他部位骨骼不显，皮下脂肪布满全身、肩、颈部脂肪允许较薄。

②二级羊肉：肌肉发育中等，肩隆部及背部脊椎骨棘突稍外露，背部布满薄层皮下脂肪，腰部及肋侧稍有脂肪分布，荐部及臀部肌肉膜突出。

③三级羊肉：肌肉发育较差，骨骼显著突出，肌体表面带有不显著的脂肪，有的肌肉发育尚好者亦可不带脂肪。

(5)包装

①带骨羊肉需装聚乙烯袋或白袋。

②去骨或分割羊肉需用聚乙烯袋或聚乙烯薄膜包装。

③包装布袋或纸箱需坚固，无破损、清洁无霉。

④捆扎结实，整齐美观，标明净重唛头清晰。

(6)冷冻

①预冷：预冷温度 0～4℃，相对湿度 75％～84％，肉中心温度达 7℃以下，方可入冻结库。

②冻结：库温需在－25℃以下，相对湿度 95％以上，经 48 小时肉中心温度达－15℃以下，方可入冷藏库。

③冷藏：库温稳定在－18℃以下，肉中心温度保持在－15℃以下。

(7)检验

①按 ZBX 04006—86《出口冻羊肉检验规程》执行。

②合同中有具体检验项目要求的，按合同要求进行。

(二)国外绵羊肉的规格

1.大羊肉

上等：胴体重 25～30 千克，肉质好，脂肪含量适中，第 6 对肋骨上部棘状突起上缘的背脂厚度 0.8～1.2 厘米。

中等：胴体重 21～32 千克，背脂厚度 0.5～1.5 厘米。

下等：17 千克以上，背脂厚度 0.3～2.0 厘米。

等外：肉质有恶味，脂肪黄色。因屠宰时外伤或其他原因造成的变质部位多，以及卫生检验时割除部分多。

2.羔羊肉

上等：胴体重 19～22 千克，背脂厚度 0.5～0.8 厘米。

中等：胴体重 17 千克以上，背脂厚度较上等的多或少。

下等：胴体重 15 千克，背脂厚度 0.3 厘米以上。

等外：肉质有恶味，脂肪黄色，卫生检验时割除部分多。

五、羊肉制品加工

(一)羊肉的特点

羊肉组织结构紧密,肌纤维细嫩,味道鲜美,且有特殊的风味。吸水性和黏着性强,脂肪硬,碘价低,因而羊肉的加工特性不同于其他畜肉。

羊肉的蛋白质含量高于猪肉,赖氨酸、精氨酸、丝氨酸和组氨酸含量高于牛肉、猪肉和鸡肉,硫氨素和核黄素比其他畜肉多。羊肉胆固醇含量低,每100克绵羊肉含70毫克,山羊肉含60毫克,小牛肉含140毫克,成牛肉含106毫克,鸡肉含60~70毫克,兔肉含65毫克。

由于羊肉含有丰富的蛋白质和其他营养素,其性甘温,补益脾虚,强壮筋骨,益气补中。据《增广本草纲目》所载,"羊肉气味苦甘大热无毒,(诜曰)温","羊性热属火,故配于苦,羊之齿骨五脏皆温平惟肉性大热也"。

(二)常用辅料和添加剂

辅料和添加剂对食品的风味、营养卫生有很大作用。

(1)调味料 调味料是最基本的辅助材料,主要作用是改善制品的滋味和感官性质。常用的调味料有食盐、酱油、糖、酒和味精等。

食盐:肉制品加工常用精盐,是必不可少的材料,羊肉的鲜味需在一定浓度的咸味下才能表现出来,否则就淡而无味。食盐还有防腐和提高肉的保水性的作用。用量一般在3%左右。用盐量过多或单独使用食盐,会产生肉发干发硬,色泽发暗,制品过咸等缺陷。

糖:生产肉制品往往要添加一定量的糖。糖的主要作用是使肉质柔软,改善风味,保持肉色鲜艳。

酒:白酒和黄酒是许多肉制品必需的调料,可除去腥味、膻味和异味,并有一定的杀菌作用。酒的醇香气味可使制品回味甘美,增加风味。

味精:味精能增强肉品的鲜味,常用于灌肠等西式制品。味精热稳定性差,长期加热或加热到120℃时,不仅失去鲜味,还有一定毒性。油炸制品不易采用。味精与核苷酸类鲜味剂混合使用有协同作用。

酱油、酱、食醋也是常用的调味料。

(2)香辛料　香辛料的种类很多,它们具有一定的气味和滋味,赋予产品一定风味,掩盖和矫正肉的不良气味,增进食欲,促进消化。

辛辣类:红辣椒、芥末、姜、胡椒、大蒜、洋葱、大葱等。

芳香类:丁香、大茴香、小茴香、孜然、肉豆蔻、小豆蔻、桂皮、花椒、草果、月桂叶、山萘、砂仁等。其中孜然、草果、月桂叶、小茴香等具有去膻压膻作用。香辛料混合使用可使肉制品获得独特风味。

肉制品加工中还常使用复合香辛料,如五香粉、咖喱粉等。

(3)添加剂

发色剂:肉制品加工中使用的发色剂有硝酸钠、硝酸钾、亚硝酸钠。它们的分解产物与肉中的色素结合,形成鲜艳的粉红色物质,所以称为发色剂。它们可抑制肉毒梭状芽孢杆菌以及一些腐败菌的生长,延缓肉的腐败,改善制品的风味。目前使用最多的是硝酸钠和亚硝酸钠。国家使用卫生标准规定,硝酸钠在肉类制品中的最大使用量为0.5克/千克,亚硝酸钠的最大使用量为0.15克/千克,用量过大,会有毒性作用。由于肉毒梭状芽孢杆菌产生的肉毒毒素具有高致死性,所以肉制品加工中需添加发色剂。其实许多蔬菜中的亚硝酸钠含量是肉制品中的许多倍,如芹菜,每千克含亚硝酸钠1.6～2.6克,每千克马铃薯含0.12克。

添加发色剂时,往往要配合抗坏血酸钠或异抗坏血酸钠使用,以促进发色和防止褪色。添加量为 0.02%～0.05%。

食用磷酸盐：肉类加工中常用的有焦磷酸盐、三聚磷酸盐、六偏磷酸盐、磷酸三钠、磷酸二氢钠、磷酸氢二钠。焦磷酸钠的最大使用量为 1 克/千克，六偏磷酸钠最大使用量不超过 1 克/千克，三聚磷酸钠最高用量应控制在 2 克/千克以内。添加磷酸盐可增加肉馅的黏着性，提高肉的保水性，防止氧化酸败，改善风味等，故又叫品质改良剂。常用的品质改良剂还有大豆蛋白、酪蛋白钠、增稠剂、奶粉等。

着色剂：为使肉制品具有鲜艳的肉红色，常常使用着色剂，使用最多的是红色素，如天然红色素有红曲色素、辣椒红，人工合成的有胭脂红、苋菜红。胭脂红为水溶性色素，规定使用的剂量不超过 0.125 毫克/千克。

抗氧化剂：为了防止制品酸败变质，可加入抗氧化剂，延长制品的保藏期。目前常使用的化学抗氧化剂有丁基羟基茴香醚（BHA）、二丁基羟基甲苯（BHT）和没食子酸丙酯（PG），其最大使用量分别为每千克 0.2 克、0.2 克和 0.1 克。试验表明，BHT 若与抗坏血酸、葡萄糖、柠檬酸同时并用，其抗氧化效果特别显著。BHT 可用于腊肉、火腿、各式香肠、肉脯、肉干、肉松等产品。

（三）腊羊肉加工

陕西西安老童家腊羊肉是我国名产，有 200 多年的历史。腌制的腊羊肉色泽红润，肉质酥松，味美可口，不腻不膻。

（1）原料肉整理　经检验合格的羊胴体，剔除颈骨，去掉筋腱。为便于下缸腌制，沿脊柱把胴体切成 5 段，并用尖刀将肉划开，以利盐液从刀缝渗入。再将腿骨、肋骨一并砍断，在煮肉时易于出油、去髓和剔骨。

（2）腌制原料肉　整理好后，即可下缸腌制。冬季每缸腌制 6～7 个胴体肉，夏季每缸腌制 4～5 个胴体肉。每缸下盐 2.5～3.5 千克，倒入清水使水面超过肉面。夏、秋季节天气炎热，用盐量可适当增加。腌制间要选择凉爽干净的场所,室内要保持较低的温度。腌制期间要勤翻勤倒缸内腌料,以防变质。冬季一般腌制 7 天,夏、秋季 1～2 天。当肉色变红时即可下锅煮制。

(3)煮制　煮制是加工腊羊肉的重要工序。

配料:老汤煮制时,以每锅 6 只羊的肉汁,用小茴香 250 克、大茴香 35 克、草果 16 克、花椒 100 克。冬季用盐 2.5 千克,夏、秋用盐 3 千克。将上述香辛料用纱布装好备用。如果没有老汤,应需制备煮肉汤,其方法是把剔下的羊骨和上述双倍量的香辛料放入锅中熬煮 24 小时即可煮肉。

煮制:老汤煮制时,将备好的料包放入老汤中熬煮沸腾后再将羊肉下锅。从缸内捞出腌好的羊肉,沥干盐水。用沸水溶解 14 克食用红色素,用毛刷涂布肉面,使肉呈红色,再将羊肉下锅煮制。煮制时间决定于羊肉嫩度。羔羊肉一般煮制 3～4 小时,大羊肉或老羊肉则需煮制 6～8 小时。煮制火候十分重要。要求沸水下锅,大火煮沸后即用文火焖煮,使汤面出现小泡为宜,切忌一直用大火煮制。

(四)腊羊肉加工新工艺

将羊肉切成条,加入腌制剂 0～4℃下腌制 48 小时,肌肉呈鲜艳的粉红色时停止腌制。然后用线绳穿起肉条,上杆,送入烘房烘烤,烘房温度 50～60℃,烘烤 48～72 小时,烘烤期间要温度均匀,以免烤焦。烤至表层干燥,触摸坚实有弹性,即可出烘房,冷却,真空包装。

配料:羊肉 100 千克、食盐 4 千克、硝酸钠 50 克、花椒 100 克、其他香料 100 克、白糖 15 千克。

(五)羊肉火腿

原料处理:选用卫生合格的当年羔羊后腿肉,去骨、筋腱、脂肪等,修去碎肉,使外观整齐。

配料:羊后腿精肉 50 千克、食盐 2.5 千克、硝酸钠 25 克、花椒

70 克、大茴香 70 克、桂皮 40 克、鲜姜 500 克。

上盐腌制：把食盐和硝酸钠混合均匀，取 2/3 涂擦在肉上。肉薄处少撒，肉厚处多撒。为使腌制快而均匀，可用竹签在肉厚处穿刺后再涂擦食盐。在 5℃下腌制 4 天，2 天后翻缸 1 次。

调味腌制：将其余 1/3 食盐和香辛料加入与香辛料相同体积的水中熬制 20 分钟，冷却后加入肉中，混合均匀，再腌制 2 天即可。

晾挂风干：将腌好的后腿肉穿上线绳，挂在竹竿上，置于阴凉通风处晾挂风干。晾挂期间要注意环境卫生，严防昆虫污染。待羊肉坚实、内外一致时，即可修整上市。

食用方法：食用时配制清汤煮制，肉熟软后即可食用。

(六)腌羊肉

腌羊肉也是保藏肉的好方法。

原料处理：选用羊后腿肉或肩背肉，剔除碎骨，修去碎肉，将羊肉切成 0.5～1.0 千克重的长条肉。

配料：羊肉 50 千克、食盐 4 千克、硝酸钠 25 克。食盐和硝酸钠混匀后使用。

干腌：取 2 千克食盐涂擦在长条肉上混合均匀，然后置入缸中在 5℃下腌制 3 天。

湿腌：用其余的腌剂配制成 25% 的盐水，干腌后的肉放入盐水中湿腌 10 天，翻缸 2 次，取出备用。

食用方法：蒸煮煨炒均可。

(七)酱羊肉

羊肉酱卤制品是我国传统的肉制品之一。酱羊肉酥软多汁，风味独特，深受消费者喜爱。

(1)北京月盛斋酱羊肉

配料：羊肉 50 千克，去除皮下可见脂肪和筋腱、瘀血斑、羊毛等污物。干黄酱 5 千克、食盐 1.5 千克、大料 0.4 千克、丁香 0.1

千克、砂仁 0.1 千克。

原料整理：把羊肉切块，将肉块倒入清水中洗涤干净。

酱制：用一定量的水把黄酱拌和均匀，连盐、水加入锅中，煮沸后加入羊肉和各种调料料包。用大火煮沸 1 小时，加入老汤，改用文火焖煮约 6 小时，至肉酥软即可出锅。

(2)浙江酱羊肉

配料：选用当地湖羊肉 100 千克，经修整后切成重约 0.25 千克的肉块。老姜 3 千克，胡椒 90 克，绍酒 2 千克、酱油 12 千克。

酱制：将肉放入锅中，煮沸后放入料包，改用文火煮制 2～3 小时即可。

(3)酱羊肉加工新工艺　传统的酱羊肉加工方法煮制时间长，耗能多，产品率低。采用新工艺制作的酱羊肉，肉质鲜嫩，产品率高。

工艺流程：原料肉处理—配制腌制液—盐水注射—滚揉—煮制—成品。

操作要点：选用羊的后腿肉，剔除脂肪、筋腱，将肉切成 1 千克左右的肉块。将香辛料放入 20 千克水中熬制。然后冷却至室温，加入食盐 2 千克，专用食品及磷酸盐 0.5 千克，溶解后过滤备用。将配制好的盐水用盐水注射设备注入 100 千克肉块中。将注射后的肉块放入滚揉机中进行间歇滚揉。每小时滚揉 2 分钟。总滚揉时间 4～6 小时，有效滚揉时间约 10 分钟。滚揉时肉温应在 10℃以下。将滚揉后的肉块放入 90℃的水中，煮制温度 85～87℃，煮制时间 2.0～2.5 小时。

(八)烧羊肉

北京月盛斋烧羊肉以前部肉和腰肉为主，产品香而不膻，味道适口。

配料：羊肉 100 千克、干黄酱 10 千克、大曲香 0.6 千克、花椒 185 克、桂皮 125 克、丁香 125 克、砂仁 125 克、食盐 3 千克、花生油 10 千克、香油 1.7 千克。

制作方法：将黄酱调成汤汁，煮沸。锅底放入羊骨，再放入切好的羊肉。然后放入料包，使汤面超过肉面，大火煮 2～3 小时，加入老汤，上下翻动 1 次。此时改用文火煮制 2～3 小时即可出锅。待肉块沥干表面水分后进行烧制。

烧制前先把花生油加热到 65～70℃，再加入香油，加热到发出香味时，将沥干水分的熟羊肉下锅烧制，炸至金黄色即可。

（九）白魁烧羊肉

白魁烧羊肉是北京传统名吃，至今已有 200 多年的历史。

配料：羊肉 50 千克、精盐 1 千克、黄稀酱 7 千克、黑稀酱 0.5 千克、糖色少许、冰糖 125 克、葱 250 克、姜 250 克、口蘑 125 克、鲜花椒 50 克、麻油 10 千克、细料 200 克、粗料 250 克。

细料由 9 种芳香料按比例配制，研成粉末。它们是山柰 1 克、豆蔻仁 1 克、肉桂籽 2 克、白芷 2 克、陈皮 3 克、肉果 3.5 克、桂皮 5 克、砂仁 5 克、丁香 5 克。

粗料由 3 种芳香料按比例配制，研成粉末。它们是大茴香 1 克、甘草 1 克、花椒 5 克。

制作方法：选用羊的腰窝肉、肩背肉为原料。把肉放入清水中浸泡 30 分钟，浸出血液，捞出，沥干水分，切成方块。把精盐、黄黑稀酱和糖色加入 10 倍于黄稀酱重量的清水中，搅拌均匀，大火煮沸后撇除浮沫，再煮沸 20 分钟即成酱汤。

取约 1/2 酱汤，加入葱、姜块、冰糖、粗料，大火煮沸，将羊肉一块块徐徐放入沸水中，然后再煮制 20～30 分钟。煮制期间上下翻倒 1 次。肉块转硬后即可出锅。

把碎骨放入紧肉锅内底部，骨上放 1/2 细料，然后码放紧好的羊肉块，肉上再放余下的细料，之后盖上竹盖，压紧压实。把余下的酱汤倒入肉锅中，大火煮制 1 小时左右。要随时观察汤色和汤味，如汤色太淡，可加适量糖色；如汤味太淡，可适量加盐，务使汤汁咸淡适口,汤呈金黄色。然后用文火焖煮 3 小时左右,加入口蘑汤,煮沸后捞出羊肉,晾凉。

大火加热锅中麻油,至起烟时,将晾干的肉块一块块放入油中,改用文火,炸至肉块表面全部起白泡,即为成品。

(十)羊肉干

肉干类制品是瘦肉经预煮、切条(或切片、切丁)、调味、复煮、干燥而成的干熟制品。因而,按成品形状分为条状、片状、粒状等;按风味分为五香肉干、麻辣肉干、咖喱肉干、果汁肉干等。

1.传统羊肉干的加工方法

(1)工艺流程　原料预处理—预煮—切坯—复煮—干燥或油炸—冷却—包装。

(2)加工方法

①原料预处理。选用新鲜的羊肉,一般以后腿肉为最佳。将原料肉中的脂肪、骨、筋腱、肌膜、瘀血等剔去,洗净沥干,然后顺着肌纤维切成 0.3 千克左右的肉块,用清水浸泡约 1 小时,以除去肉中的血液、污物,沥干后备用。

②腌制预煮。按比例加入脱膻粉和少量食盐,与肉块混合均匀,腌制 4~5 小时,然后预煮。预煮的目的是通过煮制进一步挤出血液,使肉块变硬以便切坯。预煮的方法是将腌制好的肉块放在沸水中煮制,水的多少与肉重相当,预煮的水温保持在 90~95℃,预煮时间 1 小时左右。预煮期间,及时撇去肉汤上的浮沫、污物。预煮完成后,捞出肉块,过滤汤汁。

③切坯。根据产品类型和工艺要求,在肉块冷却之后,用切肉机把肉块切成条、片、丁等形状。要求所切坯料大小均匀一致。

④复煮收汁。复煮是将切好的肉坯放在调味汤中煮制,使肉坯入味和进一步熟化。也就是把配制好的调味料的不溶解辅料装入纱布袋,投入锅中,其他辅料和肉块直接投入锅中。锅中预先加入经过滤的预煮汤汁,加入量可按肉坯重的 40% 计算。肉坯用大

火煮制 30 分钟左右后，汤汁明显减少，此时，要改用文火煮制，以防焦锅。文火 1～2 小时，汤汁基本收干时即可出锅。

⑤复煮调料的配制。调味料和香辛料配比决定产品的风味，常见的有以下几种配方。

羊肉干：羊肉 50 千克、食盐 1.5～1.6 千克、白糖 1.05 千克、葱 250～500 克、花椒 100～150 克、胡椒 150～200 克、豆油 2.5～3.5 千克、生姜 0.5～0.75 千克、味精 100 克、白酒 100～200 克。

五香肉干：鲜羊肉 100 千克、鲜姜 0.45 千克、花椒 0.2 千克、胡椒 0.2 千克、草果 0.1 千克、五香粉 0.1 千克、白糖 3 千克、食盐 2.4 千克。

咖喱肉干：鲜羊肉 100 千克、咖喱粉 0.5 千克、食盐 3.0 千克、酱油 2.5 千克、白糖 13 千克、白酒 2 千克。

麻辣肉干：鲜羊肉 100 千克、食盐 3.5 千克、酱油 3 千克、鲜姜 0.5 千克、花椒 0.8 千克、胡椒 0.3 千克、混合香料 0.2 千克、白糖 2 千克、酒 0.5 千克、植物油 5 千克。

⑥干制完成复煮收汁后，要进行干燥脱水。常见的干制方法有：

烘烤法：把肉坯铺在不锈钢丝网或竹席上，用远红外烘箱或恒温烤箱烘烤。烘烤初期控制温度为 80～90℃，后期控制在 50～60℃。一般经 5～6 小时可使肉干含水量下降到 20% 以下。烘烤期间定时翻动，使受热均匀。

炒干法：肉坯在复煮锅中继续文火加热炒干。此间要不停地翻动，严防焦糊现象出现。当炒至肉坯表面出现少量的蓬松绒毛时，要及时停止加热，并迅速出锅，冷却，即为成品。

油炸法：切好肉坯后，用 2/3 的调料与肉坯搅拌均匀，腌制 20～30 分钟后，用 135～150℃ 的植物油进行油炸。炸锅可用普通锅，用恒温炸锅更好，容易控制质量。油炸时要掌握好油温与投肉量之间的关系，火力要稳定，油温高多投肉，油温低少投肉。油温高易炸焦,油温低脱水不彻底。油炸时间依油温和肉量而定,当炸到肉坯呈微黄色时,要及时捞出,沥油。最后,白糖、味精、油和剩余的1/3调料与肉混合均匀,即为成品。

恒温烤干法:肉坯复煮入味后,铺在竹席或不锈钢丝网上,厚度一致,用70℃的恒温烘干4～5小时,使含水量下降到20％以下。烘烤期间,定时翻动。

⑦冷却、包装。要在清洁干燥的室内自然冷却,提防返潮。包装时,尽量选用隔气隔湿性能好的复合材料,如PET/AI/PE、PET/PE、NY/PE等膜。

2.羊肉干加工新方法

(1)工艺流程 鲜羊肉预处理—预煮—切坯—复煮调味—定性调味—脱水干燥—冷却包装。

(2)工艺要点 复煮调味就是首先用配好的调料进行基本调味,然后根据产品类型进行定性调味。

基本调味的调料配比为:鲜羊肉100千克、鲜姜0.5千克、鲜橘皮1千克、得利泰混合香料0.3千克、花椒0.2千克、胡椒0.2千克、干红辣椒0.1千克、食盐2.4千克、白糖3千克、味精0.12千克、白酒2千克。

复煮调味时把香辛料用纱布袋装好,投入40～45千克水中,煮沸30分钟。加入肉坯,使水刚好超过肉面,大火煮制。当汤汁接近收干时,改用文火,同时加入白酒,收干汤汁起锅,进行定性调味。定性调味就是决定产品的风味,如五香风味,麻辣风味等。

五香风味羊肉干:肉坯经基本调味后,加入五香粉,混合均匀烘烤脱水。咖喱味肉干等可参考本方法。

麻辣风味羊肉干:肉坯经基本调味后,用130～150℃的植物油锅中油炸。炸至肉坯微黄、硬度适中时,起锅冷却至60℃左右,加入麻辣粉,混合均匀即可。

3.羊肉干的质量控制

羊肉干在贮藏期间发生的质量问题是霉变和酮变。

（1）霉变的形成和控制　　羊肉干霉变主要表现为产生霉味和形成霉斑，其主要原因是水分活度高，污染严重，或贮藏时间过长。含水量、含盐量、含糖量决定肉干的水分活度。肉干含盐量一般为5％～7％，含水量一般不超过20％。如果水分含量过高和含盐量、含糖低，就会导致霉味和霉斑的产生。生产车间的湿度和卫生状况是产生霉味和形成霉斑的直接原因，车间卫生条件好，肉干在空气中暴露时间短，吸湿少，霉菌和酵母菌污染肉干机会少，肉干就不易霉变。此外，如果肉干脂肪含量过高，或长期高温保藏，都会导致脂肪析出，并附着于包装袋上，甚至渗出袋外，使各种有机物附着，造成袋外微生物生长繁殖，引起霉变。

控制霉变的方法是使肉干水分含量控制在17％左右，含盐量控制在7％；搞好车间卫生，定期消毒；肉干完成干燥脱水之后，包装之前，要防止吸潮。这样，肉干在12个月内不会有霉变发生。包装肉干如果用PET/AI/PE复合膜或PET/PE复合膜包装，也能有效地防止霉变发生。

（2）酮变及其控制　　酮变就是贮藏期间肉中脂肪的氧化，使肉干酸价升高，产生酸败味。肉干中的脂肪有2个来源：一是来自原料肉，尽管用瘦肉作原料，其中也含有一定量的脂肪；二是在加工过程适量添加的植物油和动物油。由于脂肪的自动氧化和微生物的活动等原因，使肉中不饱和脂肪酸氧化分解，最终产生具有刺激性的醛、酮等气味物质。

酮变的控制必须采取综合措施。首先要选用新鲜原料肉。原料肉存放时间长，存放温度高，会增加含氧量，加速脂肪的氧化反应。第二要选用酸价低的饱和脂肪酸较多的精炼油。这样，不仅能使肉干柔软滑润，外观宜人，而且不易呈现酸败味。第三是添加抗氧化剂。常用的脂溶性抗氧化剂有丁基羟基茴香醚（BHA）、二丁基羟基甲苯（BHT）、特丁基对苯二酚（TBHQ）、没食子酸丙酯（PG）和生育酚（或维生素E）。生育酚的添加量一般为0.01％～

0.05%,热稳定性比 BHA 好。BHA 在 200℃下加热 2 小时则全部挥发,而生育酚在同样温度下加热 3 小时后,仅损失 50%。生育酚的抗氧化性能与 BHA 相似,但抗光、抗紫外线性能比 BHA、BHT 强。在配料中添加焦磷酸钠、三聚磷酸钠和六偏磷酸钠也能防止脂肪氧化。

干燥脱水工艺对脂肪氧化速度有影响。干燥过程中温度过高或时间过长,会加速脂肪氧化。因此,要根据肉块形态和大小,肉片的厚度等制定出合理的工艺参数,尽可能减少高温干燥时间。采用先高温后低温的干燥工艺也能使氧化速度减慢。只要干燥工艺合理,肉的水分含量在 16%以下,脂肪氧化速度会明显降低。

此外,采用真空包装、使用阻隔性能好的包装膜和控制贮藏温度等,都有利于防止腐败变质。

(十一)羊肉脯

肉脯是瘦肉经切片或绞肉、调味、腌制、烘干等工艺制成的干制品,与肉干不同之处是不经过煮制,多为片状,直接烘烤。

1. 传统肉脯加工方法

(1)工艺流程 原料整理—冷冻—切片—解冻—腌制—摊筛—烘干—烘烤—压平、成型—包装。

(2)操作要点

原料肉整理:选择新鲜的羊后腿肉,去掉脂肪和筋腱等结缔组织,顺肌纤维方向切成边缘整齐、外形相似的小肉块。

冷冻:将切好的肉块装入容器,送入速冻间冻结至肉块中心温度为-2℃即可出速冻间。冷冻时间过短,没有冻好,不宜切片。冷冻温度过低,时间过长,则肉块坚硬,切片困难。

切片:冻结后的肉块用切片机切片,或手工切片。要顺纤维方向切片,有利于成品不易破碎。切片厚度一般在 2~3 毫米。

调味腌制:将准备好的调料与切好的肉片拌匀,然后在 10℃以下腌制 2~3 小时。常用的调料配方,以 50 千克羊肉计,白糖 5

千克、白胡椒粉 0.1 千克、食盐 1.5 千克、酱油 0.5 千克、硝酸钠 20 克、六曲香 0.2 千克、山梨酸钾 10 克、味精 0.5 千克。

摊筛：在筛网上涂刷植物油，把腌制好的肉片平铺在筛网上，准备烘干。

烘干：将铺放肉片的筛网放入烘房，温度 65℃，烘干 3～4 小时后取出。前期烘房温度可在 70℃，以利自由水分尽快蒸发。也可用远红外烘箱烘干，温度控制在 75～85℃，时间 2 小时左右。

烘烤：目的是将经烘干的半成品在高温下熟化，产生油润的外观和烧烤味。烘烤要用高温烘烤炉或远红外烤箱，温度掌握在 150～180℃，时间约 1 分钟，使肉片烘出油，表面呈棕红色为止。

压平、包装：烘熟后的肉片需用压平机压平，按要求切成一定的形状，冷却后及时包装。冷却包装间必须严格消毒，然后用复合薄膜真空包装。羊肉脯的防霉变和酮变办法同羊肉干方法一样。

2. 羊肉脯加工新方法

传统肉脯对原料肉的要求严格，需用后腿精瘦肉，产品成本高。采用新技术生产羊肉脯，可使用全身各部位的瘦肉，不论肉块大小，都可作原料。

（1）工艺流程　原料肉整理—配料斩拌—腌制—铺片—烘干定型—烘烤—压平—成型包装。

（2）工艺要点　调料配方为：羊肉 50 千克、食盐 1.75 千克、白糖 12 千克、硝酸钠 20 克、异抗坏血酸钠 20 克、酱油 0.5 千克、白胡椒粉 0.1 千克、味精 0.1 千克、白酒 0.4 千克。

原料肉经去除脂肪、筋腱后切成小块，将混合均匀的调料与肉块一同放入斩拌机，斩拌成肉糜状，然后在 10℃ 下腌制 4～5 小时。竹席表面涂刷植物油，把腌制好的肉糜铺于竹席上，厚度 2～3 毫米。在 65～70℃ 下烘干 2 小时，使肉脯固定成型。然后置于 120～130℃ 下烘烤熟制 2～4 分钟即可。产品出炉冷却，压平切片和包装。

这种肉糜肉脯提高了肉的利用率,降低了成本。但产品不具有肌肉纤维结构。

本书作者研制成功了一种脱膻重组羊肉片。这项技术可利用全身瘦肉,提高了碎肉利用率,产品具有明显的肉的构造,是一种附加值含量高的产品。主要技术要点如下:瘦肉切丁,腌制重组,预冻切片,烘烤成型,压平包装。肉片形状和大小可在预冻时设定,厚度可在 1～2 毫米,产品透明,色泽棕红,肉块明显,鲜而不膻。

生产重组羊肉脯时,切丁不要过大或过小,一般为 1～2 厘米见方的肉丁。把脱膻粉等辅料和重组剂与肉丁混合均匀在 4℃下腌制 24 小时。然后装入模具,在 -21～-15℃下预冻成型。用切片机切片,随时平铺在涂刷了植物油的竹席或不锈钢丝网上,送入烘干室。在肉片冷却期间,一定要做到室内干燥、清洁,严防微生物污染和吸潮回软。已经吸潮回软的肉片需再次烘干后再行包装。

(十二)羊肉松

羊肉松也是羊肉深加工产品之一,是瘦肉经煮制、调味、炒松等工艺而制成的干制品。

1.传统肉松加工方法

(1)工艺流程 原料肉的选择与整理—配料煮制—炒制—揉搓—冷却—包装。

(2)操作要点 原料肉的选择与整理:生产肉松用的肉一定要新鲜,最好选用尚未发生僵直的新鲜羊后腿瘦肉为原料。先剔去骨、筋腱、脂肪等,再将瘦肉切成 3～4 厘米长的方块。为使成品蓬松绒长,切块时可以沿肌纤维方向切成长方肉块。

配方(肉松的生产配方因产地而异):羊肉瘦肉 100 千克、食盐 2.5 千克、白糖 4 千克、酱油 3 千克、生姜 0.5 千克、胡椒 70 克、丁香 70 克、砂仁 100 克、味精 150 克、白酒 0.5 千克。

　　煮制：将香辛料装入纱布袋，与切好的肉块一同下锅，加水量与肉量相等，用大火煮制 2～3 小时。煮制期间，不断撇出上浮油沫和杂质。煮制结束后，要将上浮的油全部撇出。否则，肉松不易炒干，易焦锅，成品色泽发黑，味道变差。要掌握好煮制的火候。判断火候的方法是用筷子夹住肉块，稍加压力，肌肉纤维即能分离，则表明肉已煮好。火候不到，则肌肉纤维不分离。如果煮得过烂，则成品绒短绒碎。

　　肉块煮好以后，改用中火，加入酱油、酒等调味料，继续煮制，最后用小火收干汤汁。

　　炒压：炒压期用文火。取出香辛料料包，然后一边翻炒一边压散肉块和肉丝，直至肉纤维松散。炒压要适时。炒压过早则效率低，炒压过迟则肉太烂，容易粘锅炒糊，出现次品，造成经济损失。

　　炒松：炒松用文火，勤炒勤翻，操作要轻而均匀。当肉块全部炒松散和炒干时，颜色由灰棕色变为金黄色，即成为具有特殊香味的肉松。炒松期间，如有焦糊现象，应及时清除。炒松结束后，可根据绒丝的长短进行分级。把绒丝细长的、短的以及肉粒、粉粒、焦糊块等分离开来，分别包装，优质优价。

　　包装和贮藏：肉松的吸水性很强，要注意冷却干燥。短期贮藏可用塑料复合膜包装，长期贮藏可用玻璃瓶或马口铁罐包装，半年不会变质。为减少肉松吸潮，可将刚加工成的肉松趁热包装，同时也减少了冷却或凉松期间的二次污染。值得指出的是，羊肉松经包装后，一般不再进行杀菌，也不进行真空包装，所以要特别注意原料肉、辅料、车间、设备和各种用具的彻底清洗和消毒，以及操作人员的卫生，以免影响产品的卫生质量。

　　2.羊肉松加工新方法

　　传统的肉松生产消耗时间长，耗能高，成本高，产品质量不易控制。新方法是把切好的肉块和料包放入水中用大火煮制约 1 小时,煮制时不断去除上浮的杂质和浮油。出锅前 20 分钟把白糖、味精和酒等调味料加入锅中,继续煮制,不等汤汁全部收干即可出锅。剩下的汤汁可作为老汤利用。肉块出锅后放入高压蒸煮锅中蒸煮,时间 20～30 分钟,压力 0.12 兆帕。此时肉纤维稍受压力即可分离。然后进行炒压和炒松。

(十三)烤羊肉

用现代化设备规模化生产的烤羊肉,产品鲜嫩,风味独特,产品率高。

(1)工艺流程　原料选择与修整—盐水注射—低温滚揉—烘烤—蒸煮—烟熏—冷却—成品。

(2)操作要点

①原料选择与修整。选用经卫生检验合格的羊后腿肉,剔去筋腱、瘀血、碎骨和可见脂肪、血管、残毛等,把肉切成 1～2 千克的肉块。

②盐水注射。按 100 千克原料肉注射盐水量 25 千克计算,水 100 千克、精盐 13 千克、白糖 6 千克、专用复合磷酸钠 1 千克、亚硝酸钠 150 克、异抗坏血酸钠 45 克、烟酰胺 45 克、味精 0.75 克、复合香辛料 1 千克。配制盐水时用不锈钢容器,把上述各种配料加入 5～7℃的盐水中,混合,溶解,备用。

注射盐水用盐水注射机。目前广泛采用的盐水注射机是步移式的,其注射量、针入度和肉块的运送速度都是可调的。注射量一般不超过 25%,盐水温度 5～7℃,肉块温度 4～8℃。盐水要搅拌均匀,容器底部不能有沉淀的添加物,如香辛料、大豆蛋白、卡拉胶等。注射时要注意清理过滤网,防止堵塞。

注射完毕后,称量肉块重,计算注射量。

③滚揉按摩。滚揉是非常重要的一道工序,主要有 3 个作用:一是使肉质松软,加快盐水扩散渗透,使肉发色均匀;二是使肌肉蛋白质得到充分提取,使肉块获得可塑性,增加肉块间的黏着能

力,使制品不松碎;三是加速成熟排酸,改善制品的风味。

滚揉机要放到 0～5℃的冷库中。将注射好的肉块放入滚揉机中进行滚揉,肉块在机内翻滚,盐水通过机械作用与肌肉蛋白质结合。滚揉方式采用间歇滚揉,每小时滚揉 10 分钟(顺时针转 5分钟,逆时针转 5分钟),停机 50 分钟。总时间为 24 小时。滚揉期间肉块温度不能超过 7℃。滚揉好的肉块可塑性大,且肉块柔嫩,手指容易插入,肉块表面发亮,有一层浓厚的蛋白质黏性物,发色均匀。

④上杆。将滚揉好的肉块用线绳穿起来,分散挂在杆上,不得挤压。为增加花色品种,可在上杆前将孜然粉等香辛料均匀撒在肉块表面,然后上杆上架。

⑤烘烤。把肉放入预热过的多功能烟熏炉中。通入干热风,温度控制在 75℃,烘烤时间 1 小时,肉块表层蛋白质凝固。

⑥蒸煮。通入蒸汽,温度控制在 85～90℃,蒸煮 1.5 小时,肉块中心温度达到 72℃即可。

⑦烟熏。蒸煮完毕后,打开炉门,散发潮气排湿。待肉块表面干燥或刚形成一层皮膜后,关闭炉门,通入熏烟,进行热熏。温度保持 60～70℃,熏烟时间 0.5～1.0 小时。通过烟熏,产品的色泽和风味得到改善。熏材以含树脂少的硬木为好,含树脂多的木材或锯末不得使用。

只要熏材选择得当,工艺参数控制合理,烟熏后的产品色泽金黄或红黄,色彩美观,有特殊的烟熏风味,鲜嫩可口。产品率在100%以上。

(十四)烤羊腿

配料:羊后腿 1 只、精盐 50 克、味精 10 克、孜然 0.5 克、花椒10 克、胡椒面 10 克、面粉 50 克、葱头 250 克、鸡蛋 2 个。

制作方法:选用卫生合格的新鲜羊后腿,去掉外面的皮,冲洗干净,从中间顺骨的长轴方向切开,露出腿骨。然后加精盐、花椒和切碎的葱头,腌制 1 小时。之后,将羊腿上屉,蒸至熟烂,取出沥干,稍晾。

全蛋液加入面粉、胡椒面、孜然、味精等搅拌均匀成糊。然后均匀地涂刷在羊腿上。羊腿挂糊后送入烤炉,烤至表面呈金黄色即可。

食用时,将肉切成片,撒上孜然粉等,即可食用。

(十五)烤羊肉串

烤羊肉串始于新疆,已有 1 500 多年的历史,现已遍布全国各地。

配料:新鲜纯瘦肉 2 千克、精盐 50 克、孜然粉 50 克、辣椒粉 30 克。

制作方法:选择瘦肉较厚的部位,去除脂肪、筋腱和碎骨等,羊肉切成厚片,用钢签或竹签串起,每串 8～10 片。然后与混合好的辅料拌和,腌制约 30 分钟。烤羊肉串时,最好用无烟木炭作燃料,将羊肉串架在烤槽上,一般烧烤 3～5 分钟,炭火旺时间短,炭火弱则烧烤时间长。最后,用少许辅料撒于烤熟的肉片上,稍加烧烤即可食用。

烤制羊肉串也可用电烤炉。

第二节　羊　　皮

一、羊皮的种类

羊皮的种类很多,生产上往往按种属和品种进行组织加工。现将产量较大和比较名贵的品种做以叙述。

(一)绵羊皮

绵羊遍布全国各地,品种较多,主要有地方品种羊、改良羊和杂交羊。

1.地方品种绵羊皮

这类羊皮又叫土种绵羊皮,还包括地方品种与改良品种杂交的低代绵羊身上剥取的皮。地方品种绵羊皮的毛长绒厚,被毛松散,毛绺花弯清晰,皮板柔韧。鞣制后可做各种皮衣、皮裤、皮手套、皮鞋里等。

(1)蒙古羊皮　蒙古羊数量大,分布广,内蒙古、东北、华北、华东、西北等地区都有分布。该羊体质强壮,耐粗饲,适应性强。蒙古羊皮张大,皮板厚,毛粗直,毛绒白色者多。因各地自然条件和饲养方法各不相同,皮幅大小,毛绒长短、粗细和密度等都有差别。

(2)滩羊皮　滩羊主要产地是宁夏银川、贺兰山一带,甘肃、内蒙古、陕西和宁夏交界地区,是我国特有的裘皮用名贵绵羊品种。滩羊体格中等,体质结实。体躯大多数为白色,头部、眼周围及两颊多有黑色、褐色和黄色斑块。裘用滩羊皮分滩二毛皮、老羊皮和滩羔皮。

滩二毛皮:二毛皮是滩羊主要产品,是羔羊在出生后1个月左右(一般在24～35天)宰杀所剥取的羔皮。其主要品质是:毛股长而紧实不散,毛股长度达7～8厘米,个别达9厘米,毛纤维细而柔软。

由于毛股的大小、弯曲数和弯曲形状的不同,有波浪形的花穗和玉白色的光泽。二毛皮有不同类型的花穗,其中串字花和软大花为上等花穗;卧花、核桃花、笔筒花等为不良花穗。

二毛皮毛股下部有无髓毛着生,并且无髓毛和有髓毛数量比例合适,因而保暖性良好,不易结毡。二毛皮皮板薄,弹性较好,纤维致密,皮板轻便结实。

老羊皮:滩羊老羊皮是指成年羊的毛皮,毛皮皮板较厚而坚韧,毛色白,光泽比其他绵羊皮为好。

羔皮:羔皮是羔羊出生后不久,因疾病等原因死亡后剥取的毛皮。羔皮毛股短,绒毛少,皮板薄,保暖性差。比不上二毛皮坚实耐用,但比其他粗毛羊的羔皮轻而美观。

(3)西藏羊皮　西藏羊产于青藏高原的西藏和青海,四川、甘肃、云南、贵州等省也有分布。虽然其皮张面积小,但被毛较长,绒毛比例适中,毛绺清晰,皮板厚实。其小羔皮、二毛皮和大毛皮是制裘的良好原料。

(4)哈萨克羊皮　该羊主产区是新疆和青海。其毛色以全身棕褐为主,纯白或纯黑个体很少,被毛异质,底绒密,毛弯少,腹毛稀短。其皮张大,皮板厚壮。

(5)小尾寒羊皮　该羊产于河北、山东、河南等地。其裘皮型羊所产皮张幅中等或较大,皮板稍薄,比其他类型的羊好,毛股清晰,呈波浪形弯曲,花案美观。

(6)大尾寒羊皮　该羊主要分布在河北东南部、山东西北部和河南北部。其毛绒粗细适中,毛股花弯清晰,皮张中等,皮板略薄。其羔皮和二毛皮毛色洁白,毛股呈锥形,一般有 6 个弯曲,清晰美观,弹性、光泽均好,制作的皮衣既轻便又保暖。

(7)湖羊皮　湖羊主要产于太湖流域,分布在浙江省的湖州、桐乡、嘉兴、余杭等地,约占湖羊总数的 90%,其中嘉兴地区的品质最好。

羔羊出生后 1~2 天内剥取的羔皮称为小湖羊皮,是我国的著名特产和传统出口商品。小湖羊皮被毛细短,毛色洁白,有丝一般的光泽,花纹呈波浪形,甚为美观。其皮板薄韧,板面细致、光润。适宜制作妇女、儿童的翻毛大衣、夹克、帽子、披肩等。

羔羊出生后 60 天以内剥取的皮称为袍羔皮,其被毛细柔,光泽好,皮板薄而轻,是上好的裘皮原料。

(8)同羊皮　同羊主要产于陕西渭南、咸阳北部各县,以铜川、大荔所产品质最好,其被毛柔细,毛色洁白,花弯明显。其皮张幅较小,皮板略薄。所产珍珠羔皮在清代初年曾为皇室贡品。

2.改良绵羊（细毛羊、半细毛羊）皮

改良绵羊皮是我国培育成的细毛羊以及从国外引进的细毛羊、半细毛羊所产的皮。以上各品种的羊与地方品种绵羊杂交,改良4代以上的后代所产的皮也称为改良绵羊皮。这些羊主要包括中国美利奴羊、新疆细毛羊、东北细毛羊、内蒙古细毛羊、敖汉细毛羊、甘肃高山细毛羊、青海高原半细毛羊、澳洲美利奴羊等品种。

改良绵羊皮被毛细密,为同异毛,有规则的小弯曲,油汗大,被毛封闭性好。皮板较厚,皮纤维结构较松弛。改良绵羊皮经过加工可做成各种皮衣、剪绒服装、皮帽、皮领以及壁毯、靠垫等。

3.杂交绵羊（细毛羊、半细毛羊）皮

细毛羊或半细毛羊与地方品种绵羊杂交、改良,尚未达到细毛羊、半细毛羊品质的羊所产的皮统称杂交绵羊皮。其特点是毛型不一,毛纤维长短粗细不一。毛密度大的可做剪绒皮,毛空疏的羊皮,其用途与地方品种绵羊皮相同。

(二)羔皮

凡从生后1～3天内或流产的羔羊剥取的毛皮称为羔皮。现将主要品种的羔皮做如下叙述。

1.地方品种绵羊羔皮

按羔羊的不同生长期和毛的长短,将羔皮划分为胎羔皮、小毛羔皮和大、中毛羔皮。

胎羔皮为自然流产的羔毛,毛长2厘米左右,毛细小光亮,多数有明显的波浪形花纹,适合制作妇女、儿童的皮外衣和皮帽等,是传统的出口商品之一。

小毛羔皮毛长3厘米左右,粗细均匀,富有光泽,有清晰的圆花或片花,美观结实,宜做各种裘皮。中毛羔皮毛长5厘米左右。大毛羔皮毛长6厘米以上。毛有花弯,皮板较薄,制作的皮衣轻便美观。小毛羔皮按产地分为口路、西路和南路羔皮。

(1)口路羔皮　这类羔皮产于河北省张家口和承德地区、内蒙古、东北三省以及山西省北部等地,其基本特征是毛绒丰足,稍粗,色白光亮,花弯紧实,圆花较多,片花较少。板质足壮,但皱缩板较多。

(2)西路羔皮　此类羔皮产于内蒙古西部,山西南部以及陕西、甘肃和青海等省,羔皮的基本特征是毛细软,稍空疏,花弯多,皮板略薄。

(3)南路羔皮　产于河北省南部和山东、河南、江苏、安徽等省,其基本特征介于口路和西路之间,毛细而光润,花弯较均匀,皮板薄但有韧性,所产胎羔皮是质量最好的。

2.改良羔(细毛羊、半细毛羊)皮

由改良细毛羊和改良半细毛羊的羔羊剥取的皮称为改良羔皮。生长期短的为小毛改良羔皮,俗称珍珠毛,花弯呈珍珠形,适宜制作妇女、儿童毛朝外的皮衣、皮帽等。

3.三北羔皮

三北羊羔羊出生后3日内宰杀剥取的皮为三北羔皮,又叫长拉库尔羔皮,国际市场上称为波斯羔皮,是世界上珍贵的羔皮之一。主要分布在东北、西北和华北等地。

三北羔皮典型的毛卷为卧蚕形卷,还有豆形卷、环形卷等,毛卷坚实,耐磨性强,黑色居多,还有灰色、褐色、金黄色等,适宜制作毛朝外的各种皮衣、皮帽、镶边、围巾等。

(三)山羊皮

山羊皮按用途分为山羊板皮和山羊绒皮。板皮用于制革,绒皮用于制裘。山羊板皮是制革的好原料,生皮经鞣制而成的革皮,柔软细致,轻薄富于弹性,染色和保形性好,可用于工业、农业、民用和军用等各种制品。没有制裘价值的绵羊板皮也用于制革。

1.山羊板皮的分路

山羊板皮分为五大路,各路的特点如下。

(1)四川路　在五路山羊板皮中,以四川路的板皮品质最好,板质厚薄均匀而坚韧,纤维编织紧密,毛小,光泽好,张幅中等,全头全腿。历史上,四川路曾分为重庆路、成都路和万县路。

（2）汉口路　汉口路产区较广。汉口路的板皮被毛多为白色,黑色的很少,皮板呈蜡黄色,细致、柔韧、光润,弹性好,张幅较小,全头全腿。

（3）济宁路　主要为济宁青山羊产区,被毛为灰色（青色）,少数为黑、白色。毛较细短,皮板稍薄、细致、有油性,张幅较小,近似长方形,全头全腿。

（4）华北路　华北路板皮的被毛有黑、白、青等色,皮板厚,重量大,皮层纤维较粗,张幅大,不带头、腿。华北路在历史上曾分为交城路、哈达路、榆林路、保定路、顺德路、新疆路和绥远路。

（5）云贵路　该类板皮被毛黑、白、花均有,板皮较粗,油性较差,羊痘及烟熏板较多,张幅较大。

2. 山羊绒皮

山羊绒皮是指在冬至至来年立春前后剥取的未经抓绒的山羊皮。鞣制后可做皮褥子、皮衣。山羊拔针皮是指拔掉长毛保留绒毛的羊皮。

（四）猾子皮

由山羊的羊羔所剥取的皮称为猾子皮。由于山羊品种和生态地理条件的不同,猾子皮的品质也有很大差异。

（1）济宁路青猾皮　由济宁青山羊羔在出生1～2天内宰杀而剥取的皮为济宁路青猾皮,是我国独有的裘皮品种,主要产于山东省的菏泽和济宁地区。青猾皮均匀整齐,皮板坚实,毛细密,有光泽,花纹明显,呈正青色,部分带有黑脊。由于青猾皮毛紧密,长短适中,颜色和花形图案多为波浪、流水及片花,雅致美观,适于做毛朝外的女式长短大衣,帽子和衣服镶边,是我国传统出口商品,很受国外消费者青睐。

（2）中卫猾子皮　从中卫山羊羔身上剥取的皮称中卫猾子皮,

主要产于宁夏回族自治区,以中卫县的品质最优。该皮有白色和黑色2种。毛长6厘米以上,毛穗有波浪形弯曲,形成美丽的花穗。皮板细致,保暖轻便,不结毡。可与滩二毛皮媲美,适宜制作各种长短皮衣,畅销国外市场。

(3)西路黑猾皮　主要是产于内蒙古、陕西、宁夏、甘肃、山西和河北省等地的黑山羊羔皮。这类猾皮毛粗细适中,花纹紧实,花形雅致清晰,皮板细薄,适于制作妇女、儿童毛朝外大衣和皮帽、皮领以及服装的镶边,很受国外消费者喜爱。

二、羊皮的质量

衡量羊皮质量的优劣主要是凭借感官鉴定对毛被的质量和皮板的质量进行评价。

(一)毛被的质量

毛被的质量是一项综合指标,影响毛被质量的因素主要有毛的长度和密度、细度、毛被的颜色、光泽、毛被的弹性、柔软度和毛的成毡性等。

(1)长度、密度和细度　长度和密度对裘皮的保暖性起着决定性作用。毛绒长、密度大的为好。地方品种绵羊皮及其羔皮,毛粗者花弯坚实、清晰,毛细者花弯软而松散。

感官评价时,通常用毛绒丰足、毛绒略空疏和毛绒空疏来表示。

毛绒丰足:毛长而紧密,底绒丰足,细柔灵活,针毛齐全而分布均匀,色泽光润。冬季剥取的毛皮一般具备这些特征。

毛绒略空疏:与冬皮比较,毛显细糙,光泽减退,毛根变细,欠灵活,春皮常见之。毛绒短平,针毛少,或者说毛绒正在成长者,多见于晚秋,毛绒发育未成熟。因而,春皮和晚秋皮的毛被略空疏。

毛绒空疏:毛绒粗糙而蓬乱,针毛略有弯曲,光泽差,多产于春季。毛绒空疏的另一特点是毛短绒薄,硬针较多,多产于秋季。

（2）颜色和光泽　　毛被颜色和光泽对毛皮的品质有重大影响，与毛皮的价值有直接关系。颜色美观、光线柔和的毛皮品质好。如果毛皮受到细菌侵蚀和化学药物的污染，颜色不鲜艳，光泽变暗。

（3）毛被的弹性和成毡性　　弹性好的毛被经压缩或折叠后，虽然毛绒变形，而一旦失去外力，毛绒很快恢复原状，不成毡，制品恢复良好的外观。毛的弹性越大，成毡性能越小，毛松散灵活。毛的弹性差，变形的毛绒失去外力后需较长时间才能恢复原状，甚至不能复原，毛的成毡性大，毛被或制品的外观受到损害。一般来说，春季毛的弹性不如秋季毛大。无髓毛比有髓毛细，弹性小，毛越细越易成毡，外力作用越大越易成毡。

（二）皮板的质量

1.皮板的面积和厚度

皮板的面积和厚度依羊的品种、性别、年龄以及防腐方法等有关。一般同一品种的羊皮，公羊皮比母羊皮面积大，年龄大的比年龄小的面积大。盐腌保存的生皮面积大，盐干法保存的生皮面积次之，自然晒干的生皮面积最小。用钉板的办法干燥的生皮，因撑得太紧，皮板内部结构受到破坏，加工时回软困难，皮板品质变差。

皮板的厚度随羊年龄的增加而变厚，公羊皮比母羊皮厚。同一张皮的不同部位厚薄也不一样。一般脊背部和臀部最厚，两侧次之，肷部最薄。盐腌法保存的羊皮，其厚度与鲜皮相近，自然干燥和盐干法保存的生皮厚度明显减小。

2.皮板的强度

皮板的强度与羊的品种、宰杀季节、胶原纤维的编织情况、皮肤各层的厚薄等因素有关。山羊皮比绵羊皮强度高。这是因为绵羊皮被毛密度大，毛囊附件多，造成乳头层松软，并容易和网状层分离。另外，绵羊胶原纤维束细，编织不太紧密，不如山羊皮胶原纤维束粗且编织紧密。同一张皮的部位不同，强度也不一样。一般臀部强度高,腹部强度低。

3.影响皮板质量的因素

影响皮板质量的因素很多。归纳起来,主要有以下几个方面。

(1)产区和品种　皮板质量受产地条件和品种因素的影响。羊的品种不同,或来路不同,皮板的质量不尽相同。产区对皮板品质的影响表现在,平原地区产的皮板比山区的好,农区产的皮板比牧区好,圈养的比放牧的好。

(2)季节　季节对皮板质量影响很大。

北方的秋季、南方秋末和初冬季节,气候适宜,牧草结籽,营养丰富。羊膘肥体壮,所产皮板被毛不长,绒毛稀短,皮板肥壮,有油性,纤维编织紧密,弹性强,品质最好。白毛皮板呈蜡黄色或略带肉色,黑毛皮板呈豆青色,青毛皮板呈灰白色,棕毛皮板呈黑灰色。

冬季气候寒冷,牧草营养价值下降。北方等寒冷地区所产的皮毛绒较长,皮板由腹部开始变薄。白毛皮板由蜡黄色变为淡黄色,黑毛皮板由豆青色变为黄色,青毛皮板由灰白色变为灰黄色。在冬季,南方平原地区产的皮板比北方及山区产的质量好。

春季牧草稀少,毛绒逐渐脱落,营养明显不足。因而所产皮板瘦薄,干枯,无油性,呈淡黄色。胶原纤维编织松散,质量最差。

夏季牧草营养增加,毛被上长出稀疏的夏毛,皮板品质比春季好,但仍瘦薄无光,俗称热板子。夏末,皮板稍有油性。白毛皮板呈浅黄色,黑、青和棕色皮板呈灰青色。

季节也影响皮板和毛的结合强度。秋季的毛皮,毛和皮板结合较牢。接近春季的毛皮、毛根角化,毛和皮板的结合强度小。

绵羊皮板一般是在剪春毛或剪秋毛之后不久剥取的,前者为夏板,后者为秋板。

夏板:被毛很短,毛茬不平,皮板较瘦薄,不均匀,无油性,板面粗糙,制革价值很低。到夏末,毛茬逐渐长齐,皮板稍厚,油性增大,制革价值稍高。

秋板:被毛短,毛茬不平,皮板较肥厚,油性较大,弹性较好,制革价值高。

(3)生理状况　性别影响皮张质量。公羊皮板比母羊皮板大而厚,较粗糙。怀孕和哺乳母羊皮板薄,不均匀,毛绒较空疏,弹性较差。

年龄对板皮的质量也有较大影响。幼畜的皮板薄弱,柔软。壮龄羊皮板足壮,油性大,毛绒丰足,色泽光润。老龄羊皮板厚硬,粗糙,毛绒粗涩,色泽暗淡。

病羊皮板瘦弱,无油性,被毛黏乱,光泽差。患有癣、癞、疮、疔、痘等病的羊,其皮板都有不同程度的损伤。

(4)贮存　生皮晾晒得当,可以保持皮张的原有品质。反之,会造成许多伤残缺陷,影响皮张质量。皮张在贮存期间,仓库漏雨,湿度过大,堆码挤压,虫蚀鼠咬等,都会造成皮张霉变、腐烂以及咬伤等缺点。另外,剥皮和加工不当,会造成皮板伤残和皮形不整。

保存不当也会使毛和皮板的结合强度降低。刚剥取下来的皮,如果不及时干燥,或仓库条件控制不合适,就会受细菌腐蚀,破坏毛和皮板的结合,从而降低原料皮的质量。

(三)羊皮的常见缺陷

(1)癣癞　由霉菌而引起的皮肤病造成的伤残。毛囊遭到破坏,被毛黏乱,或毛绒脱落,皮板有凹窝,失去使用价值。

(2)疮疤和伤痕　二者都会使羊皮致残。疮和外伤初愈时,患处无毛,发亮。痊愈后,患处出现新的短毛。制裘时毛绒不平。

(3)叮伤　是由于壁虱寄生在羊的体表,使皮肤发生脓肿和溃烂。

(4)圈黄　羊经常卧在粪尿上而引起的毛绒变黄。轻者毛稍变黄。重者毛绒全部变黄或呈深棕色。失去弹性和拉力,使用价值降低。

（5）疔伤　疔伤有红疔、白疔之分,面积似绿豆粒大小。红疔伤处带痂皮,板面透明发红,甚至溃烂成洞。白疔伤处痂皮已脱落,板面透明发亮呈暗白色。

（6）痘伤　板面上呈现大小不一的鼓泡,泡内有淡黄色的粉末,对应的皮表处凹陷,或带小疙瘩。失去使用价值。

（7）陈板　由于存放不当或存放时间过长,羊皮品质变差。轻者板面稍显干枯,略发黄,尚有一定弹性。重者被毛枯燥,光泽差,板面干枯发黄,弹性差。

（8）冻板　皮板显厚,生皮结构受到一定的破坏,构造松软发糠,机械性能降低。板面呈乳白色,无油性。

（9）轻冻　板局部皮板略显厚,发糠,呈浅乳白色,油性差。

（10）瘀血板　板面呈暗红色,枯燥、无光泽,弹性差。

（11）烟熏板皮　板呈黄色或暗色,油性差,常带烟熏味,不容易浸软。

（12）描刀　板面上有深度不超过皮板厚度 1/3 的刀痕。在剥皮或削肉时切穿的伤害形成破洞。

（13）硬块　鲜皮在日光下或在室内干燥时,由于温度太高,使皮板局部发生变性而形成硬块。硬块皮不易浸软,影响成品质量。

（14）回水板　干皮水湿以后又重新晾干的皮板。板面发暗无光,被毛常带水绺。

总之,在日常饲养管理过程中和加工贮运期间,要搞好羊的饲养管理和卫生管理,严格按照技术要求加工和保存羊皮,防止和预防各种引起皮张质量下降的原因发生。提高皮张品质和经济效益。

三、羊皮的初步加工和贮运

（一）羊皮的初加工

刚剥离下来的鲜皮含水分 53%～76%,如不及时处理,就会发生腐败,影响皮张和成品的质量。羊皮的初加工主要是防腐处理。常采用的防腐方法有盐腌法、干燥法和盐干法等。无论采用什么办法,都要做好准备工作。因为鲜皮上的粪便、血污、残肉和油脂都会影响皮张的品质和防腐处理效果,所以防腐前要冲洗粪便等污物,除去鲜皮上的残肉、血污和油脂等,割去耳、蹄、尾骨等。

(1)盐腌法　盐腌法有干腌法和湿腌法。

①干腌法。将准备好的鲜皮毛面朝下,板面向上,平铺在水泥地上或水泥池内,把边缘及头、腿部拉开展平,在皮板上均匀地撒上一层盐。然后在其上再铺一张皮撒一层盐,一直堆叠到适当高度。最上一张皮要多撒盐。用盐量为皮重的 25%～35%。为防止盐腌不均,可在 5 天后翻一次垛,视具体情况撒少量盐,继续盐腌 5～6 天,将皮腌透,取出晾晒。为更好地保持原料皮的质量,可在盐中加入盐重 1.0%～1.5% 的对氯二苯或 2% 的萘,混合均匀,撒在皮面。

②盐水腌法。先在池内配制浓度为 20%～25% 的盐水。将准备好的鲜皮浸入盐水中,浸泡约 24 小时,温度为 10～20℃。浸泡之后,将皮取出,沥水 4～8 小时,进行堆叠。堆叠时再撒布占鲜皮重 20%～25% 的干盐,按干腌法处理。剩下的盐水再加些盐,即可重复使用。

盐腌法是生皮防腐最普通最可靠的方法。最大优点是几乎不影响生皮固有的天然品质。只要盐腌正确,堆叠适当,温湿度控制合理,盐腌皮可长期保存。腌制正常的皮,皮板呈灰色,紧实而有弹性,湿度均匀,毛被润湿良好。

盐水腌法比干腌法渗透迅速而均匀,皮更耐贮藏。缺点是耗盐多,劳动强度大。

(2)干燥法　一般分为自然晾干和室内干燥。自然干燥时,最适温度为 20～30℃。低于 20℃,水分蒸发慢,干燥时间长,皮张易腐烂。温度过高时,因皮板表面水分快速蒸发,皮板表面干缩,造成内部水分蒸发受阻,皮内层受到细菌破坏,加工浸水时易发生分层现象。高温干燥或经太阳暴晒,会造成干燥不匀,局部胶原变性,损伤皮质,不易复水等。

空气湿度和空气流动速度对生皮的质量也有很大影响。适宜的湿度范围是相对湿度为 $45\% \sim 60\%$。湿度太低,干燥太快,容易造成干燥不均和外干内湿。湿度太大,干燥缓慢,容易发霉。高湿低温的危害更大。

晾挂羊皮要在空气流通好的地点进行,皮与皮之间要有 15 厘米以上的间隔,保证通风良好。当鲜皮干燥到水分含量在 15% 左右时即可达到目的。

此法的优点是成本低,操作简单,干燥完毕即可打包存放,便于贮藏和运输。缺点是皮板僵硬,容易折裂和易受蛾虫侵袭。

(3)盐干法 盐干法是盐腌和干燥的结合,就是盐腌后的生皮再进行干燥。盐干法适用于羔皮的防腐。这种皮称为盐干皮。

常用的方法是配制 $20\% \sim 25\%$ 的盐水,将鲜皮浸入盐水中腌制 24 小时。然后,取出羊皮,用水冲洗被毛,冲净后,将羔皮整形并绷铺在麻袋布架上,皮板朝下,晾干。最适宜的干燥温度为 $25 \sim 30℃$,空气相对湿度为 $40\% \sim 60\%$。

羔皮经干燥后,除去脏物,然后板面对板面堆积存放。

羔皮经清水或低浓度肥皂水洗净,而后贴平、整形、晾干的,称为淡干皮。

(二)羊皮的贮运

经过防腐处理的羊皮在贮藏期间会发生一些变化,因而控制贮藏条件,做好贮藏管理对保证皮的质量非常重要。

(1)贮藏 仓库应建在地势高的干燥地带。库内设置排风系统,保证通风良好、隔热、防潮、光线充足,但阳光不能直接照射皮张。库内应放置温度计和湿度计。

(2)入库检查和堆放 入库前要进行严格检查,没有干燥好或腌制好的羊皮,以及带有较多杂质的羊皮必须剔出,不得入库。经重新加工处理达到要求后方可入库。

库房内,皮张必须按类别、品种、等级分别堆放。盐干皮和淡干皮必须分开保管。堆垛时,垛与地面之间、垛与垛、垛与墙之间应保持一定距离,以利通风、散热、防潮和检查。每垛应放置适量防虫和防鼠药。

露天保存时,垛位距离地面要高一些。货垛四周围应有排水渠道。要苫盖严密,以防雨淋。

(3)贮藏期间的管理要点　羊皮在贮藏期间要做好防潮、防霉、防虫、防鼠四防工作。

由于原料皮具有吸湿性,尤其是空气湿度大时,易返潮、发热而发霉,表现在皮板和毛被上长有白色霉菌或绿色霉菌,有霉味,皮板局部变色。严重霉变者皮板变为紫黑色,霉变或腐烂。为此,仓库不能漏雨,仓库内应有通风、防潮设备,并采取各种控制和调节空气湿度的方法。

虫害侵袭皮张主要是在春季、夏季和秋季。为了防虫,要经常保持环境卫生。在皮张入库上垛前,应在皮板上喷洒防虫药,如精萘粉、二氯化苯等。如库内发现虫迹,要及时翻垛检查,采取灭虫措施。

发现虫害时,需将生虫的皮张拿到库外,把虫除净,然后逐张喷洒杀虫药。为预防生虫,可用磷化锌熏蒸。熏蒸最好是在密封的仓库内进行。用药量以每立方米货位用磷化锌 3~5 克为宜。药的配比为磷化锌 1.5 千克、硫酸 1.7 千克、小苏打 1 千克、水 15~20 千克。熏蒸的方法是先用塑料布盖好货垛,四周下垂并盖住地面,用土压实,只留一个投药口。操作人员必须戴好防毒面具和耐酸手套,要严格按程序投药。开始时,在投药口内放一个投药缸,先把规定量的水放在缸内,再将硫酸轻轻倒入缸中,不得猛倒。然后将磷化锌和小苏打拌匀,装入小布袋,封好袋口,将布袋轻轻投入缸中,开始产生毒气。投药后密封72小时,即能把皮虫杀死。操作时,一定不要把磷化锌与硫酸直接接触,以免起火。

为预防鼠害,可用毒饵灭鼠。

皮板在运输过程中,要防止雨淋和水湿受潮。捆扎过紧和捆扎不牢都会造成皮张伤残。

四、羊皮的鞣制

羊皮只有经过适当的加工,才能使皮质柔软,蛋白质固定,坚固耐用,适于制造各种制品。

毛皮鞣制方法很多,新技术不断涌出。常用的有铬鞣、明矾鞣、甲醛鞣、戊二醛鞣和混合鞣制等,其基本工艺包括鞣前准备、鞣制和整理。

(一)鞣前准备

加工用的原料皮大都是经过干燥或防腐处理过的干皮。鞣制要把它们恢复到鲜皮状态或接近鲜皮状态,然后去掉不需要的组织和部分可溶性蛋白质。

(1)浸水　浸水的目的是使原料皮尽量恢复到鲜皮状态,将附着在皮上的血液、粪便等污物和盐分完全除去。

浸水所用的水量常用"液比"表示,就是操作液的容积(升)与皮的重量(千克)的比值。

液比＝操作液容积/皮的重量

绵羊皮浸水的液比,以干皮重量计,一般为20,水温一般为15～20℃,浸皮时间20～24小时。浸水时间主要根据原料皮的具体情况及生产条件而定,以基本恢复到鲜皮状态,皮板适度柔软为宜。

浸水温度低,回软时间长。超过20℃,则细菌容易繁殖。为加快软化,可加入中性蛋白酶3942,每毫升10国际单位,或加入渗透剂JFC 0.5克/升。

操作时,将皮完全浸没在水中,板面向下,毛面向上盖好。在浸水期间,皮板不得露出水面。回软好的皮板,不得有干疤,否则应继续浸水。

(2)削里 将软化后的毛皮板面向上平铺在半圆木上,用弓形刀刮去附着于板面的残肉和脂肪等。为不使伤害毛根,可在半圆木上先铺一层厚布,弓形刀不能太锋利。最后用弓形刀背挤压皮板一次,以利脱脂。削里可促进脱脂剂的脱脂作用。

(3)脱脂 绵羊皮的真皮和毛被中含脂量很大,皮内脂肪不除去就会影响后序工艺的顺利进行,造成鞣制不良,成品发硬等。

在划槽内进行化学脱脂时,液比为10(以湿皮重量计),每升加入工业粉3克,M-50 2克。水温38～40℃,脱脂时间40～60分钟。操作时,调好水量、水温,将上述药料溶化后倒入槽中,划动1～2分钟。将皮投入划槽中,划动5～10分钟。中途划动2或3次,每次划动2～3分钟。

用肥皂和纯碱脱脂时,先在水池或缸中加入湿皮重的4～5倍的温水(38～40℃),再加入10%脱脂液,然后,投入削里后的毛皮,充分搅拌。5～10分钟后换液1次,继续搅拌或换液,直至没有毛皮特有的气味为止,毛被清洁,皮不显油腻感。

脱脂液的制备:肥皂3份、纯碱1份、水10份。先将肥皂切成薄片,投入水中煮开,使其全部溶解,然后加入纯碱,溶解后冷却至40℃即可使用。

影响脱脂效果的因素主要有水温、pH、水的硬度和脱脂时间等。

脱脂完成以后,立即将毛皮投入温水中漂洗10～15分钟。为使漂洗彻底,可漂洗2次,出皮甩水。

(二)鞣制

古老的鞣法是明矾鞣(铝鞣),现在多采用铬鞣,铬铝鞣以及其他形式的混合鞣。

(1)铝鞣 铝鞣皮的特点是洁白、柔软,延伸性优良,操作简单,缺点是耐水性、耐热性差,贮存时容易吸潮,造成霉烂等,常与其他方法结合使用。

①鞣液配制。明矾 4～5 份、食盐 3～5 份、水 100 份。配制时先用温水溶解明矾,然后再加水加盐,混合均匀即为鞣液。

②鞣制方法。取湿皮重 4～5 倍的 1/3 鞣液放入缸中,把经水洗处理的毛皮浸入鞣液,充分搅拌。次日起,每天早晚各搅拌 1 次,每次搅拌 30 分钟左右,5～7 天鞣制结束。皮张大小、厚薄、鞣制温度、搅拌等都影响鞣制时间。

鞣制时鞣液温度最好保持 30℃左右。温度低,鞣制时间长,皮板硬。用盐量视温度而定,15℃左右时,适当少加盐。20℃以上时,应多加些。

(2)铬鞣　目前采用较普遍的是铬鞣。

①浸酸。采用铬鞣时,毛皮完成脱脂工艺后要经过浸酸。绵羊皮在划槽中浸酸时,用食盐 30 克/升、芒硝 60 克/升、硫酸(66 波美度)6 克/升、液比 6～8,温度 36℃左右,时间 44 小时左右。首先把水温水量调好,加入食盐、芒硝和硫酸,划动均匀,然后把毛投入并划动 2～3 分钟。

②鞣制方法。鞣液制备:铬明矾 280 克、纯碱 56 克、食盐 410 克、水 10 千克。配制时,将铬明矾溶解于 3～4 倍的热水中。于另一容器中将纯碱用 0.5 千克温水溶解。2 种溶液冷却后,在搅拌下徐徐将纯碱溶液加入铬明矾溶液,一旦出现白色沉淀,立即停止加入纯碱溶液。由于溶液中有 CO_2 气体释出,产生泡沫。

鞣制:将其余的水倒入缸中,加入食盐,溶解,再加入上述鞣液的 1/3。然后将浸酸后的毛皮投入其中,不断搅拌。鞣制温度在 35℃左右。次日,加入剩余的 1/3 鞣液继续鞣制。鞣制时,液量为湿皮重的 3～4 倍。

鞣制结束时,可切一小块毛皮放入水中,加热至 80℃时如不收缩,即可结束鞣制。然后放置 2～3 天,使充分固定。

中和:用水充分洗涤铬鞣后的毛皮,然后投入 2% 的硼砂溶液中搅拌 1 小时后,切除一小块皮边,用石蕊试纸检查,呈微酸性时取出。然后水洗、干燥。

批量生产时制备铬鞣液用铬明矾 50 千克、纯碱 5.7 千克。将铬明矾溶解于 2~3 倍的热水中,在另一容器中将纯碱用 10 倍热水溶解,冷却后,将碱液徐徐加入铬明矾溶液中,一边搅拌一边加入。所用容器一定要大,以防剧烈发泡而溢出。然后准备鞣制。

鞣制绵羊皮的技术条件:

三氧化二铬	4~5 克/升
食盐	35 克/升
芒硝	40~60 克/升
液比	7~8(以湿皮计)
温度	30~35℃
时间	40~48 小时
终点 pH	3.3~3.5
设备	划槽

操作方法:放入水量,加入食盐,调节水温,加入铬鞣液,充分搅匀,投皮鞣制 2~3 小时后,鞣液 pH 为 2.8~3.0。再鞣制 6~8 小时,加纯碱提高鞣液的碱度。加纯碱量视 pH 而定,为每升 0.7~1.0 克。割皮检查,热收缩温度在 80℃ 以上。

铬鞣的方法多种多样,各具特色,但基本上大同小异。

(三)整理

(1)水洗甩干　毛皮鞣制后要进行水洗,然后甩干。

(2)加脂　加脂是非常重要的工艺,对皮板的定型、柔软度、延伸性等都有一定影响。

首先配制加脂液。磺化蓖麻油 10 份、肥皂 10 份、水 100 份。将肥皂切成碎片,加水煮开融化后,徐徐加入磺化蓖麻油。边加边搅拌,使其充分乳化。然后,用涂刷法加脂。

先将毛皮铺放在加脂台上,以手工用刷子将加脂液涂刷于板面。涂刷时,先从皮板中部开始,然后向两腹、颈肩和四肢涂刷,各部位涂刷均匀。涂刷后皮板对皮板重叠起来,静置 10～12 小时,再实行干燥。

干燥:加脂后皮板水分为 50%～60%,而成品的含水量应在 12%～14%,所以要进行干燥。

采用自然干燥法时,就是将湿皮悬挂在木杆上或平铺在地面上,利用太阳晒干或晾干。太阳晒干时要避开强光,而且皮板干至七成或八成时,再翻过来晒毛,以免皮板过分收缩,皮板发硬,甚至干裂。

回潮:毛皮干燥后,皮板硬。为便于刮软,在皮板板面上均匀喷洒 35～40℃ 的温水。对于明矾鞣制的毛皮,最好用鞣液喷洒和涂布。喷水后,皮板对皮板堆叠起来,用塑料薄膜把毛皮盖好,以防干边。24 小时后进行检查,皮板能拉开,且呈白色为适合。如有不均匀的地方,可再行喷水回潮。

刮软:将回潮的毛皮毛面向下铺于半圆木上,用钝刀轻刮板面。这时皮纤维伸长,皮板变柔软,而且变成白色。批量生产时,用刮软机进行刮软。

整形:为使皮板平整,将毛皮毛面向下,钉于木板上使其伸展,然后晾干,不得日晒。充分干燥后,用砂纸将毛皮板面磨平。然后从木板上取下毛皮,用梳子梳毛,使其整齐美观。梳毛时要小心,不要划破皮板,影响皮板质量。

第三节 羊 毛

一、羊毛的初步加工和贮存

羊毛制品轻柔舒适、清洁、保暖、有益健康、使用方便、经久耐用，一直深受广大消费者的青睐。优质的产品来源于优质的原料毛。因而，做好原料毛的初步加工具有十分重要的意义。

（一）羊毛的贮存

羊毛有很强的吸湿性。羊毛与周围大气之间不断地进行水分交换。当吸收的水分达到本身重量的 30％时，毛纤维的表面仍不感到潮湿。所以，一定要妥善保存羊毛。

存放羊毛的场所或库房要通风良好，地面要干燥。在贮存期间要做好防潮和防污染。羊毛受潮后容易发热和变黄，容易遭虫蛀和发霉，严重影响羊毛品质，甚至失去使用价值。如果羊毛受潮或被雨淋，一定要及时晾晒，但要防止强光曝晒。

剪下的羊毛要及时交售。羊毛存放太久会变得干枯，光泽变差，强度降低，容易断裂。

（二）羊毛的分等

羊毛分等是把羊毛按毛被品质进行区分，以便把相同的被毛集中起来。

毛被是绵羊身上的整体羊毛。细毛羊品种和其他质量较高的同质毛的毛被属于闭合型毛被。粗毛羊的毛被由异质毛构成，多属于开放型毛被。从绵羊体上剪下后仍能相互紧密联结在一起成为完整的被毛，在羊毛流通中称为套毛。

剪下来的毛不能联结在一起而呈大小不等的散片状羊毛，面积大于 20 厘米² 的称为片毛，小于 20 厘米² 的称为碎毛。

同质毛即为一个套毛上的各个毛丛由同一种纤维所构成，其羊毛粗细、长度、弯曲及外部特征趋于一致。同质毛包括细毛和半细毛。

异质毛是指被毛由 2 种以上不同的纤维类型所构成。它们是细绒毛、粗绒毛、两型毛、粗毛等。粗毛羊产的毛属于异质毛，一般绒毛较短，在底层，粗毛较长。毛被中往往混有干死毛。

基本同质毛是指套毛大部分由同质毛构成，少部分则是异质毛。

1.细羊毛的分等规定

一等:一等细羊毛的技术要求是羊毛细度在 60 支及 60 支以上,长度 6.0~7.9 厘米,油汗高度达 3.0 及 3.0 厘米以上。其品质特征是全部为自然白色的同质细羊毛。毛丛的细度长度均匀,弯曲正常,手感柔软,有弹性。平顶,允许部分毛丛顶部发干或有小毛嘴,但要无干、死毛。

二等:二等细羊毛的技术要求是羊毛细度在 60 支及 60 支以上,长度为 4.0~5.9 厘米,具有一等品质特征,但其长度或油汗不足一等的规定。有的其长度、油汗虽达到一等的规定,但毛丛的细度均匀程度较差,毛丛结构松散,较开张,弯曲不够正常,弹性差。

关于分等的几项说明:

品质特征及油汗与一等相同,细度在 60 支以上,长度在 8 厘米以上的细羊毛,其品质比差为 1.24%。单独包装。

周岁的细毛羊,毛丛顶部发干,顶端有锥形毛嘴,羊毛细度、长度的均匀度较差,允许有胎毛。种公羊的羊毛细度允许不粗于 58 支。

细羊毛按长度分等时,需有 60% 及 60% 以上符合本等级规定。

年剪 2 次毛的地区,细羊毛长度不足 4 厘米的,与秋毛、伏毛均按标准级的 50% 以下计价。

细羊毛的头、腿、尾毛不分等级,单独包装,按标准级 40% 计价。

2.改良毛的分等规定

一等:一等改良毛的技术要求为全部自然白色,改良形态明显的基本同质毛。毛丛主要由细绒毛和少量粗绒毛或两型毛所组成。羊毛细度和长度的均匀度上,以及弯曲、油汗、外观形态均较细羊毛差。毛丛较开张,顶端有小毛嘴,允许含有微量干、死毛。

符合上述要求和实物标准的羊毛应占套毛面积或散毛重量的70%和70%以上。品质比差为100%。

二等：二等改良毛的技术要求是由带毛辫和不带毛辫的白色异质羊毛构成。较细的毛丛由绒毛、两型毛和少量的粗毛组成，毛丛中有交叉毛和少量干、死毛。较粗的毛丛由绒毛、两型毛和粗毛组成，干、死毛较多。外观上已具有明显的改良毛特征，但仍未脱离土种毛的形态，和土种毛比较，绒毛和两型毛比例增多，油汗增多。符合上述要求和实物标准的羊毛应占套毛面积或散毛重量的30%以上。品质比差为91%。

改良毛不允许剪秋毛、伏毛。如有交售者，按改良毛二等的60%以下计价。改良黑花毛不分等级，不分颜色深浅和有色毛数量多少，均列入一个等级，单独包装，按标准级66%计价。

生皮剪毛按同种同等羊毛60%～80%计价，另行包装。疵点毛，如沥青毛、油漆毛必须单独包装，按同种同等毛的60%计价。如混入正常毛内，必须重新挑选后出售。黄残毛按其同种同等毛的65%计价。

3. 半细羊毛的分等规定

一等半细羊毛技术要求是细度46～58支，长度7.0～9.9厘米，有油汗，品质特征全部为自然白色的同质半细毛。细度、长度均匀，有浅而大的弯曲，弹性良好，有光泽，毛丛顶部为平嘴或带有小毛嘴、小毛辫，呈毛股状。细度较粗的半细毛外观呈较粗的毛辫。应无干、死毛。

二等半细羊毛的长度要求是4.0～6.9厘米，细度、油汗和品质特征同一等。

（三）疵点毛及其防止办法

疵点毛主要包括沥青毛、油漆毛、黄残毛、重剪毛、草芥毛、死毡片毛等。其中沥青毛、油漆毛的危害最为严重。

（1）沥青毛的形成及危害 有些养羊单位和养羊户为便于分

群和辨认,用沥青或沥青加废机油等作涂料在羊体上做标记,这就形成了沥青毛。沥青毛是毛纺工业的大敌,其危害很大。

危害之一是给羊毛分级带来不便,费时费力。在羊毛分等分级时,分级人员不得不花费很多时间和大量精力去挑出和剪除,影响分级速度,但仍然会有很多无法辨认的沥青毛漏检而造成损失。

危害之二是对毛纺工艺的危害,主要反映在增加生产成本,磨损纺织机械和降低羊毛的工艺价值。沥青黏合力很强,在生产工艺中会扩散成片,污染正常毛,导致大批产品报废。被沥青污染的织品光泽差,印染难,从而失去纺织工艺价值。为此,毛纺厂也必须花费大量劳动力去分拣、剪除沥青毛,增加生产成本。

危害之三是降低养羊经济效益,影响国毛声誉。国家要求,沥青毛必须单独包装,按同种同等毛的60%计价。沥青毛混入正常毛中,会降低羊毛的品种,加大与外毛的差距。

(2)消除沥青毛危害的办法 首要的是宣传沥青毛的危害性,说服群众不要使用沥青打标记。要把好剪毛关。如有沥青毛,要在剪毛前将涂有沥青的毛剪除掉。如混入正常毛内,必须重新挑选,而后出售。

其次是使用进口羊毛标记涂料。我国要加强羊毛标记涂料的研制和生产,大力推广价格低又不影响羊毛纺织性能的新型涂料。

此外,要把好商业分级关、工业分拣关,避免沥青毛进入毛纺工艺流程。

二、养羊户羊毛洗涤实用技术

养羊户可将羊毛洗净、晾干,加工成各种织品、鞋垫和被套等,是养羊致富的好渠道。

(1)浸泡 把原毛摊开,用手捡除套毛或片毛上的植物杂质、羊粪等,然后用双手抖动羊毛,使沙砾、小颗粒粪土等抖落下来。把经整理过的原毛放入盛有3/4清水的缸中,使羊毛全部浸于水中约 4 小时。

（2）冲洗　羊毛经浸泡后,清水变得浑浊,因而要把浊水放掉,用清水冲洗数次,直至水较清为止。对于过分脏的毛,可用手撕开,漂洗干净。

（3）浸碱　缸中放入约半缸清水,加入洗衣粉,添加量约为水重的 1.5%,使其溶解。然后称量 2 倍于洗衣粉重量的纯碱,用开水溶解后加入洗衣粉水中,使缸内洗液温度达到 48～52℃,洗液量约为缸容积的 3/4。之后,把沥干水分的羊毛放进缸中,在碱液中浸泡 3～6 小时后,捞出羊毛,沥干水分,进行第 2 次浸碱。

第 2 次浸碱与第 1 次相同。但要在碱液中加入约为水重 1% 的食盐或 0.5% 的漂白粉。羊毛在浸碱期间可用木棒轻轻搅动。

（4）漂洗　羊毛经过浸碱洗涤后,要沥干水分,用清水漂洗数次,使羊毛上的残留碱分漂洗干净。捞出羊毛,沥干水分,也可用洗衣机把羊毛甩干。

（5）干燥　将羊毛晾晒在苇席上,直至晾干。也可在阳光下晒干。但要防止强烈的阳光曝晒,而且在晒干过程中,要经常翻动羊毛。

洗好的羊毛手感柔和,洁白,无黏性感。洗后羊毛发黄,可能是浸碱温度过高,或碱液浓度过大。干燥后的羊毛如手感发黏,则应重复浸碱和漂洗。

第四节　山　羊　绒

山羊绒在国际市场上称为开司米,价格昂贵,是毛纺工业的高级原料。开司米毛制品具有轻、薄、暖、柔、滑、美观等特点,因而风行世界。

一、山羊绒的分类和等级划分

(一)分类

山羊绒可分为以下几类。

(1)活羊抓绒　从活羊体上抓下来的绒,呈瓜状,绒瓜松紧适中,有抓花,含短散毛少,绒长,光泽好,手感柔软。

(2)活羊拔绒　从活羊体上把毛和绒一起剪下,然后拔出粗毛。绒呈散片状。

(3)生皮抓绒　从山羊生皮上抓剪下来的绒,绒较短,光泽差。

(4)熟皮抓绒　从鞣制过的山羊皮上抓剪下来的绒。绒短而脆,光泽暗,手感涩。

(5)灰退绒　用石灰或硫化碱退下来的绒为灰退绒。绒短、无光泽、有绒块。

(6)肤皮绒　混有脱落的肤皮的绒。用手易抖掉的为活肤皮。

(7)油绒　抓绒时为省力在抓子上擦油而受到污染的羊绒。

(8)残次羊绒　霉变绒、虫蚀绒、癣癞绒、油绒等都属残次绒。

(二)等级划分

对山羊绒的品质要求是干燥、肤皮少,无植物物质和沙砾等杂质。手抖货净,白、青、紫 3 色分开。

白绒绒毛为纯白色。青绒为白绒里带有黑色绒毛。紫绒绒毛呈深紫色或浅紫色。

(1)原绒的等级　原绒的等级划分是根据绒毛含量和绒毛色泽进行的。

一等:纤维细长,色泽光亮,手感柔软,可带少量活肤皮,含绒量 80%,含短散毛 20%。等级比差为 100%。

二等:纤维粗短,光泽差,含绒量和短散毛各占 50%,带有严重肤皮和不易分开的薄膘,短绒、黑皮绒。等级比差 35%。

种类比差:活羊抓绒 100%,活羊拔绒 90%,生皮抓绒 80%,

熟皮抓绒、灰退绒、汤退绒、干退绒50％，套绒70％以下按质论价。

　　色泽比差：紫绒100％，青绒110％，白绒120％。

　　(2)无毛绒等级划分　原绒经过洗涤，分梳去除大部分粗毛及杂质的羊绒为无毛绒。无毛绒共分3档。

　　一档绒：有髓毛含量不超过1％。

　　二档绒：有髓毛含量不超过2％。

　　三档绒：有髓毛含量不超过5％。

　　此外，带绒春毛分为3级：一级含绒量50％～60％；二级多为山羊的边肷绒，含绒量40％；三级含绒量35％～38％。

二、山羊绒的辨伪

　　我国是山羊绒的主要生产国，在国际山羊绒市场上占有主要份额。由于山羊绒价格昂贵，掺假现象不断出现，破坏了我国山羊绒及其制品的国际声誉，对绒山羊产业化生产带来极坏影响。

　　(1)原绒辨伪　原绒辨伪主要采用感官检验。有些售绒户及绒贩子为达到增加重量之目的，在原绒中掺入泥土、沙砾等物质。感官检验时可将原绒中的可见杂质捡出。然后将原绒样品放入温水或有机溶剂中浸泡洗涤，除去杂质。

　　(2)无毛绒辨伪　无毛绒辨伪主要是借助显微镜对样品进行形态学和理化特性方面的检验。

　　近年来，我国主要以无毛绒出口为主，对无毛绒的检验更为重要。

　　从形态上看，山羊绒弯曲少，而且不规则，不整齐。而细羊毛弯曲小而规则、整齐。山羊绒纤维每毫米长度内有鳞片60～70个，而绵羊细毛约有100个鳞片，边缘翘起比羊绒明显。因此可将样品放入特定的溶液中，绵羊细毛便显露出小而规则的弯曲，而羊绒则会变直。

　　在显微镜下，不仅鳞片的数目和形态不同于绵羊细毛，而且正、副皮质层的分布比例也不一样。山羊绒的正、副皮质层各占一半,而美利奴细羊毛的正皮质层约占60%,副皮质层占40%。

山羊绒对酸、碱和热的反应更为明显。试验研究表明,把山羊绒和绵羊细毛放入同样浓度的氢氧化钠溶液中(如10%的氢氧化钠溶液)50℃加热半小时,山羊绒的重量损失率为绵羊细毛重量损失率的3~4倍。

对山羊绒的掺伪检验来说,要利用多项检测指标进行综合评判。同时,要加大研究力度,探索快速、准确、实用的检验技术。

第五节　羊肠衣的加工

羊肠衣可用于灌制各种香肠,制作外科手术缝合线、网球、羽毛球的拍弦、琴弦等,是传统的出口商品之一,每年为国家换取大量外汇。

一、原肠及其结构

宰羊时取出胃肠,及时扯除小肠上的网油,使与小肠外层分离。然后,摘下小肠,两个肠口向下,用手轻轻捋肠,倒粪,灌水冲洗干净即为原肠。

加工肠衣必须除去原肠肠壁上不需要的组织。羊的肠壁共分4层,即黏膜层、黏膜下层、肌肉层和浆膜层。黏膜层为肠壁的最内一层,由上皮组织和疏松结缔组织构成,在加工肠衣时被除掉。黏膜下层称为透明层,位于黏膜层下面,在刮肠时保留下来,即为肠衣。在加工肠衣时要特别注意保护,使其不受损伤。肌肉层位于黏膜下层外周,由内环外纵的平滑肌组成,加工肠衣时被除去。肠壁的最外层是浆膜层,加工肠衣时也被除掉。

二、原肠的收购

收购原肠时,要区别绵羊原肠和山羊原肠。山羊肠一般发亮,用手摸肠壁有不平的感觉，较柔软，拉力较小。绵羊肠无光，手摸肠壁感觉较平直，比山羊肠挺实，拉力较大。

　　收购的原肠必须来自健康无病的羊只，要及时去净粪便，冲洗干净，保持清洁，不得有杂物。一根完整的羊小肠包括十二指肠、空肠和回肠，完整的绵羊肠每根自然长度在 20 米以上，长的可达30 米。山羊肠每根自然长度为 12～15 米，长者可达 20 米。

三、加工方法

　　羊肠衣多为盐渍肠衣，现将其加工过程介绍如下。

　　(1)浸泡漂洗　浸泡是在水缸或塑料桶内进行的。首先把收购的原肠放入桶内，解开结，每根灌入少量水，然后每 5 根组成一把，放入清水中浸泡。1 份原肠 9 份水。用水应清洁，不可含有矾、硝、碱等物质。要求将原肠泡软，利于刮肠。冬季浸泡水温30℃左右，夏季用凉水浸泡，春秋季水温在 25℃左右为宜。浸泡18～24 小时，浸泡时间过长或过短都不好。过长则原肠容易发黑，过短则不易刮下肠膜。浸泡期间每 4～5 小时换水 1 次。

　　(2)刮肠　将泡好的原肠取出，放在木板上用竹制刮刀或塑料刮刀刮制，或用刮肠机刮制。手工刮肠时，一手按肠，一手持刮刀刮去不需要的黏膜层、肌肉层和浆膜，直至全根呈透明的薄膜。刮肠时用力要均匀，持刀平稳，避免刮破。遇到难刮的部位，可用刀背轻轻拍松后再刮。刮肠时要用少量水冲洗，否则黏度大，不易刮肠。

　　(3)灌水　刮好的肠坯用水冲洗。用自来水龙头插入肠管的一端灌水冲洗，同时检查有无破洞或溃疡、松皮、薄皮肠衣，或不净处等。如有不净处，要重新刮制。如有过大破洞等不符合要求部分，须割除。最后割掉十二指肠和回肠。

　　(4)量尺　经过水洗和灌水检查的肠坯，要进行量长度、配尺。每把羊肠衣的长度为 100 米，绵羊肠衣每把不能超过 16 节，山羊肠衣每把不得超过 18 节，每把合成节数越少越好，短于 1 米的肠衣不能用。不符合要求的肠衣可单独扎把,节数不限。量足尺码后,打结成把,沥干水分,以待腌肠。

(5)腌肠　将配足尺码打好把的肠衣散开,用精盐或专用盐均匀腌渍。每把用盐400克左右,一次腌透、腌匀。腌肠时,可将解开把的肠衣按顺序平铺在桶内,不得乱放。腌好后重新打把并放在竹筛内,沥出盐水。

(6)扎把　取出头一天沥出盐水的肠衣,即呈半干半湿状态的肠衣,进行扎把。至此工序的肠衣,称为半成品,又叫光肠、坯子。要求半成品或光肠品质新鲜,无粪便杂质,无破孔。气味正常,无腐败气味及其他异味。色泽白色或乳白色者为佳,青白色、黄白色和青褐色者次之。

半成品光肠可用大缸或水泥池贮存起来。入缸或入池前,需把容器刷洗干净,除去水,撒放精盐,然后,将光肠一把把平铺在里面,用24%的熟盐卤浸泡。卤水要淹没肠衣5厘米左右。为避免肠衣上浮,上面可放置竹篦子,上面压放石块,加盖密封。贮存期间要定期检查,防腐保鲜。如发现卤水混浊,应及时更换卤水,或及时加工处理。

(7)漂洗　将光肠放入清水浸泡漂洗数次,直至肠内外都洗净为止。漂洗时间夏季不超过2小时,冬季可适当延长,不得过夜。时间过长,容易变质。待肠壁恢复到柔软光滑时,便可灌水分路。

(8)灌水分路　灌水分路就是测量口径。将洗好的光肠灌入水,测量口径,检查和分路。如发现疵点,要及时处理。常见疵点有肠衣破损、盐蚀、粪蚀、刮不净、黑斑、黄斑、铁锈斑、紫筋、老麻筋、干皮、不透明、硬孔、沙眼、失去弹性等。硬孔似小米粒大小,沙眼为针尖大小。

羊肠衣可分6个路。

一路——22毫米以上;

二路——20~22毫米;

三路——18～20 毫米；

四路——16～18 毫米；

五路——14～16 毫米；

六路——12～14 毫米。

(9)配尺　把同一路分的肠衣按一定的规格要求扎成把。要求每根全长 31 米，每 3 根合成一把，总长 93 米。每把节头总数不超过 16 个，每节不得短于 1 米。

(10)腌肠及扎把　配尺扎把以后，要进行腌肠。腌肠时要分路进行，以免混乱。待沥干水分后再扎把，即为成品。扎把时要求除掉肠衣上过多的盐，剔除次品肠衣，扎把后肠头不得窜出。然后分路检验和包装。

四、肠衣的质量检验

(1)色泽　绵羊肠衣以白色及乳白色为上等，青白色、青灰色、青褐色次之。山羊肠衣以白色及灰白色为最佳，灰褐色、青褐色及棕黄色次之。

(2)气味　不得带有腐败气味和腥臭味。

(3)质地　薄韧透明，均匀，不得有沙眼破洞、硝蚀、盐蚀，不得有寄生虫痕迹，无刀伤、无弯头、无痘疗。带有老麻筋（显著的筋络）的肠衣为次品。

五、肠衣的包装与保存

肠衣多采用塑料桶或木桶包装，每桶装 1 500 根。每放一层肠衣就撒一些精盐，一般每把肠衣用盐 250～400 克，夏季用盐量稍大。肠衣不能接触铁器、沙土和杂质。铁会使肠衣变黑。肠衣装好盖后，放在 0～5℃下保存。也可放在地下室、地窖等凉爽处贮存。每周检查 1 次。如有漏卤、肠衣变质，要及时处理。

第六节　羊　　奶

一、羊奶的营养价值

羊奶是人类理想的食品,其营养成分全面又容易消化吸收。羊奶中含有 200 多种营养物质和生物活性物质,其中氨基酸 20种,维生素 20 种,矿物质 25 种,乳酸 64 种以及多种乳糖和酶类。其中各种营养物质的消化率均在 90% 以上,有的几乎全部被消化吸收。古今的实践和研究还表明,羊奶不但营养价值高,而且还有一定的护肤、抗炎、抗衰老等医疗保健作用。表 7-7 列出山羊奶与牛奶、人奶的营养成分比较。

表 7-7　山羊奶的营养组成及与牛奶、人奶的比较

营养组成及理化性能	山羊奶	牛奶	人奶
比重/20℃	1.029 9	1.029 6	1.029 0
氢离子浓度/(纳摩/升)	190.5	239.9	87.1
酸度/°T	11.46	13.69	10.40
干物质/%	12.58	11.63	12.02
脂肪/%	4.00	3.85	4.05
乳糖/%	4.58	4.70	6.90
蛋白质/%	3.54	3.40	1.10
灰分/%	0.86	0.72	0.30
钙/(毫克/100 克)	214	169	60
磷/(毫克/100 克)	96	94	40
维生素 A/(国际单位/克脂肪)	39	21	32
维生素 B_1/(微克/100 毫升)	68	45	17
维生素 B_2/(微克/100 毫升)	210	159	26
维生素 C/(毫克/100 毫升)	2	2	3
热能/(千焦/100 毫升)	326.4	305.4	284.5

和牛奶、人奶比较,羊奶具有本身一些营养特点。主要表现在以下几方面。

(1)干物质和能量含量高 羊奶干物质含量比牛奶和人奶分别高 8.2%和 4.7%,每 1 000 毫升羊奶热能分别比牛奶和人奶高 210 千焦和 419 千焦。

(2)含脂率高 脂肪球小 羊奶的脂肪含量为 3.6%～5.5%,它以脂肪球的形式存在于奶中,脂肪球直径一般在 2 微米左右,而牛奶脂肪球直径为 3～4 微米。由于羊奶脂肪球直径小,使其更容易被消化吸收。

(3)酪蛋白含量低,蛋白质消化率高 奶中的蛋白质主要是酪蛋白和乳清蛋白。酪蛋白在人的胃中,由于胃酸的作用可形成大块的凝固物,其含量越高,蛋白质消化率越低。羊奶、牛奶、人奶三者的酪蛋白与乳清蛋白之比大致为 75:25、85:15、60:40。可见羊奶比牛奶酪蛋白含量低,乳清蛋白含量高,与人奶接近,因而羊奶的蛋白质消化率比牛奶高。

(4)富含维生素和无机盐 羊奶中维生素总含量比牛奶高 11.29%。羊奶中维生素 A、维生素 B_1、维生素 B_2、维生素 C、泛酸和尼克酸的含量均可满足婴儿的需要。羊奶中矿物质元素钙、磷、钾、镁、锰、氯等含量都比牛奶高。

(5)其他 羊奶比牛奶偏碱性,更宜于有胃肠病病人的饮用,是治疗胃溃疡的理想食品;羊奶中核苷酸含量较高,对婴幼儿智力发育有好处;奶山羊与奶牛比,不易患结核病,因此饮用羊奶更安全。

二、羊奶的脱膻

羊奶的膻味是由于乳脂中含有较多短链挥发性脂肪酸,如己酸、辛酸和癸酸形成。另外,羊奶脂肪球直径小,表面积大,吸附能力强,容易吸附外界异味而使羊奶膻味更大。这些特殊气味使部分消费者难以接受,因此需要采取一些措施脱膻。

由于膻味受多种因素的影响,必须采用综合措施才能达到脱膻的目的。在饲养管理上要注意羊体和圈舍的清洁卫生,实行公、母分圈饲养,减少羊奶污染,降低膻味。同时在挤奶间和乳品加工间不堆放有异味的物品,在奶的收购、运输和冷藏或加工过程中应做到清洁卫生,不受污染。此外,还可采取以下方法进行脱膻处理。

(1)消毒脱膻 在实际生产中,为了减少能耗,降低成本,保持羊奶的正常营养成分和香味不受损失,除了防止原料奶吸入外界气味外,还可将羊奶冷却到5℃时,再以超高温瞬间灭菌处理,既可灭菌消毒,又可脱膻。

(2)真空喷雾脱膻 借助机械设备,采用蒸汽直接喷射脱膻。具体方法是先通过蒸汽消毒后,突然连续减压,用真空蒸发。在减压蒸发过程中羊奶中挥发性脂肪酸随之挥发,达到脱膻的目的。

(3)脱膻剂脱膻 在奶中加入一定的脱膻剂达到脱膻的目的。如环醚型复合物羊奶脱膻剂,其脱膻效果明显,还不会破坏奶的营养成分和天然香味,同时还具备使用方便的优点。

(4)发酵脱膻 在羊奶中加入乳酸菌一类微生物,通过发酵产生乳酸香味掩盖羊奶膻味。

(5)其他 在羊奶工厂化加工中,还常采用稀奶油喷雾脱膻、乳脂程序处理脱膻、超滤反渗透脱膻等方法。在日常生活中,食用羊奶可用鞣酸脱膻和杏仁酸脱膻。在煮奶时加入少许茉莉花茶(含有鞣酸),煮开后,将茶叶过滤,既可去除羊奶膻味,且羊奶清香可口,别具风味;煮奶时加少许杏仁、橘皮、红枣,不仅气味芳香,顺气开胃,而且还可补气血,是病人、老人的理想滋补品。

三、羊奶的检验与贮存

(一)羊奶的检验

收购羊奶时,应对奶的品质进行认真的检测,以确保质量。羊奶的检验可分以下几个方面的内容。

(1)感官评定　正常的羊奶为白色或略带淡黄色,有甜味及奶香味。如发现异常颜色或奶呈黏滑状、有絮状物或凝结、酸败味,多为细菌污染所致。如果有些异味,但颜色和组织状态正常往往是饲料、贮存时外来异味所致。

(2)比重测定　为防止掺水,收奶时应测奶的比重。在 15℃时,正常鲜奶比重为 1.034(1.030～1.037)。如正常奶在比重计上刻度为 30,则说明其比重为 1.030,如掺水 10% 后,比重计就会下降 3 个刻度,为 27,即比重下降为 1.027。

(3)新鲜度　测定新鲜度测定也称酸度测定。正常奶酸度呈两性反应,可使红色石蕊试纸变蓝,也可使蓝色石蕊试纸变红。新鲜奶的酸度平均为 15°T(11～18°T),若超过 18°T,则不宜收购。羊奶酸度测定有以下几种方法。

①酒精法。可用 70% 的酒精 1 毫升与等量的羊奶在试管中充分混合,若产生絮状凝块或出现白色颗粒,则说明奶的酸度已超过 18°T。

②滴定酸度法。取 100 毫升羊奶,以酚酞作指示剂,用 0.1 摩尔的氢氧化钠滴定,按所消耗氢氧化钠的毫升数来表示,每消耗 1毫升为 1°T。

③pH 试纸法。用 pH 试纸直接放入羊奶中,根据试纸颜色确定其相应酸度。

(二)羊奶的贮存

奶在贮存前必须进行冷却,使奶全面降温后再贮存。贮存应尽可能在低温处,以防止温度升高。由于低温只能暂时抑制微生物的活动,当奶温升高时,微生物又会开始活动,所以最好在冷却后在整个保存期内维持在低温条件下。一般贮存的温度可根据贮存的时间而定。贮存 6~12 小时,要求 8~10℃;贮存 12~18 小时,要求 6~8℃;贮存 18~24 小时,要求 5~6℃;贮存 24~36 小时,要求 4~5℃;贮存 36~48 小时,要求 1~2℃。

　　LP 体系方法是近几年试验成功的一种新保存鲜奶的方法。通过活化奶中过氧化物酶体系保存鲜奶,即在鲜奶中添加 12 毫克/千克硫氰酸盐和 8.5 毫克/千克过氧化氢,可使鲜奶在 30℃时保鲜 7~8 小时,在 15℃时保鲜 24~36 小时,在 3~5℃时保鲜 5~7 昼夜不变质。该法保鲜效果好,无害于消费者的健康、经济、简便、不需要任何设备。

四、羊奶的加工

　　(1)消毒鲜奶　以新鲜羊奶为原料,经过过滤或净化、标准化、均质、杀菌、冷却、包装、装箱后即可分发销售,如未能马上分送销售的消毒奶,应送入冷库中暂时存放。

　　(2)酸奶　乳经乳酸菌发酵而成为酸奶,又可分凝固型酸奶和搅拌型酸奶。前者发酵过程在零售容器内进行,凝块为均一连续的半固体状态;后者发酵过程在发酵罐中进行,包装之前经过冷却、搅拌,凝块呈低黏度的均匀状态。有时为了增加酸奶的风味,往往添加一些蔗糖、巧克力、咖啡、香精及果酱等而制成特种酸奶。凝固型酸奶的生产工艺流程为:原料的验收、过滤或净化、标准化、添加蔗糖、添加稳定剂、预热(60~70℃)、均质、杀菌、冷却、添加香料、添加发酵剂、灌装、发酵、冷却、贮藏。搅拌型酸奶的生产工艺流程为:原料奶的验收、过滤或净化、标准化、添加蔗糖、添加稳定剂、预热、均质、杀菌、冷却、添加发酵剂、发酵、添加香料或果料果浆等、搅拌、冷却、灌装、贮藏。

　　(3)干酪　在奶中加入适量的乳酸菌发酵剂和凝乳酶,使蛋白质凝固,排除乳清,将凝块压成块状而成干酪。制成后未发酵的称新鲜干酪,经长时间发酵成熟的称成熟干酪。干酪的营养价值很高,它等于将原料奶的营养成分浓缩10倍。在凝乳酶和微生物的作用下,分解大分子物质为容易消化吸收的小分子物质,并合成了大量人体必需的氨基酸、维生素等生物活性物质。干酪的生产工艺流程为:原料奶验收、标准化、杀菌、冷却、添加发酵剂、调整酸度、加氯化钙、加色素、加凝乳酶、凝块切割、搅拌、加温、排除乳清、成型压榨、盐渍、成熟、上色挂蜡、贮藏。

(4)干酪素、乳糖　干酪素是利用酸和凝乳酶,使脱脂乳中的酪蛋白凝固,弃去乳清,将酪蛋白凝块经洗涤、压榨、干燥等工序制成。乳糖是利用制造干酪素弃去的乳清,除去乳清蛋白,然后蒸发、浓缩、冷却结晶、分离洗涤、干燥等工序制成。

第八章　羊疾病的防治

　　羊的疾病种类很多,危害严重的主要有传染病、寄生虫病、营养代谢病和中毒病等。当羊发生传染病或寄生虫病时,会严重影响养羊业的发展,给养殖户带来极大损失。羊病防治必须坚持"预防为主"的方针,采取加强饲养管理、搞好环境卫生、开展防疫检疫、定期驱虫、预防中毒等综合性防治措施,将饲养管理工作和防疫工作紧密地结合起来,以取得防病灭病的综合效果。

第一节　羊病防治基本技术

一、羊群的卫生防疫措施

(一)加强饲养管理,增进羊体健康

　　(1)合理搭配日粮,提高饲养水平　加强饲养管理,科学喂养,精心管理,增强羊只抗病能力是预防羊病发生的重要措施。"羊以瘦为病","病由膘瘦起,体弱百病生",这两句谚语正说明了加强饲养管理增强羊只体况与疾病发生的关系。首先,饲料种类力求多样化并合理搭配与调制,使其营养丰富全面;其次,重视饲料和饮水卫生,不喂发霉变质、冰冻及被农药污染的草料,不饮死水、污水;同时,要保持羊舍清洁、干燥,注意防寒保暖及防暑降温工作。对羊群改善饲养管理条件,提高饲养水平,使羊体质良好,能有效地提高羊只对疾病的抗病能力,特别是对正在发育的幼龄羊、怀孕期和哺乳期的成年母羊加强饲养管理尤其重要。各类型羊要按饲养标准合理配制日粮,使之能满足羊只对各种营养元素的需求。

（2）妥善安排生产环节 养羊的主要生产环节包括鉴定、剪毛、配种、产羔和育羔、羊羔断奶和分群。每一生产环节的安排，应尽量在较短时间内完成，使之尽量不影响正常生产秩序。

（二）搞好环境卫生

养羊的环境卫生好坏，与疫病的发生有密切关系。环境污秽，有利于病原体的滋生和疫病的传播。因此，羊舍、羊圈、场地及用具应保持清洁、干燥，每天清除圈舍、场地的粪便及污物，将粪便及污物堆积发酵，30天左右可作为肥料使用。

羊的饲草应当保持清洁、干燥，不能用发霉的饲草、腐烂的粮食喂羊；饮水也要清洁，不能让羊饮用污水和冰冻水。

老鼠、蚊、蝇等是病原体的宿主和携带者，能传播多种传染病和寄生虫病。应当清除羊舍周围的杂物、垃圾及乱草堆等，填平死水坑，认真开展杀虫灭鼠工作。

（三）严格执行检疫制度

检疫是应用各种诊断方法（临床的、实验室的）对羊及其产品进行疫病（主要是传染病和寄生虫病）检查，并采取相应的措施，以防疫病的发生和传播。为了做好检疫工作，必须有一定的检疫手续，以便在羊流通的各个环节中，做到层层检疫，环环扣紧，互相制约，从而杜绝疫病的传播蔓延。羊从生产到出售，要经过出入场检疫、收购检疫、运输检疫和屠宰检疫，涉及外贸时，还要进行进出口检疫。出入场检疫是所有检疫中最基本最重要的检疫，只有经过检疫而未发现疫病时，方可让羊及其产品进场或出场。羊场或养羊专业户引进羊时，只能从非疫区购入，经当地兽医检疫部门检疫，并签发检疫合格证明书；运抵目的地后，再经本场或专业户所在地兽医验证、检疫并隔离观察1个月以上，确认为健康者，驱虫、消毒，没有注射过疫苗的还要补注疫苗，方可混群饲养。羊场采用的饲料和用具，也要从安全地区购入，以防疫病传入。

(四)有计划地进行免疫接种

根据当地传染病发生的情况和规律,有针对性地、有组织地搞好疫苗注射防疫,是预防和控制羊传染病的重要措施之一。目前,我国用于预防羊主要传染病的疫苗有以下几种。

(1)无毒炭疽芽孢苗　预防羊炭疽。绵羊皮下注射 0.5 毫升,注射后 14 天产生坚强免疫力,免疫期 1 年。山羊不能用。

(2)布氏杆菌苗　预防羊布氏杆菌病。山羊、绵羊臀部肌肉注射 0.5 毫升(含菌 50 亿);阳性羊、3 月龄以下羔羊和怀孕羊均不能注射。饮水免疫时,用量按每头羊服 200 亿菌体计算,2 天内分 2 次饮服;免疫期,绵羊 1 年半,山羊 1 年。

(3)羊三联苗　预防羊快疫、猝疽、肠毒血症。成年羊和羔羊一律皮下或肌肉注射 5 毫升,注射后 14 天产生免疫力;免疫期半年。

(4)羔羊痢疾苗　预防羔羊痢疾。怀孕母羊分娩前 20～30 天第 1 次皮下注射 2 毫升;第 2 次于分娩后 10～20 天皮下注射 3 毫升。第 2 次注射后 10 天产生免疫力。免疫期:母羊 5 个月。经乳汁可使羔羊获得母源抗体。

(5)羊肺炎支原体氢氧化铝灭活苗　预防绵羊、山羊由绵羊肺炎支原体引起的传染性胸膜肺炎。颈侧皮下注射,成年羊 3 毫升,半岁以下幼羊 2 毫升;免疫期可达 1 年半以上。

(6)羊痘鸡胚化弱毒苗　预防绵羊痘,也可用于预防山羊痘。冻干苗按瓶签上标明的疫苗量,用生理盐水 25 倍稀释,振荡均匀;不论羊大小,一律皮下注射 0.5 毫升,注射后 6 天产生免疫力;免疫期 1 年。

(7)口蹄疫苗　预防口蹄疫。母羊产后 1 个月和羔羊生后 1 个月皮下注射 1 毫升或按说明进行,注射 14 天后产生免疫力。免疫期半年。

(8)破伤风明矾类毒素　预防破伤风。绵、山羊各颈部皮下注射 0.5 毫升。平均每年 1 次;遇有羊受伤时,再用相同剂量注射 1 次。若羊受伤严重,应同时在另一侧颈下部注射破伤风抗毒素,即可防治破伤风。该类毒素注射后 1 个月产生免疫力,免疫期 1 年。第 2 年再注射 1 次,免疫力可持续 4 年。

(9)破伤风抗毒素 供羊紧急预防或治疗破伤风之用。皮下或静脉注射,治疗时可重复注射 1 至数次。预防剂量 10 万～20 万国际单位,治疗剂量 20 万～50 万国际单位。免疫期 2～3 周。

(10)羊四联苗 预防羊快疫、羔羊痢疾、猝疽和肠毒血症。羊不论年龄大小均皮下或肌肉注射 5 毫升,注射后 14 天产生可靠免疫力,免疫期 6 个月。

(11)山羊传染性胸膜肺炎氢氧化铝苗 预防由丝状支原体山羊亚种引起的山羊传染性胸膜肺炎。皮下注射,6 月龄以下的山羊 3 毫升,6 月龄以上的山羊 5 毫升,注射后 14 天产生免疫力;免疫期 1 年。

免疫接种需按合理的免疫程序进行。各地区、各羊场可能发生的传染病不止一种,而可以用来预防这些传染病的疫苗的性质又不尽相同,免疫期长短不一。因此,羊场往往需用多种疫苗来预防不同的病,也需要根据各种疫苗的免疫特性来合理地安排免疫接种的次数和间隔时间,这就是所谓的免疫程序。目前国际上还没有一个统一的羊免疫程序,只能在实践中总结经验,制订出合乎本地区、本羊场具体情况的免疫程序。

(五)做好消毒工作

定期对羊舍、用具和运动场等进行预防消毒,是消灭外界环境中的病原体、切断传播途径、防制疫病的必要措施。注意将粪便及时清扫、堆积、密封发酵,杀灭粪便中的病原菌和寄生虫或虫卵。

1. 消毒方法

喷雾消毒:用规定浓度的次氯酸盐、过氧乙酸、有机碘混合物、新洁尔灭、煤酚等,对羊舍、带羊环境、羊场道路和周围环境以及进入场区的车辆进行消毒。

喷洒消毒:在羊舍周围、入口、产房和羊床下面撒生石灰或火碱进行消毒。

浸液消毒:用规定浓度的新洁尔灭、有机碘混合物或煤酚的水溶液洗手、洗工作服或胶靴。

熏蒸消毒:用甲醛等对饲养器具在密闭的室内或容器内进行消毒。

火焰消毒:用喷灯对羊只进行出入的地方、产房、培育舍,每年进行 1～2 次火焰瞬间喷射消毒。

紫外线消毒:人员入口处设紫外灯照射至少 5 分钟。

2.消毒制度

环境消毒:羊舍周围环境定期用 2% 火碱或撒生石灰消毒。羊场周围及场内污水池、排粪坑、下水道出口,每月用漂白粉消毒 1 次。在羊场、羊舍入口设消毒池并定期更换消毒液。

羊舍消毒:每批羊只出栏后,要彻底清扫羊舍,采用喷雾、火焰熏蒸消毒。

用具消毒:定期对分娩栏、补饲槽、饲料车、料桶等饲养用具进行消毒。

带羊消毒:定期进行带羊消毒,减少环境中的病原体。

人员消毒:工作人员进入生产区净道和羊舍,要更换工作服和工作鞋,并经紫外线照射 5 分钟进行消毒。对外来人员必须进入生产区时,应更换场区工作服、工作鞋,经紫外线照射 5 分钟,并遵守场内防疫制度,按指定路线行走。

(六)组织定期驱虫

羊寄生虫病发生较普遍。患羊轻者生长迟缓、消瘦、生产性能严重下降,重者可危及生命,所以养羊生产中必须重视驱虫药浴工作。驱虫可在每年的春、秋两季各进行 1 次,药浴则于每年剪毛后 10 天左右彻底进行 1 次,这样即可较好控制体内、外寄生虫病的发生。

预防性驱虫所用的药物有多种,应视病的流行情况选择应用。丙硫咪唑(丙硫苯咪唑)具有高效、低毒、广谱的优点,对羊常见的胃肠道线虫、肺线虫、肝片吸虫和绦虫均有效,可同时驱除混合感染的多种寄生虫,是较理想的驱虫药物。目前使用较普遍的阿维菌素、伊维菌素对体内和体外寄生虫均可驱除。使用驱虫药时,要求剂量准确。驱虫过程中发现病羊,应进行对症治疗,及时解救出现毒、副作用的羊。

(七)预防毒物中毒

某种物质进入机体,在组织与器官内发生化学或物理化学的作用,引起机体内功能性或器质性的病理变化甚至死亡,此种物质称毒物,有毒物引起的疾病称中毒。

1.预防中毒的措施

不喂含毒植物的叶茎、果实、种子;不在生长有毒植物的地区内放牧,或实行轮作,铲除毒草。不饲喂霉变饲料,饲喂前要仔细检查,如发霉变质,应废弃不用;注意饲料的调制、搭配和贮存。有些饲料本身含有有毒物质,饲喂时必须加以调制。如棉籽饼经高温处理后可减毒,减毒后在按一定比例同其他饲料混合搭配饲喂,就不会发生中毒。有些饲料如马铃薯若贮藏不当,其中的有毒物质会大量增加,对羊有害,因此应贮存在避光的地方,防止变青发芽;饲喂时要同其他饲料按一定比例搭配。

另外,对其他有毒药品如灭鼠药、农药及化肥等的保管及使用也必须严格,以免羊接触发生中毒事故。对喷洒过农药和施有化肥的农田排水,不应作饮用水;对工厂附近排出的水或池塘内的死水,也不宜让羊饮用。

2.中毒羊的急救

羊发生中毒时,要查明原因,及时进行紧急救治。一般原则如下:

(1)除去毒物　有毒物质如系经口摄入,初期可用胃管洗胃,用温水反复冲洗,以排出胃内容物。在洗胃水中加入适量的活性炭,可提高洗胃效果。如中毒发生时间较长,大部分毒物已进入肠道时,应灌服泻剂。一般用盐类泻剂,如硫酸钠或硫酸镁,内服500克。在泻剂中加活性炭,有利于吸附毒物,效果更好。也可用清水或肥皂水反复深部灌肠。对已吸收入血液中的毒物,可采用颈静脉放血,放血后随即静脉输入相应剂量的5%葡萄糖生理盐水或复方氯化钠注射液,有良好效果。由于大多数毒物可经肾脏排泄,所以利尿对排毒有一定效果,可用利尿素或醋酸钾,加适量水内服。

(2)应用解毒药　在毒物性质未确定之前,可使用通用解毒药。其配方是:活性炭或木炭末2份,氧化镁1份,鞣酸1份混合均匀,内服500～700克。该配方兼有吸附、氧化及沉淀3种作用,对于一般毒物都有解毒作用。如毒物性质已确定,即可有针对性地使用中和解毒药(如酸类中毒服碳酸氢钠、石灰水等,碱类中毒内服食醋等)、沉淀解毒药(如2%～4%鞣酸或浓茶,用于生物碱或重金属中毒)、氧化解毒药(如静脉注射1%美蓝,每千克体重1毫升,用于含生物碱类的毒草中毒)或特异性解毒药(如解磷定只对有机磷中毒有解毒作用,而对其他毒物无效)。

(3)对症治疗　心脏衰弱时,可用强心剂;呼吸功能衰竭时,使用呼吸中枢兴奋剂;病羊烦躁不安时,使用镇静剂;为了增强肝脏解毒能力,可大量输液。

(八)发生传染病时及时采取措施

羊群发生传染病时,应立即采取一系列紧急措施,就地扑灭,以防止疫情扩大。兽医人员要立即向上级部门报告疫情,同时要立即将病羊和健康羊隔离,不让它们有任何接触,以防健康家畜受到传染;对于发病前与病羊有过接触的羊(虽然在外表上看不出有病,但有被传染的嫌疑,一般叫做"可疑感染羊"),不能再和健康羊一同饲养，必须单独圈养，经过 20 天以上的观察不发病，才能与健康羊合群；如有出现病状的，则按病羊处理。对已隔离的病羊，要及时进行药物治疗；隔离场所禁止人畜出入和接近，工作人员出入应遵守消毒制度；隔离区内的用具、饲料、粪便等，未经彻底消毒，不得运出；没有治疗价值的病羊，由兽医根据国家规定进行严密处理；病羊尸体要严格处理，视具体情况，或焚烧，或深埋，不得随意抛弃。对健康羊和可疑感染羊，要进行疫苗紧急接种或用药物进行预防性治疗。如发生口蹄疫、羊痘等急性烈性传染病时，应立即报告有关部门，划定疫区，采取严格的隔离封锁措施，并组织力量尽快扑灭。

二、羊病的判断

羊患病后，其精神状态、放牧采食、休息情况及粪便等都有些异常，应细致观察，及时发现病羊，以免延误病情。健康羊两眼有神，神态安详，姿势自然，动作敏捷，被毛光泽整洁，呼吸平稳，食欲旺盛，咀嚼有力。患病羊往往精神沉郁，两眼无神，动作迟缓，被毛粗乱，呼吸困难或衰竭、磨牙，食欲不振，咀嚼无力等。

健康羊放牧或运动时喜欢结群，争先采食，一般奔走的速度一致，对牧工的口号反应敏感。病羊常落在羊群后独处，并经常有停食、呆立或卧地不起现象。

健康羊休息时卧地姿势自然，卧下时右侧腹部着地，呈斜卧姿态，前后肢趋于腹下或左后肢向左侧伸出，头颈抬起，有规律地反刍并时有嗳气发生。当人接近时，即起立躲避。病羊常常挤在一起，四肢趋于腹下，头颈向腹部弯曲，反刍停止或减少。人走近时不避开。有时病羊不卧下休息，满圈奔走并在墙壁或圈门上摩擦其头部或体躯。

健康羊饮水正常，粪便呈固有的形状，落地后互不黏结，一般夏、秋季呈黑绿色，冬季呈黑褐色。病羊粪便或干或稀，便秘时粪球变的干硬,颜色变黑,量少,并伴有排粪困难,便稀时粪便呈稀粥样或稀水状,颜色呈黄色或灰白色,奇臭,粪内常混有黏膜液或血丝,尾部及后肢污染有粪便,这可能是由胃肠炎或寄生虫疾病所致。

三、羊病的检查

对病羊应全面了解草料和饮水情况,了解预防注射及驱虫药浴情况,掌握圈舍及其周围环境情况,掌握放牧、运动、舍饲的规律和天气变化,了解畜群附近地区以往疫病发生以及防治经过。仔细观察病羊的体格、发育、营养状况、精神状态、姿势体态及运动与行为等。注意采食、咀嚼、吞咽、反刍、呼吸等有无异常。检查皮肤弹性及被毛状况,检查眼结膜的颜色变化。观察眼、口、鼻、耳、肛门、阴门等天然孔有无异常分泌物。经过观察,发现病羊可做进一步细致检查。

(1)体温测定　测温是临床上重要的常规检查之一,体温的变化常作为诊断疾病的一种重要依据。羊正常体温为 38～40℃。健康羊正常体温在一昼夜内略有变动,一般上午偏低,下午偏高,相差 1℃左右。有些传染病和炎症往往出现体温升高,而上午高下午低。在大出血、生产瘫痪、心循环衰竭及某些中毒时,体温降低。

体温通常是用体温计在羊的直肠内进行。测量前应将体温计的水银柱甩至 35℃ 以下。将羊保定好,体温计上涂上少许润滑剂,插入直肠后,停留 3～5 分钟,然后取出用酒精棉球消毒,查看水银柱高度,与每日上下午各测温 1 次。

(2)测定呼吸次数　站在病羊腹部后侧观察,胸部和腹部同时一起一伏为一次呼吸,计数每分钟的呼吸次数。健康羊每分钟呼吸 12～30 次。呼吸过快常见于发热性疾病、疼痛性疾病、缺氧等;呼吸过缓见于生产瘫痪、某些脑病或食物中毒等。

(3)测定脉搏　在羊的股内动脉处,用 2～3 个手指轻轻按上,并施以适当压力,感知脉搏的搏动,记录 1 分钟内搏动的次数。健康羊的脉搏每分钟 70～80 次。

(4)触诊　羊患病时,大多数有消化机能紊乱,常出现瘤胃积食或前胃弛缓症状,可通过触诊进行检查。检查时在病羊的左侧腹部,握拳放在左侧腰窝下方,感觉瘤胃的蠕动,健康羊每分钟瘤胃蠕动 2～4 次,蠕动波强而有力,可以把人的手顶起来,持续时间在 15 秒钟以上。然后用手掌按压上、中、下部,正常羊上部有弹性,中部稀软,下部结实。瘤胃积食或前胃弛缓时,腹壁紧张,内容物较硬。如其中混有气体和液体时,则呈半液状,触之有波动感。如内容物较硬时,则触压后有压痕。

(5)体表淋巴结的检查　临床上较常检查的淋巴结有颌下淋巴结、耳下淋巴结、肩前淋巴结和腹股沟淋巴结等。淋巴结的肿大发热,说明其周围有炎症。

四、给羊用药的方法

(1)口服法　大群羊的传染病防治或驱虫多用自行采食法,将药物按规定使用剂量拌入饲料或饮水中,任羊自由采食或饮用。当饲养羊只较少或患病羊只较少时,可将药物与精料混匀做成食团喂羊。

当羊需服水剂型药物时多用长颈玻璃瓶、塑料瓶或一般酒瓶灌服。将药液注入瓶内,助手抓住鼻中隔提起羊头,使头呈水平状,投药者一手打开口腔,另一手把药瓶从口角送入,倾斜药瓶使药液流出少许,并马上取出瓶子,任其吞咽,这样反复进行灌药,直至把药液灌完。

对体型较大用药较多的羊只,亦可用细胶管灌服。把细胶管从鼻腔插入食道,另一端接漏斗,药物即从胶管进入胃内。操作时严防把胶管插入气管。

喂舔剂药物时,将药物加少许水调成稠状,把羊口张开,用竹制或木制的药板抹取药物,涂在病羊舌根处,借羊吞咽而将药物咽下。

(2)直肠法　又叫灌肠法。首先将直肠内粪便清除,将药物溶于温水中,用细胶管插入直肠内,细胶管另一端接漏斗,将药液导入漏斗即可进入直肠。灌肠完毕后,拔出胶管,用手压住肛门或拍打尾根部,以防药物流出。

(3)注射法　常用的注射法有肌肉注射、皮下注射和静脉注射等方法。首先注射用具要彻底消毒灭菌,一般须在消毒锅内煮沸半小时。注射部位剪毛,涂 5% 的碘酊,再用 70% 的酒精棉球脱碘。然后抽取药液后排净注射器和针头内的空气。

①肌肉注射。注射部位一般在颈部或臀部。先把针头(12~16 号)垂直刺入肌肉 3 厘米左右,然后接上注射器,一手持注射器和针头尾部,另一手持注射器推柄往回抽,无血液进入针筒内,即可缓慢注射。注射完毕,取出针时用酒精棉球按压止血。

②皮下注射。注射部位要选择皮肤疏松的地方,如颈部两侧和后肢内侧等。一手揪起注射部位的皮肤,另一手持吸好药的注射器以倾斜 40°角刺入皮下,注入药液,然后用酒精棉球按压针孔。

③静脉注射。注射部位在颈静脉沟上 1/3 处。少量药物用注射器,大量药物可用吊瓶注射。一手拇指按压在注射点下方约一掌处的颈静脉沟上,待颈静脉隆起后,另一手握住长针头,向上与颈静脉呈 30°~45°角刺入颈静脉,见血液从针头流出后,将针头挑起与皮肤呈 10°~15°角,继续把针深入血管内,接上注射器或吊瓶,即可注射药液。注射完毕,用酒精棉球按压针孔防止出血。

五、养羊常用的药物

(一)消毒药

(1)草木灰　新鲜草木灰 5 千克加水 25 千克,煮沸 30 分钟去渣后使用。用于喷洒圈舍、地面。

（2）生石灰　加水配成 10％～20％石灰乳，适用于消毒口蹄疫、传染性胸膜肺炎、羔羊腹泻等病原污染的圈舍、地面及用具。干石灰可用于地面消毒。

（3）福尔马林　将甲醛配成 4％的水溶液喷洒圈舍的墙壁、地面、用具、饲槽。也可用甲醛蒸汽消毒密闭屋舍，每立方米容积以甲醛 25 毫升、高锰酸钾 12.5 克混合使用，消毒时间不少于 10小时。

（4）来苏儿　配成 3％～5％水溶液可供羊舍、用具和排泄物消毒。2％～3％的溶液用于手术器械及洗手消毒。

（5）火碱（氢氧化钠）　有强烈的腐蚀性，能杀死细菌、病毒和芽孢。2％～3％的火碱溶液可消毒羊舍和槽具。消毒后要打开门窗通风半天，再用水冲洗饲槽后，羊方可进圈。

（6）新洁尔灭、洗必泰、度米芬等　杀菌力强，对皮肤和黏膜刺激性小。0.01％～0.05％的溶液用于黏膜和创伤的冲洗；0.1％的溶液用于浸泡器械、衣物、敷料及皮肤、手和术部的消毒。

（二）抗菌类药物

1.抗生素

常用的抗生素有青霉素、链霉素、土霉素、氯霉素、合霉素、庆大霉素等。青霉素主要对革兰氏阳性和阴性球菌及某些革兰氏阳性杆菌有效；链霉素主要对革兰氏阴性细菌和结核杆菌有效；土霉素、氯霉素、合霉素为广谱抗生素。一般对病毒无效。

青霉素：抗菌力强，有杀菌作用。临床首选治疗炭疽病、链球菌病、喉炎、气管炎、支气管肺炎、乳腺炎、创伤感染等。青霉素制剂种类很多，常用的是青霉素钾盐和钠盐。治疗用量：肌肉注射20 万～80 万单位，每天 2 次，连用 3～5 天。不宜与四环素类、卡那霉素、庆大霉素、磺胺类药物配合使用。

链霉素：常用的制剂为硫酸链霉素粉针剂。口服可治疗羔羊腹泻,肌肉注射可治疗炭疽、乳房炎、羔羊肺炎及布氏杆菌病,泌尿道感染等。治疗用量:羔羊口服 0.2～0.5 克,成年羊注射 50 万～100 万单位,每天 2 次,连用 3 天。

泰乐霉素:对霉形体的作用很强,可治疗羊传染性胸膜肺炎。治疗用量:肌肉注射 5～10 毫克/(千克体重·次);内服量为 100 毫克/(千克体重·次),每天均为 1 次,连用 3 天。

红霉素:抗菌范围与青霉素相似,是抗菌范围稍广的一种抗生素。临床使用青霉素治疗呼吸道感染无效时可选用本品,对泌尿道感染、羊传染性胸膜肺炎及严重的败血症效果也不错。主要用粉针剂供肌肉注射和静脉注射。静脉注射每次每只羊 0.1～0.3克,肌肉注射 0.2～0.6 克,每日 2 次。

氯霉素:一种人工合成的抗菌范围较广的抗生素。对革兰氏阴性菌作用较链霉素稍强;对革兰氏阳性菌作用较弱。临床首选治疗羔羊腹泻、细菌性肠炎;也可用治疗呼吸道、泌尿道感染、乳腺炎等。粉剂供内服,羔羊每次 0.25 克,每日 3 或 4 次。氯霉素注射液可供肌肉注射和静脉注射,每只羊每次每千克体重 10～30 毫升,静脉注射时应稀释使用。

庆大霉素:在临床上可选择试用于革兰氏阴性细菌引起的传染病及呼吸道、消化道、泌尿道感染及败血症等的治疗。常用硫酸庆大霉素注射液肌肉注射,每次每千克体重 1.0～1.5 毫克,每日3 或 4 次。片剂供内服羔羊每日每千克体重 15 毫克,每日 3 或4 次。

2.磺胺及呋喃类药

磺胺药为人工合成的抗菌药物,难溶于水,多供内服,其钠盐可供注射。磺胺药对大部分革兰氏阳性细菌、一部分革兰氏阴性细菌有抑制作用。临床上常用的有:磺胺嘧啶、磺胺甲基嘧啶、磺胺噻唑、磺胺甲氧嗪、磺胺-5-甲氧嘧啶、磺胺-6-甲氧嘧啶等,主要用于全身感染;磺胺脒主要应用于消化道感染;磺胺、磺胺苄胺主要供创伤感染撒布使用。首次剂量较维持量大1倍。使用磺胺类药物时应使病羊多饮水，以减少对泌尿道的副作用。

磺胺噻唑：又叫消治龙。抗菌作用强，副作用较多，吸收快，排泄快，体内维持时间短，可每日给药3次，适用于全身感染治疗，片剂、粉剂内服，首次量0.2克/千克体重，维持量0.1克/千克体重。10%、20%的磺胺噻唑钠注射液供肌肉及静脉注射，每千克体重70毫克。

磺胺嘧啶、磺胺甲基嘧啶、磺胺二甲基嘧啶，这3种药物作用基本相似。每日给药1或2次。片剂、粉剂内服，首次量0.2克/千克体重、维持量0.1克/千克体重。其10%、20%的钠盐注射液可供肌肉及静脉注射，70毫克/千克体重，每日1或2次。

磺胺甲氧嗪：又叫长效磺胺。适用于全身感染，体内作用维持时间长，可每日给药1次。内服首次量0.1克/千克体重，维持量70毫克/千克体重。

磺胺-6-甲氧嘧啶：又叫大灭痛、制菌磺。适用于各种敏感菌引起的全身或局部感染。片剂内服，首次量0.1克/千克体重，维持量70毫克/千克体重，每日1次；针剂供注射用，每千克体重70毫克，每日1次。

磺胺-5-甲氧嘧啶：又叫消炎磺。内服吸收迅速完全，适用于呼吸道、泌尿道、生殖道及皮肤感染。与甲氧苄胺嘧啶合用可提高疗效。片剂内服，首次量0.1克/千克体重，维持量70毫克/千克体重，每日1次。增效针剂供肌肉注射，20～25毫克/千克体重，每日1或2次。

磺胺脒：又叫克痢定。一般常作为肠道感染治疗用药。内服时每日0.1～0.3克/千克体重，分2或3次服用。

磺胺：又叫氨苯磺胺。临床上主要外用于局部和创伤感染。制剂为磺胺结晶粉（外用消炎粉），专供创伤撒布用。

磺胺苄胺：又叫甲磺灭脓。适用于创伤感染和烧伤创面的绿脓杆菌感染。制剂有粉剂供撒布用；软膏供涂敷用；溶液剂供湿敷用。

甲氧苄胺嘧啶：是一种抗菌增效剂。与磺胺药合用可提高磺胺药抗菌效力数倍至数十倍，故又叫抗菌增效剂。可和磺胺药、四环素、庆大霉素合用于治疗呼吸道、泌尿道、消化道感染以及败血症、乳腺炎、创伤、术后感染等。与磺胺药合用时一般按 1：5（甲氧苄胺嘧啶 1 份、磺胺药 5 份）的比例配合。片剂供内服，针剂供肌肉注射。用量为 20～25 毫克/千克体重，每日 1 或 2 次。

呋喃类药：是一类人工合成的抗菌药物。常用的主要有：①呋喃西林。内服治肠道感染每日每千克体重 7～20 毫克，分 2 或 3 次服用。②呋喃唑酮（也叫痢特灵）。内服治肠道感染，每日每千克体重 5～10 毫克，分 2 或 3 次服用。③呋喃妥因。常用于泌尿道感染，内服每日每千克体重 12～15 毫克，分 2 或 3 次服用。

（三）抗寄生虫药物

（1）硫双二氯酚　又叫别丁。驱吸虫、绦虫药。本品毒性小，使用较安全，副作用是引起短时性拉稀。治疗用量内服 0.1 克/千克体重。

（2）硝氯酚　又叫拜耳-9015。驱肝片吸虫药。毒性小，使用安全。内服每千克体重 3～4 毫克，针剂肌肉注射每千克体重 1～2 毫克。

（3）敌百虫　本品为广谱杀、驱虫药，对多种昆虫及线虫都有作用。内服能驱胃肠道寄生虫的很多线虫及鼻蝇幼虫。治疗用量：内服绵羊每千克体重 0.08～0.10 克，山羊每千克体重 0.05～0.07 克。外用治疗疥癣为 0.1％～0.5％的溶液。使用本品中毒后可用阿托品或胆碱酯酶复活剂（碘磷定、氯磷定等）解毒。

（4）左旋咪唑　本品为一种广谱、高效、低毒的驱虫药。对胃肠道的寄生虫除鞭虫外的线虫，大型肺线虫均有效。治疗时内服 5～10 毫克。

（5）丙硫咪唑　本品为广谱驱虫药，可以防治胃肠道各种线虫、肺线虫、肝片吸虫和绦虫，治疗用量：内服，每千克体重 10～15 毫克。

（6）硫酸铜　用于防治莫尼兹绦虫、捻转胃虫及毛圆线虫。治疗用量：口服 1‰溶液，每千克体重 1～2 毫升。

（7）灭虫丁粉　可驱杀羊各种胃肠道线虫及螨、蜱和虱等体外寄生虫。本品为口服药，治疗用量为每千克体重 0.2 克除体内寄生虫，每千克体重 0.3～0.4 克可杀灭体表寄生虫。

（8）20％林丹乳油、灭螨灵、20％双甲脒乳油、溴氰菊酯　这几种均对寄生在羊体表的螨、虱、蚤、蜱及吸血昆虫有杀灭作用。治疗用量：20％林丹乳油临用时加水配制 400～600 倍药液，0.2％为常用药液浓度，供药溶或全身喷洒、涂擦；灭螨灵药浴时药液稀释 2 000 倍，局部涂擦时稀释 1 500 倍；20％双甲脒乳油稀释 500～600 倍供药浴或喷洒、涂擦；溴氰菊酯应稀释到 50～80 毫克/千克使用。

六、羊的生理常数

羊的正常体温、脉搏、呼吸及反刍数值见表 8-1。

表 8-1　羊的正常体温、脉搏、呼吸及反刍数

类别	体温/℃	脉搏/（次/分钟）	呼吸/（次/分钟）	反刍数/（次/昼夜）
绵羊	38.5～40.0	70～80	12～20	4～8（每次 40～70 分钟）
山羊	38.0～40.0	70～80	12～20	4～8（每次 40～70 分钟）
羔羊	40.0～41.0	90～100	25～35	

羊的血液常规检查正常值如表 8-2 所示。

表 8-2 羊的血液常规检查正常值

类别	血红蛋白/(克/100毫克)	红细胞数/万个	细胞数/个	白细胞分类							血沉			
				嗜中性			酸性	碱性	淋巴	大单核	15分钟	30分钟	45分钟	60分钟
				幼稚	杆状	分叶								
绵羊	11.6	940	8 200	0.5	1.5	32.5	5.0	0.5	59.0	2.6	0.2	0.4	0.6	0.8
山羊	10.7	1 310	9 600	0	1.0	34.0	4.0	0.1	57.5	1.5	0	0.1	0.3	0.5

第二节　羊的传染病

一、羊快疫

羊快疫是羊的一种急性传染病,突然发病短期死亡,故称为"快疫"。其特点是在羊的真胃和十二指肠黏膜上有出血性炎症,并在消化道内产生大量气体。

(1)病原及病的传染　此病的病原体是腐败梭菌。主要通过消化道感染。一般在早春、秋末气候突然变化,或经常在低洼沼泽地放牧,或冬季营养不良,采食霜草等,可诱发此病。

(2)症状　突然发病,有时 10～15 分钟死亡。病羊脱离羊群,喜欢卧地,不愿走动,有腹部疼痛或膨胀症状,体温表现不一,有的正常,有的发高烧至 41.5℃左右(正常值绵羊 38.5～40.5℃,山羊 37～40℃),口鼻流出血样液体,有时带有泡沫,磨牙,结膜充血,严重时发紫,呼吸困难,脉搏加快,有时发生血痢,尸体迅速腐败、膨胀。

(3)防治

①本病病程短,来不及治疗,因此,必须以预防为主。每年春、秋两季肌肉注射"羊三联苗"(羊快疫、猝疽、肠毒血症)或"羊四联苗"(羊快疫、猝疽、肠毒血症、羔羊痢疾)。每只羊 5 毫升,羊注

射疫苗后,一般有轻度反应,表现为食欲下降或跛行等,但1～2天内即可消失。怀孕母羊注射疫苗后有引起流产的可能,一般待产羔后再注射。为防止羊快疫的发生,应选择干燥地方放牧,禁止食霜冻牧草。发病后应做好隔离、封锁及消毒工作,病尸焚烧深埋。

②当发生疫情时,羊群普遍饮用2％硫酸铜水,每只羊100毫升,可降低发病数。

③对病程较长的羊,可注射强心剂,投喂肠道消毒药,抗生素或磺胺类药物。

二、羊肠毒血症

本病具有明显的季节性,多在春末夏初或秋末冬初发生。羊喂高蛋白精料过多会降低胃的酸度,导致病原体生长繁殖快。多雨季节、气候骤变、地势低洼等,都易诱发本病。

(1)病原及病的传染　此病的病原体是D型产气荚膜杆菌(D型魏氏梭菌)。病因主要是因为饲料的突然改变,特别是由饲喂干草改喂大量青绿多汁饲料或改喂大量籽实类和蛋白质含量高的饲料后,使瘤胃微生物不能适应,使小肠内的D型产气荚膜杆菌大量繁殖,产生大量毒素引起本病发生。其病理特征为腹泻、惊厥、麻痹和突然死亡。剖检肾脏软化如泥。

(2)症状　病程急速,发病突然,有时见到病羊向上跳,跌倒在地,发生痉挛,于数分钟内死亡。病情缓慢者可见兴奋不安,空嚼、咬牙、吃泥土或其他异物。头向后倾或斜向一侧,做转圈运动,口吐白沫,四肢抽搐,痉挛,腹泻,粪便呈深绿色或黑色。一般体温不高,羊临死前出现血糖增高和尿糖增高。

(3)防治

①加强饲养管理,防止过食,注意精、粗、青料搭配。

②春、秋两季注射"羊三联苗"或"羊四联苗"。

③病羊每只灌服0.5％高锰酸钾250毫升,用磺胺脒治疗每

千克体重 0.3～0.5 克,每日 1 次,连用 2～3 天。并静脉注射生理盐水。

④可用氯霉素肌肉注射治疗本病,每次 0.50～0.75 克,每日 3 次。

三、羔羊痢疾

羔羊痢疾是以羔羊腹泻为主要特征的急性传染病,主要危害 7 日龄以内的羔羊,死亡率很高。

(1)病原及病的传染 引起羔羊痢疾的病原微生物主要为大肠杆菌、沙门氏杆菌、魏氏梭菌、肠球菌等。这些病原微生物可混合感染或单独感染而使羔羊发病。传染途径主要通过消化道,但也可经脐带或伤口传染。本病的发生和流行与怀孕母羊营养不良,羔羊护理不当,产羔季节气候突变,羊舍阴冷潮湿有很大关系。

(2)症状 自然感染潜伏期为 1～2 天。病羔体温微升或正常,精神不振,行动不活泼,被毛粗乱,孤立在羊舍一边,低头弓背,不想吃奶,眼睑肿胀,呼吸、脉搏增快,不久则发生持续性腹泻,粪便恶臭,开始为糊状,后变为水样,含有气泡、黏液和血液。粪便颜色不一,有黄、绿、黄绿、灰白等色。到病的后期,常因虚弱、脱水、酸中毒而造成死亡。病程一般 2～3 天。也有的病羔腹胀只排少量稀粪,而主要表现神经症状,四肢瘫软,卧地不起,呼吸急促,口流白沫,头向后仰,体温下降,最后昏迷死亡。

剖检主要病变在消化道,肠黏膜有卡他性出血性炎症,内有血样内容物,肠肿胀,小肠溃疡。

(3)防治

①要加强怀孕母羊及哺乳期母羊的饲养管理,保持怀孕母羊的良好体质,以便产出健壮的羔羊。做好接羔护羔工作,保持产房清洁干燥,并经常消毒。母羊临产前应将阴门周围,大腿内侧,乳房四周的污毛剪掉,并注意消毒。冬春季节做好新生羔羊的保温

工作。

②在羔羊痢疾常发生的地区,可用羔羊痢疾菌苗给妊娠母羊进行 2 次预防接种,第 1 次,在产前 20～30 天,皮下注射 2 毫升,第 2 次在产前 10～20 天,皮下注射 3 毫升,可获得 5 个月的免疫期。

③药物预防。在羔羊出生后 12 小时内,用青霉素 40 万国际单位肌肉注射,每天 1 次,连用 5～7 天;或口服土霉素 0.15～0.20 克,每天 1 次,连服 5～7 天,对本病有一定预防效果。

④金霉素 20～40 毫克,用甘氨酸钠 2～4 毫升溶解后,静脉注射。

⑤磺胺脒 0.5 克,次硝酸铋 0.2 克,鞣酸蛋白 0.2 克,小苏打 0.2 克,加水适量,混合后一次服用,每日 3 次。同时,肌注青霉素 20 万国际单位,每 4 小时 1 次,至痊愈为止。

⑥口服百龙散(白头翁末 2 份,龙胆末 1 份,混合研细),每天 1 次,每次服 3 克;或将大蒜捣烂取汁半匙,醋半匙,混合后 1 次内服,每日 2 次。同时肌注青霉素各 20 万国际单位,每日 3 次。

四、口蹄疫

口蹄疫是一种传染特别快的传染病,为人、畜共患病。其临床特征是口腔黏膜、蹄部和乳房皮肤发生水疱溃烂。

(1)病原及病的传染　口蹄疫的病原体为口蹄疫病毒。目前所知共计 7 个主型,若干个亚型,各型之间无相互免疫作用。传染病源为患病家畜,主要通过消化道、呼吸道传染,也可接触传染。全年均可发生,但秋、冬和春季发生较多。

(2)症状　初期体温升高,食欲降低,精神沉郁,闭口、流涎,绵羊水疱多见于四肢,可有轻度跛行;山羊水疱多见于口腔。水疱经 1～2 天自行破裂,形成烂斑,然后逐渐愈合,若护理不当,续发感染化脓菌,则形成溃疡、坏死。若不发生其他并发症,一般愈合后良好,死亡率较低。羔羊有时并发出血性胃肠炎和心肌炎,死亡率较高。

(3)防治

①每年定期给羊注射同型口蹄疫疫苗。

②一旦发生疫情,迅速隔离病羊,封锁疫区,在病羊污染的地方用1%～2%火碱或福尔马林溶液严格消毒。

③用食醋或0.1%高锰酸钾洗漱病羊口腔,糜烂面上涂1%～2%明矾或碘酊甘油(碘7克,碘化钾5克,酒精100毫升,溶解后加甘油10毫升)。蹄部可用3%臭药水或来苏儿水洗涤,擦干后涂松榴油或鱼石脂软膏。乳房可用肥皂水或2%～3%的硼酸水清洗,然后再涂上青霉素软膏,并要注意定期将奶挤出,以防乳房发炎。

五、布氏杆菌病

布氏杆菌病又叫传染性流产,是一种人、畜共患的慢性传染病。主要危害人、畜生殖器官。

(1)病原及病的传染　本病的病原体为布氏杆菌,是一种很小的球状杆菌。病菌通过胎儿、羊水、乳汁、粪便及阴道分泌物等经呼吸道、消化道和外伤接触感染。

(2)症状　在通常情况下,绵羊和山羊患此病后,不表现全身症状。母羊以流产,公羊以发生睾丸炎为特征。

母羊流产多发生于怀孕后期(3～4个月),流产前2～3天表现食欲减退,精神不振,阴唇和乳房肿胀,阴门流出黄色黏液或带血分泌物,流产常为死胎或弱胎,常伴发子宫炎、乳腺炎,严重者子宫蓄脓,长期不愈。但多数在第1次流产后能正常怀孕和分娩,但常为不表现症状的带菌者,对健康的人、畜仍具有传染性。患病严重时,山羊流产可达50%～90%,绵羊可达40%。由于流产而引起不孕的占10%～20%。

公羊发生睾丸炎,局部红、肿、热、痛,精神不振,食欲减退,性欲消失。

(3)防治

①用冻干布氏杆菌羊型 5 号菌苗,皮下注射 1 毫升,免疫期 1 年。

②严格隔离病羊,流产胎儿要深埋,污染的羊圈和场地可用 1‰漂白粉、3％来苏儿或 20％石灰乳进行彻底消毒。

③对病羊可用青霉素、链霉素、金霉素、合霉素或磺胺类药物治疗,可收到一定疗效。

六、羊痘

羊痘是一种急性、热性传染性疾病。侵害绵羊的叫绵羊痘,侵害山羊的叫山羊痘。山羊、绵羊互不传染。绵羊比山羊更容易感染。

(1)病原及病的传染 羊痘是由羊痘病毒引起的,病毒在痘疱浆汁或水疱内含量较多。在干燥痘浆或痂皮内能生存数年,抵抗力较强。羊痘可全年发生,但以春、秋两季较多发。传染源主要是病羊和病愈带毒的羊,病毒存在于痘疹、水疱液、痘痂上皮和黏膜的分泌物内,随脱落的痂皮和分泌物污染环境和饲料饮水,羊通过呼吸道、消化道或受伤的皮肤、黏膜而传染。

(2)症状 病羊精神委靡不振,体温升高至 41～42℃,脉搏和呼吸加快,偶有咳嗽,眼肿胀,眼结膜充血,有浆液性分泌物,鼻腔也有浆液性分泌物。经 1～2 天后,在无毛部位的皮肤上发生绿豆大的红色斑疹,眼、唇、鼻、外生殖器、乳房、腿内侧、腹部等无毛或毛短处发生较多。2～3 天后,疹块增大,突起,色变淡,约为豌豆或黄豆大小,较硬,称为丘疹。再经 2～3 天,水疱化脓,形成脓疱。经 3～4 天后,脓疱渐渐被吸收,干缩,结成褐色痂。再过几天后,痂皮脱落,遗留色较淡的疤痕即愈合,全过程为 3～4 周。羊痘对成年羊危害较轻,死亡率为 1%～2%,而患病羔羊的死亡率则很高。

（3）防治

①每年定期预防接种氢氧化铝羊痘疫苗,作皮下注射,成年羊5 毫升,羔羊 3 毫升,免疫期 5 个月。

②对已发生羊痘的地区严格封锁隔离。羊圈和饲养用具可用2%火碱溶液或 2%～5%福尔马林溶液消毒。

③用黄连 2 两,射干 1 两,地骨皮、山枝、黄柏、柴胡各 5 钱,混合后加清水 10 千克,煎成 3.5 千克左右的药汁,用纱布过滤 3 次,冷却后皮下注射,成年羊 10 毫升,羔羊 5～7 毫升。一般羊经过 2或 3 次注射即可痊愈。

④用葛根 15 克、紫草 15 克、苍术 15 克、黄连 9 克、白糖 300克、绿豆 30 克,煎后灌服,每日 1 剂,连服 3 剂即可见效。

⑤痘疮局部用 0.1%高锰酸钾水溶液洗涤后,涂以碘甘油或紫药水。

七、炭疽病

炭疽病是一种人、畜共患的急性、热性、败血性传染病。山羊、绵羊互为传染,绵羊更易感染。

（1）病原及病的传染　炭疽病的病原体是炭疽杆菌,呈长而直的大杆菌。它存在于病畜的血液和组织中,其繁殖抵抗力不强,在炎热气候条件下,尸体中的菌体 2～3 天即可死亡;在直射太阳光下,7～15 小时死亡;在 55℃温度下,经 10～15 分钟死亡;一般消毒药都能杀死此杆菌。但当它离开动物体与空气接触后可形成芽孢。芽孢的生活力极强,在土壤污水及羊皮上可生存多年,一般消毒药物如石炭酸、来苏儿、石灰水等不能将芽孢杀灭。如果对病羊的分泌物、排泄物、血液及尸体消毒不彻底,就会形成大量芽孢污染土壤、水源、饲料、用具和牧场,当健康羊吃草饮水的时候,芽孢随草料或水进入羊体,使之发病。

此病主要通过消化道感染,也可由呼吸道或皮肤伤口感染。一年四季均可发生,但以夏季多雨季节发生较多。

(2)症状　本病的潜伏期1~5天,羊发病一般为急性症状,突然发病,行走不稳或倒地,磨牙,全身痉挛,呼吸急促,口、鼻、肛门流出黑红色血液,血液不易凝固,数分钟内死亡。病程较慢者,也只延续数小时,表现不安、战栗、呼吸困难和天然孔出血等症状。

(3)防治

①在发生过炭疽病的地区,每年应进行1次炭疽Ⅱ号芽孢菌苗注射免疫,皮下注射1毫升,免疫期1年。

②疾病发生时,应立即封锁发病场所。病羊的尸体及粪便、垫草和其他废弃物品,应进行焚烧或深埋,深埋地点应远离水源、道路及牧地。被病羊污染的圈舍、场地、饲具,用20%漂白粉溶液或0.2%的升汞溶液消毒。

③可用炭疽免疫血清治疗,皮下或静脉注射50~80毫升。必要时12小时后可重复注射1次。

④用青霉素治疗,第1次用160万国际单位,以后每隔4~6小时用80万国际单位肌肉注射。

⑤磺胺类药物对炭疽病也有一定疗效,如磺胺嘧啶,每日每千克体重0.1~0.2克,分3~4次灌服,或用10%~20%磺胺嘧啶钠20~30毫升作静脉注射或肌肉注射,每日2次。

八、腐蹄病

腐蹄病是由于蹄受伤后感染坏死杆菌而引起的一种传染病。

(1)病因及病的传染　羊在雨天或潮湿圈内长时间浸泡在羊粪、污泥中,蹄部角质疏松、软化,或被石子、铁屑、玻璃碴刺伤等,可导致坏死杆菌侵入而感染腐蹄病。也有因蹄冠与角质层裂缝而感染病菌。

本病主要通过创伤接触传染,多发生在夏、秋季节。

(2)症状　羊发病初表现跛行,蹄高抬不敢着地,蹄子肿大,慢慢发展到化脓坏死。病羊因行走不便,影响采食,因此逐渐消瘦。用刀切割创面后,有污黑臭水流出,趾间常有溃疡面,上面覆盖着恶臭的坏死物,严重时,蹄部腐烂变形,还会引起全身败血症。

(3)防治

①夏秋季放牧时应避开低洼潮湿的地方放牧。圈内应勤垫干土,定期将粪便清除干净,保持舍内清洁干燥。

②病羊及时修整蹄部,发生初期,蹄子要用 10％硫酸铜溶液浸泡,每次 10～30 分钟,每天早晚各 1 次。

③腐烂蹄子,用刀消除坏死部分,用 0.1％～0.2％的高锰酸钾溶液清洗,然后再涂以消炎粉、凡士林、磺胺或抗生素软膏等。急性病例除患部洗涂外,同时肌肉注射青霉素或链霉素。

九、破伤风

破伤风又名强直症,是一种人、畜共患的急性、创伤性、中毒性传染病。

(1)病因及病的传染　破伤风是由强直梭菌(破伤风梭菌)引起的。本菌为厌氧菌,一般消毒药物均能在短时间内将其杀灭,但其芽孢具有很大的抵抗力,在土壤表层能存活数年。本病通常由伤口感染含有破伤风梭菌芽孢的物质引起,羔羊多数从脐带感染。

(2)症状　病初症状不明显,常表现卧下后不能起立,或站立时不能自由卧下,走路不稳,随后四肢僵硬,步态异常。全身阵发性痉挛,头颈弯曲于一侧,尾强直立突出。由于面部咬肌的强直性收缩,牙关紧闭,流涎吐沫,不能饮食。在病程中,常并发急性肠卡他,引起剧烈的腹泻。

(3)防治

①防止外伤,一旦发生外伤,可用 2％的高锰酸钾或 5％～

10％的碘酊消毒。

②每年定期注射预防破伤风类毒素。

③发病早期可应用破伤风抗毒素，用量每只 2 万～8 万国际单位，分 1 次、2 次或 3 次注射。

④静脉注射 25％硫酸镁 40～60 毫升，同时肌肉注射青、链霉素各 100 万～200 万国际单位，每日 2 次，连用 3～5 天，可起到一定的治疗效果。

十、流行性眼炎

流行性眼炎，又称传染性角膜、结膜炎。眼角膜和结膜发生急性炎症，伴有大量流泪，其后发生角膜混浊或呈乳白色。传染很快，发病率可达 100％。

（1）病原及病的传染　本病的病原体为立克次氏体。病原体主要存在于眼结膜及其分泌物中，可通过直接接触传染。气候炎热、刮风、尘土等因素有利于本病的发生和传播。本病没有明显季节性，一年四季均可流行。

（2）症状　发病时先侵害眼结膜，然后波及角膜。病初眼睛怕光，流泪，眼睑肿胀、疼痛，结膜潮红，并有黏液性分泌物。随后引起角膜充血，呈灰白色混浊，严重者形成溃疡，引起角膜穿孔，甚至失明。失明的羊因采食困难，长久饥饿而死。一般羊只经过及时治疗，1～2 周内可康复。

（3）防治

①发现病羊及时隔离，以防传染。病羊接触过的地方应彻底消毒。

②用 3％～4％的硼酸水冲洗病眼，用四环素、红霉素、可的松软膏或用氯霉素眼药水点眼，每日 2 或 3 次，连用数天。

③中药疗法：硼砂 10 克、白矾 10 克、荆芥 10 克、玉金 10 克、薄荷 20 克，煎水喂服，每日 1 剂，连服 3 剂；野菊花、鲜桑叶、车前

草各一把,生石膏 20 克,煎水喂服,每日 1 剂,连用数天。

十一、山羊传染性胸膜肺炎

山羊传染性胸膜肺炎俗称"烂肺病",传播迅速,死亡率较高,其特征是高热,肺实质和胸膜发生浆液性和纤维性炎症,且肺高度水肿。

(1)病原及病的传染　本病的病原体为山羊丝状支原体,是一种胸膜肺炎微生物,呈革兰氏阴性反应。这种微生物抵抗力较弱,暴露在阳光下或在干燥的环境中能迅速被杀灭。对寒冷的抵抗力较强。本病主要通过呼吸道传染,传染源为病羊和隐性感染者,多发于冬、春两季。

(2)症状　发病初期体温升高至 41～42℃。2～3 天后,病羊精神委靡,食欲不振,离群呆立,被毛粗乱,身体发抖,呼吸、脉搏都增快,并伴有阵咳,口、鼻腔流出白色泡沫。发病后期呼吸困难,卧地不起,鸣叫,四肢僵直,最后窒息而死。

(3)防治

①在该病流行的地区,每年定期用山羊传染性胸膜肺炎氢氧化铝疫苗进行预防注射。6 月龄以下的羊皮下或肌肉注射 3 毫升,6 月龄以上羊为 5 毫升,免疫期 1 年。

②发现病羊及时隔离,并对羊舍、运动场及用具等用 5% 克辽林、1%～2% 烧碱或 10% 漂白粉进行严格消毒。

③用"914"作静脉注射,一般体重 5～10 千克的山羊注射 0.1 克;体重 15～20 千克用药 0.3 克;体重 30 千克以上用药 0.4～0.5 克;在第 1 次注射 4～5 天后再注射 1 次,用量较第 1 次稍减。注射液的配制为:用 0.5 克的 914,溶于 10 毫升蒸馏水中,配成 5% 溶液,按所需用量进行注射。

④磺胺噻唑钠治疗:每千克体重用 0.2～0.4 克配成 4% 水溶

液,皮下注射,每天 1 次。

⑤每千克体重用红霉素 4~8 毫克,溶于 5％葡萄糖溶液中,一次静脉注射,一日 2 次。或用土霉素,每千克体重日用量 5~10 毫克,分 2 次肌肉注射。也可用氯霉素,每千克体重日用量 10~30 毫克,分 3 次肌肉注射。每种方法的用药天数为 7~10 天。

十二、羊的传染性脓疱

羊的传染性脓疱是绵、山羊的一种病毒性传染病,其特征是口唇皮肤及黏膜形成丘疹、脓疱、溃疡和痂垢。

(1)病原及病的传染 羊的传染性脓疱的病原体是传染性脓疱病毒,属痘病毒属。本病毒对外界抵抗力很强,干痂中的病毒,在直射阳光下经 30~60 天才失去传染力。在地面上经过秋冬直到来春仍有传染性。病羊是本病的传染源。畜舍、畜栏、饲槽用具等被病羊污染,经皮肤、黏膜的擦伤而传染给健康的羊。本病主要危害 3~6 月龄的羔羊,并常为群发性流行。成年羊发病很少,多为散发性传染。由于本病病毒抵抗力强,一旦发生,可在羊群中危害多年。

(2)症状 本病的病变多发生在口唇。轻者在嘴唇、眼睑、鼻镜及其周围发生红疹,渐变为脓疱,脓疱融合破裂变为褐黑色痂垢,揭去痂垢出现糜烂面,痂垢逐渐干裂脱落。一般 7~15 天痊愈。也有病变波及到口腔周围、眼睑、耳廓。形成大面积具有龟裂、易出血的污秽痂垢,痂垢下肉芽增生,使整个口唇肿胀,影响采食,使病羊日益衰弱死亡。有的波及口黏膜、唇、颊、舌、齿龈及软硬腭黏膜,发生被红晕包围的水疱,水疱迅速变为脓疱,脓疱破裂形成烂斑,口流发臭而混浊的唾液,严重影响采食。有的羊在蹄部发病,蹄叉、蹄冠、系部发生脓疱及溃疡,病羊跛行,长期卧地不起。也有的病变发生在外阴部,在阴唇及附近皮肤,在阴茎包皮口及附近皮肤和阴茎上,发生脓疱、烂斑和痂垢。

（3）防治

①加强平时的防疫卫生工作。饲草应柔软，并尽量拣出芒刺，饲料中加喂适量食盐和必需的矿物微量元素，以减少羊只啃土，啃墙，以保护皮肤黏膜不发生损伤。

②一旦发生本病，应对病羊迅速进行隔离治疗。对病羊污染的羊舍、场地、畜栏、饲槽、用具等，用2％苛性钠溶液或10％石灰乳消毒。

③对口腔病变可用0.1％高锰酸钾水冲洗，然后涂擦碘甘油（5％碘酊1，加入甘油9）。每日1次，连治数天。

④对蹄部病变，可将羊蹄浸于5％福尔马林溶液中1～2分钟，反复浸泡多次，直到治愈。

⑤为防止合并感染，可同时应用抗生素及磺胺类药物。

十三、羔羊传染性肺炎

本病是羔羊一种急性热性传染病。本病的特点是发病急，传染快，常造成大批死亡。

（1）病原及病的传染 本病的病原体是传染性乳房炎杆菌，患有传染性乳房炎的泌乳母羊是主要传染源。病原体存在于乳房，当羔羊吃乳时经口感染，此外，当羔羊接触病羊，或接触被病羊污染的垫草和用具时，也能感染发病。本病主要侵害1～2月龄的羔羊。常呈地方性流行。

（2）症状 发病后羔羊体温可升到41℃，呼吸脉搏加快，食欲减退，精神不振，咳嗽，鼻孔流出大量黏液脓性分泌物。两侧肺部听诊，有罗音和捻发音。病情逐渐加重，呼吸困难，最后窒息死亡。有的病羔即使痊愈，也造成发育不良，体内长期带菌传染健康的羊。

（3）防治

①发现母羊患传染性乳房炎时，要及时将羔羊隔离，改喂健康

羊乳汁或喂人工乳。同时对病母羊污染的场地、用具等清扫干净并彻底消毒。

②羔羊发病初期,可用青、链霉素或卡那霉素肌肉注射,每日2次。或用磺胺类药物肌肉注射。

第三节 羊的寄生虫病

一、绦虫病

绦虫病是羊的一种体内寄生虫病,分布很广,可引起羊发育不良,甚至死亡。

(1)病原 本病的病原体为绦虫。寄生在羊小肠内的绦虫有3个属,即莫尼茨绦虫、曲子宫绦虫和无卵黄腺绦虫。

绦虫虫体扁平,呈白色带状,分为头节、颈节、体节3个部分。绦虫雌雄同体,全长1~5米,每个体节上都包括1~2组雌雄生殖器官,自体受精。节片随粪便排出体外,节片崩解,虫卵被地螨吞食后,卵内的六钩蚴在螨体内经2~5个月发育成具有感染力的似囊尾蚴,羊吞食了含有似囊尾蚴的土壤螨以后,幼虫吸附在羊小肠黏膜上,经40天左右,发育为成虫。

本病主要危害1.5~8.0月龄的幼羊,2岁以上的羊感染率极低。

(2)症状 羊轻度感染又无并发症时,一般症状不明显。感染严重的羔羊,由于虫体在小肠内吸取营养,分泌毒素,并引起机械阻塞,使羊食欲减退,喜欢饮水,消瘦、贫血、水肿、脱毛、腹部疼痛和臌气,下痢和便秘交替出现,淋巴结肿大。粪便中混有绦虫节片。病后期精神高度沉郁,卧地不起,个别羊只还出现神经症状,如抽搐、仰头或做回旋运动,口吐白沫,终至死亡。

（3）防治

①粪便要及时清除，堆积发酵处理，以杀灭虫卵。并做到定期驱虫。

②硫双二氯酚治疗，剂量每千克体重 100 毫克，一次性口服。

③氯硝硫氨（驱绦灵）治疗，剂量每千克体重 50～75 毫克，一次性口服。

④苯硫丙咪唑（抗蠕敏）治疗，剂量每千克体重 10～15 毫克，一次性内服。

二、血矛线虫病（捻转胃虫病）

（1）病原　血矛线虫病的病原体是血矛线虫（捻转胃虫），它寄生在羊的第四胃里。雄虫长 10～20 毫米，雌虫长 18～30 毫米。虫体细小，须状，雌虫像一条红线和一条白线扭在一起的线绳。每天可产卵 5 000～10 000 个，卵随粪便排到草地上，在适宜温度（20～30℃）和湿度条件下，经 4～5 天即可孵化成幼虫而感染致病。雨后幼虫常被雨水冲到低洼地区，故在低湿地区放牧，羊只最容易感染血矛线虫。

（2）症状　一般病羊表现为贫血，消瘦，被毛粗乱，精神沉郁，食欲减退。放牧时病羊离群或卧地不起。拉稀和便秘交替出现。颌下、胸下、腹下水肿，体温一般正常，脉搏弱而快，呼吸次数增多，最后卧地不起，虚脱死亡。

剖检在真胃可见有大量血矛线虫虫体吸着在胃壁黏膜上，或游离于胃内容物中。

（3）防治

①不到低洼潮湿的地方放牧，不放"露水草"，不饮死水。羊舍内粪便要堆积发酵以杀死虫卵，并做好定期预防性驱虫。如每年进行春季放牧青草前、秋末或初冬 2 次驱虫。

②苯硫丙咪唑治疗，剂量每千克体重 10～15 毫克，一次性

内服。

③驱虫净(噻咪唑、四咪唑)治疗,每千克体重 20 毫克,加水灌服。

④左旋咪唑治疗,每千克体重 50～60 毫克,配成水溶液,一次灌服。

三、肺丝虫病

(1)病原 此病的病原体是肺丝虫,肺丝虫又分为大型肺丝虫(丝状网胃线虫)和小型肺丝虫(原圆科线虫)2 类。

大型肺丝虫成虫寄生在羊气管和支气管内,含有幼虫的虫卵或已孵出的幼虫,随咳痰咳出,或咽下后经粪便排出。幼虫能在水、粪中自由生活,在 6～7 天达侵袭性幼虫,由消化道进入血液,再由血液循环到达肺部。本病在低湿牧场和多雨季节最易感染。

小型肺丝虫的雌虫在肺内产卵,幼虫由卵孵出后由气管上行至口腔,随痰咳出或吞咽后进入消化道,再随粪便排出,幼虫钻入旱地螺蛳或淡水螺蛳内,经过一段时间的发育后,再由螺蛳体内钻出来,随羊吃草或饮水进入羊消化道,再通过血液循环进入肺部。

(2)症状 病初频发干性强烈咳嗽,后渐渐变为弱性咳嗽,有时咳出黏稠含有虫卵及幼虫的痰液。以后呼吸渐转困难,逐渐消瘦,最后常常并发肺炎,体温升高,黏膜苍白,皮肤失去弹性,被毛干燥,如得不到及时治疗,死亡率较高。

(3)防治

①不到低洼潮湿的地方放牧,不饮死水。对粪便进行处理,杀死幼虫。并做到定期驱虫。

②用碘溶液气管注射法治疗大型肺丝虫。用碘片 1 克、碘化钾 1.5 克、蒸馏水 1 500 毫升,煮沸消毒后凉至 20～30℃进行气管注射。剂量:羔羊 8 毫升,幼羊 10 毫升,成年羊 12～15 毫升,一次注射。

③水杨酸钠溶液气管注射法治疗小型肺丝虫。用水杨酸钠 5 克加蒸馏水 100 毫升,经消毒后注入气管。成年羊 20 毫升,幼羊 10～15 毫升,一次注射。

④用四咪唑治疗。按每千克体重 7.5～25.0 毫克内服,或配成水剂,肌肉注射。

⑤苯硫丙咪唑治疗。按每千克体重 10～15 毫克,一次性内服或配制成针剂,肌肉注射。

四、肝片吸虫病

肝片吸虫病是由肝片吸虫寄生在羊的肝脏和胆管内所引起。表现为肝实质和胆管发炎或肝硬化,并伴有全身性中毒和代谢紊乱,一般呈地方性流行。本病危害较大,尤其对幼畜的危害更为严重,夏秋季流行较多。

(1)病原　本病的病原体是肝片吸虫,其形状似柳树叶。雌虫在胆管内产卵,卵顺胆汁流入肠道,最后随粪便排出体外。卵在适宜的生活条件下,孵化发育成毛蚴,毛蚴进入中间宿主螺蛳体内,再经过胞蚴、雷蚴、尾蚴 3 个阶段的发育又回到水中,成为囊蚴。羊饮水时吞食囊蚴而感染此病。

(2)症状　本病可表现为急性症状和慢性症状。急性症状表现为精神沉郁,食欲减退或消失,体温升高,贫血、黄疸和肝肿大,黏膜苍白,严重者 3～5 天内死亡。慢性症状表现为贫血、黏膜苍白,眼睑及下颌间隙、胸下、腹下等处发生水肿,被毛粗乱干燥易脱断,无光泽,食欲减退,逐渐消瘦,并伴有肠炎,最终导致死亡。

(3)防治

①不要到潮湿或沼泽地放牧,不让羊饮死水或饮有螺蛳生长地区的水。每年进行 2 或 3 次驱虫。

②由于幼虫发育需要中间宿主螺蛳,因此应进行灭螺,使幼虫不能发育。每亩地可施用 20% 的氨水 20 千克,或用 1:5 000 硫

酸铜溶液、石灰等进行灭螺。

③四氯化碳治疗，四氯化碳 1 份、液体石蜡 1 份，混合后肌肉注射。成年羊注射 3 毫升，幼羊 2 毫升。内服四氯化碳胶囊，成年羊 4 个(每个胶囊含四氯化碳 0.5 毫升)，幼羊 2 个(含四氯化碳 1 毫升)。

四氯化碳对羊副作用较大，应用时先以少数羊试治，无大的反应再广泛应用。

④硝氯酚治疗，每千克体重 4 毫克，一次性口服。

⑤硫双二氯酚(别丁)治疗，每千克体重 35～75 毫克，配成悬浮液口服。

⑥苯硫丙咪唑治疗，每千克体重 15 毫克，1 天 1 次，连用 2 天。

⑦中药治疗，苏木 15 克、贯仲 9 克、槟榔 12 克，水煎去渣，加白酒 60 克灌服。

五、羊鼻蝇幼虫病

本病是由鼻蝇幼虫寄生在羊的鼻腔和额窦内而引起的一种慢性疾病。

(1)病原　本病的病原为羊鼻蝇幼虫。其成虫为羊鼻蝇，外形像蜜蜂。夏秋季雌蝇将幼虫产在羊鼻孔周围，幼虫沿鼻黏膜爬入鼻腔、鼻窦和额窦等处。幼虫起初如同小米粒大小，在羊鼻腔、鼻窦及额窦内逐渐长大，经 9～10 个月成为第 3 期幼虫，长约 3 厘米，颜色也由白色变黄色再变为褐色。羊打喷嚏时，幼虫落到地面，钻入浅层土壤变为蛹。经 1～2 个月，蛹羽化为鼻蝇。

(2)症状　成虫鼻蝇在羊鼻孔产幼虫时，使羊惊恐不安，摇头、奔跑，影响羊的采食、休息和活动，体质逐渐下降。幼虫钻进鼻腔内，其角质钩刺可引起鼻黏膜损伤发炎或溃疡，由鼻内流出混有血液的脓性鼻涕，由于大量的鼻液堵塞鼻孔，使呼吸困难，经常打喷嚏,鼻端在地上摩擦。食欲减退,日渐消瘦。个别幼虫还可进入颅腔,损伤胸膜,引起神经症状,运动失调,摇头、转圈等,可造成死亡。

(3)防治

①鼻蝇飞翔季节,在鼻孔周围涂上 1%滴滴涕软膏、木焦油等,可驱避鼻蝇。

②秋末羊鼻蝇绝迹时,用 1%敌百虫水溶液注入鼻腔,每侧鼻腔 10~20 毫升;或用敌百虫内服,每千克体重 0.1 克,加水适量,一次灌服;或用 3%来苏儿溶液向羊鼻孔喷洒。

③螨净治疗,将螨净配成 0.3%的水溶液,鼻腔喷注,每侧鼻孔内各喷入 6~8 毫升。

六、肠结节虫病

(1)病原　　本病病原为食道口线虫。其幼虫常寄生在大肠肠壁上,形成大小不等的结节,故称为结节虫。

雌虫在羊肠道内产卵,卵随粪便排出体外,在适宜的条件下孵出幼虫,幼虫经 7~8 天的发育变成有感染性的幼虫,爬在草叶上,当羊吃草时吞食了幼虫而被感染。

(2)症状　　当幼虫钻入肠壁形成结节时,使羊肠道变窄,肠道发炎或溃疡,引起羊的腹泻,有时粪中混有血液或黏液。厌食,消瘦,贫血,逐渐衰弱死亡。当幼虫从结节中回到肠道后,上述症状将逐渐消失,但常表现间歇性下痢。

(3)防治

①每年春、秋两季,用敌百虫或驱虫净进行预防驱虫。

②敌百虫治疗,每千克体重 50~60 毫克,配成水溶液,一次灌服。

③驱虫净治疗,每千克体重 10~20 毫克,一次口服,或配成 5%的水溶液肌肉注射,每千克体重 10~12 毫克。

七、羊脑包虫病

（1）病原　羊脑包虫病是由多头绦虫的幼虫——多头蚴引起的。成虫寄生在终末宿主犬、狼、狐等肉食动物的小肠内，卵随粪便排出体外，羊在被绦虫卵严重污染的牧地上放牧时而被感染。幼虫寄生在羊的脑内。幼虫呈包囊泡状，囊内充满透明的液体，囊内六钩蚴数量常多达 100～250 个，包囊由豌豆大到鸡蛋大。本病主要侵袭 2 周岁以内的羊，2 周岁以上的羊也有个别发生。

（2）症状　根据侵袭包虫的数量和对脑部的损伤程度及死亡情况，可分为急性、亚急性和慢性 3 种。

①急性型：发生在感染后 1 个月左右，由于感染包虫数量多（7～25 个），幼虫在移动过程中，对脑部损伤严重，常引起脑脊髓膜炎，死亡前暴躁狂奔，痉挛惊叫，很快死亡。

②亚急性型：发生在感染后 2 个月左右。感染包虫数 2～7 个。病羊间断性癫痫发作，一日数次，每次 5～10 分钟，表现多种神经症状，死亡较急性拖得长。

③慢性型：发生在感染后 2～3 个月，包虫数大多为 1 个，癫痫发作次数一般 1 日或隔日 1 次，病羊向寄生侧做转圈运动。

（3）防治

①加强对牧羊犬的管理，控制牧犬数量，消灭野犬，捕灭狼、狐，防止草场被严重污染。

②每季度给牧犬投驱绦虫药 1 次，驱虫后排出粪便要深埋或焚烧。

③对病羊进行手术摘除。手术部位确定：根据羊旋转的方向，一般向右旋转则寄生在脑的右侧，向左旋转则寄生在左侧。然后用小叩诊锤或镊子敲打两边颅骨疑似部位，若出现低实音或浊音即为寄生部位，非寄生部位呈鼓音。用拇指按压，可摸到软化区。此区即为最佳手术部位。

　　手术方法：术部剪毛，用清水洗净，再用碘酊消毒，用刀片对皮肤作 V 形切口，在切开 V 形骨的正中用圆骨钻或外科刀将骨质打开一个直径约 1.5 厘米的小洞，用针头将脑膜轻轻划开，一般情况下，包虫即可向外鼓出，然后进行摘除，最后在 V 形切口下端作一针缝合，消毒后用绷带或纱布包扎。

　　④药物治疗。对感染期的病羊用 5％黄色素注射液作超剂量静脉注射，注射量 20～30 毫升，每日 1 次，连用 2 天，病羊可逐渐康复。

八、羊疥癣

　　羊疥癣又称螨病，俗称"羊癞"。是由疥癣虫寄生在羊的皮肤上引起，其主要特征是剧痒，脱毛、消瘦，对养羊业危害较大。

　　（1）病原　本病的病原为疥癣虫。侵害绵羊的疥癣虫主要是吸吮疥虫（痒螨），寄生于皮肤长毛处；侵害山羊的疥癣虫主要是穿孔疥虫（疥螨），寄生于皮肤深隧道内。疥癣虫习惯生活在羊的皮肤上，离开皮肤后容易死亡。雌虫在皮肤上产卵，卵经 10～15 天发育为成虫（卵—幼虫—稚虫—成虫）。病的传播主要通过健康羊与病羊直接接触而感染。

　　（2）症状　绵羊多发部位为毛长而稠密的地方，如背部、臀部、尾根等处；山羊多发部位为无毛或短毛的地方，如唇、口角、鼻孔周围，眼圈、耳根、乳房、阴囊、四肢内侧等处。羊感染螨病后，皮肤剧痒，极度不安，用嘴啃咬或用蹄踢患部，常在墙壁上摩擦患部。患部被毛蓬乱，羊毛脱落，皮肤增厚，发炎，流出渗出物，干燥后结成痂皮。由于病羊极度瘙痒，影响采食及休息，使羊日渐消瘦，体质下降。

　　（3）防治

　　①每年夏初、秋末两季进行药浴预防。

　　②从外地购入羊，应进行隔离观察 15～30 天，确定无病后再

混入羊群。

③舒利保(英国杨氏公司生产)治疗,治疗浓度为 200 毫克/千克。

④溴氰菊酯治疗,治疗浓度为 50 毫克/千克。

⑤30%烯虫磷乳油(石家庄化工厂生产)治疗,按 1∶1 500 倍稀释,药浴病羊或涂抹患部。

⑥干烟叶硫黄治疗,干烟叶 90 克,硫黄末 30 克,加水 1.5 千克,先将烟叶在水中浸泡一昼夜,煮沸,去掉烟叶,然后加入硫黄,使之溶解,涂抹患部。

⑦灭扫利(20%乳油,日本产)治疗,药浴浓度为 80 毫克/千克。

九、羊蜱病

(1)病原 本病的病原为蜱,又称草鳖、草爬子,可分为硬蜱科和软蜱科 2 种,硬蜱背侧体壁成厚实的盾片状角质板。硬蜱可传播病毒病、细菌病和原虫病等;软蜱没有盾片,为弹性的草状外皮组成,饱食后迅速膨胀,饥饿时迅速缩瘪,故称软蜱。

蜱的外形像个袋子,头、胸和腹部融合为一个整体,因此,虫体上通常不分节。雌虫在地下或石缝中产卵,孵化成幼虫,找到宿主后,靠吸血生活。

(2)症状 蜱多趴在羊体毛短的部位叮咬,如嘴巴、眼皮、耳朵、前后肢内侧,阴户等,蜱的口腔刺入羊的皮肤进行吸血,由于刺伤皮肤造成发炎,使羊表现不安。蜱吸血量大,可造成羊贫血甚至麻痹,使羊日趋消瘦,生产力下降。

(3)防治

①羊舍内灭蜱可用"223"乳剂或悬浮液,按每平方米用药量 1～3 克的有效成分喷洒,有良好的灭蜱作用。

②敌百虫治疗用 1.5%的敌百虫水溶液药浴,可使蜱全部死

亡,效果较好。

十、羊虱病

本病是由羊虱寄生在羊的体表引起,以皮肤发炎、剧痒、脱皮、脱毛、消瘦、贫血为特征的一种慢性皮肤病。

(1)病原 羊虱可分为吸血虱和食毛虱2类。吸血虱嘴细长而尖,具有吸血口器,吸吮血液;食毛虱嘴硬而扁阔,有咀嚼器,专食羊体的表层组织、皮肤分泌物及毛、绒等。

雌虱将卵产在羊毛上,白色小卵约经2周可变成幼虱,侵害羊体。

(2)症状 皮肤发痒,精神不安,常摩擦和搔咬,当寄生大量虱子时,皮肤发炎,羊毛粗乱,易断或脱落,皮肤变粗糙起皮屑,消瘦,贫血,抵抗力下降,并可引起其他疾病。

(3)防治

①经常保持圈舍卫生干燥,定期消毒,对羊舍及所接触的物体用0.5%～1.0%敌百虫溶液喷洒。

②羊生虱子后可用0.5%～1.0%敌百虫喷淋或药浴1或2次,每次间隔2周。如天气较冷时可用药液洗刷羊身或局部涂抹。

③用45%烟草水擦洗,也可达到杀灭虱子的效果。

第四节 羊的普通病

一、瘤胃臌气

瘤胃臌气俗称气胀、肚胀,是瘤胃内容物过度发酵产气,导致瘤胃壁急剧扩张的一种疾病。

(1)病因 主要是因羊采食了大量的豆科牧草、露水草、带霜草、发霉饲料以及精料等,使这些饲料在瘤胃中发酵,产生大量气体,造成瘤胃鼓胀。

(2)症状　本病多在采食过程中或采食后不久突然发病。病羊烦躁不安,左腹急剧胀大,敲时呈鼓音,反刍停止。由于腹部鼓胀使肺部受压,引起呼吸困难,脉搏增快衰弱。口吐白沫,可视黏膜呈紫红色。随后出现站立不稳,倒地,呻吟痉挛,若不及时抢救常在1~2小时内窒息死亡。

(3)防治

①不喂过多的易发酵饲草饲料,不喂霉变草、露水草和带霜草。

②发病初期,可用来苏儿2~5毫升,或福尔马林2~3毫升,或鱼石脂2~6克,均加水200毫升,1次灌服。

③醋20毫升,松节油3毫升,酒精10毫升,混合后1次灌服。

④当病情严重,腹部极度鼓胀,呼吸困难时,可用套管针或大号针头在大窝处穿刺放气。放气后随即由针头注入止酵剂(福尔马林或来苏儿)。

二、瘤胃积食

(1)病因　由于大量采食含粗纤维高的饲草如薯秧、花生秧、豆荚皮等,或采食了大量豆谷类精料如黄豆、玉米等,或突然改变饲料,使瘤胃微生物不能适应,而引起此病。

(2)症状　用手触羊的左腹部,手感瘤胃充满而坚实。病羊精神委顿,食欲不振或停食,鼻镜干燥,两耳发凉,常用后蹄踢腹,出现排粪弓背动作。多数病羊便秘,排粪干少色暗,有时排少量稀软恶臭的粪便。

(3)防治

①不要大量饲喂含粗纤维多的饲料及豆谷类精料,改变饲料供给时应逐渐进行,不要突然改变,并注意使羊充分运动,多给羊饮水。

②羊发病后,停食 1～2 天,多饮水,按摩瘤胃,增加羊的运动量。

③可用硫酸钠或硫酸镁 50～200 克,配成 8%～10% 的溶液,1 次内服。可使瘤胃内容物排出。

④龙胆酊 10 克、橙皮酊 10 克、木别酊 7 克、水 200 克,混匀后 1 次灌服。可促进瘤胃运动机能。

⑤中药治疗。陈皮 9 克、枳实 9 克、枳壳 6 克、神曲 9 克、厚朴 6 克、山楂 9 克、萝卜籽 9 克,水煎去渣后灌服。

三、急性腹痛病(肠痉挛)

(1)病因　天气炎热时急饮冷水,夏天羊被雨淋且气温下降较大,或久雨过后太阳暴晒,都可引起急性腹疼痛。

(2)症状　羊行走时突然停立或卧地不起,开始发出"吭吭"声,然后出现像产羔一样的努责声,并回头看其腹部。严重时,病羊由于疼痛难忍而乱蹦乱跳,全身震颤,如不及时治疗,容易造成死亡。

(3)防治

①预防肠痉挛应加强管理,在早春、晚秋或阴雨天气,要避免羊受凉,防止寒夜露宿、汗后雨淋或被冷风侵袭。妥善饲养,不喂冰霜冷冻、霉败腐烂及虫蛀不洁的饲料。定期驱虫。

②治疗以解痉镇痛为主,辅以制酵清肠。镇静止痛可用 30% 安乃近注射 20～30 毫升,皮下或肌肉注射;安痛定注射液 20～40 毫升,皮下或肌肉注射;水合氯醛 10～25 克,内服或灌肠。制酵药可用鱼石脂 10～15 克,或萨罗尔 10～15 克,1 次灌服。当痉挛解除,腹泻消失后,可用人工盐 300 克 1 次灌肠,清理肠道。

③可用解痉镇痛、制酵等药合并使用。一般可用水合氯醛 10～25 克,姜酊 50 毫升,复方樟脑酊 30 毫升,芳香氨醑 50 毫升,水适量,1 次内服。

④中药疗法。可用辣椒散 5 克,吹入病羊鼻内,或内服橘皮散。

辣椒散:辣椒末 5 克、白头翁末 30 克、滑石粉 90 克。

橘皮散:陈皮 30 克、青皮 30 克、厚朴 30 克、良姜 21 克、香附 25 克、细辛 9 克、茴香 25 克、乌药 25 克、元胡 25 克、当归 30 克、白芷 30 克、槟榔 15 克,煎汁加白酒 60～100 毫升,1 次内服。

四、感冒

(1)病因 感冒俗称伤风。主要由于寒冷而引起。此病多发生在早春、秋末气温变化较大的季节,由于羊舍保温性能差,或遭雨淋都可引起感冒。本病以体温突然升高,咳嗽、流鼻液为特征。

(2)症状 病羊精神不振,食欲减少,低头耷耳,体温升高,结膜潮红,鼻黏膜充血、肿胀并流出清鼻液,并伴发咳嗽,脉搏加快,呼吸次数增多,如不及时治疗,羔羊易继发支气管肺炎。

(3)防治

①冬、春季做好羊舍的保暖,防止贼风侵袭。不要在雨雪天放牧。

②药物治疗,可用 30％安乃近注射液,成年羊 3～5 毫升,羔羊 2～3 毫升,肌肉注射,每日 2 次。或用复方氨基比林注射液,成年羊每只 4～6 毫升,羔羊 2～4 毫升,1 次肌肉注射,每日 2 次。为防止羔羊患继发性支气管炎。可配合抗菌药、磺胺药等同时治疗。

③中药治疗。板蓝根 20 克、葛根 15 克、鲜芦根 40 克,加水煎汁 200 毫升,候温,1 次灌服;或羌活 15 克、防风 15 克、苍术 15 克、白芷 10 克、细辛 5 克、川芎 10 克、生地 10 克、黄芩 10 克、甘草 5 克,共研为末,开水冲,候温,1 次灌服。

五、肺炎

(1)病因　感冒后没有及时治疗,病情日趋严重继发为肺炎。长途运输,饮水不足,气候突然变化,以及大量吸入灰尘、异物或灌药误入肺部,都易引起肺炎。但大多肺炎都是由感冒引起,且羔羊感染率较高。

(2)症状　病羊精神沉郁,食欲减退,咳嗽频繁,多为阵发性咳嗽,先干咳,后湿咳。体温升高到 40℃以上,喘息流涕。严重时呼吸困难,肺部听诊,可听到干啰音或湿啰音以及气管呼吸音。如不及时治疗,容易造成死亡。

(3)防治

①要防寒防潮,预防感冒;保持羊舍清洁,避免大量灰尘吸入肺部;灌药时应防止误入肺部。

②用青、链霉素或磺胺药治疗。青霉素 40 万～80 万国际单位,链霉素 50 万～100 万国际单位,肌肉注射,每日 2 次。或口服20％磺胺嘧啶钠 20～30 毫升,每日 2 次。

③中西药结合治疗。病羊除应用抗菌消炎西药外,同时应用中药,用清肺散 80 克,蜂蜜 50 克,开水调匀后灌服,每日 1 次,连服 3～5 日;或氯化铵 1～2 克,杏仁水 3～6 毫升,加水混匀,1 次灌服。

六、羊腹泻

(1)病因　羊腹泻可由多种原因引起,且多发生于羔羊。常见的有:消化不良性腹泻,如喂奶无规律,饥饱不均,奶温过低,采食精料过多,突然变换饲料等;气候突然变冷易造成羊的腹泻(俗称着凉);吃了霉变饲料或细菌感染以及肠道寄生虫等可引起羊腹泻。

(2)症状　不同原因引起的腹泻所表现的症状不同。

①消化不良或寒冷造成的腹泻，病羊体温不高，食欲减退，排出粥状或水样稀粪，粪中带有消化的饲料，粪便酸臭，全身症状轻微。

②吃了霉变饲料引起的腹泻，病羊体温不高或稍升高，粪便为半稠或液状，粪便恶臭，反刍弱或停止。

③细菌感染引起的腹泻，多发生于出生不久的羔羊。病羊体温升高，脉搏、呼吸加快，食欲减退或废绝，粪便糊状或液状，粪便恶臭，常带有黏液和血液。严重时，羊卧地不起，脱水，衰竭而死。

④胃肠道寄生虫引起的腹泻，体温一般不高，腹泻便秘交替进行，常在粪便中见到虫体。

（3）防治

①加强羊的饲养管理，不喂过多的精料，不喂霉变饲料，注意饮食卫生，预防寒冷，定期驱虫。

②消化不良性腹泻，可减少饲喂量，给予少量优质饲料，必要时，停食 1～2 天。可用干酵母 10 克、胃蛋白酶 5 克、龙胆酊 15 毫升、稀盐酸 5 毫升、药用炭 10 克、加水 200 毫升，成年羊 1 次灌服，羔羊用其 1/5 量。也可用健胃散，每只羊 50～100 克，连喂 3～5 天。

③寒冷引起的腹泻，可用大蒜酊灌服治疗。

④霉变饲料引起的腹泻，用植物油 0.25 千克，人工盐 50 克，加水 100～200 毫升，成年羊 1 次灌服，羔羊用其 1/5 量，同时配合助消化的药物如干酵母和胃蛋白酶等。

⑤细菌性腹泻，可用磺胺脒治疗，用量每千克体重 0.2 克，每日 1 次灌服；或用土霉素每千克体重 0.05 克，加等量的胃蛋白酶，水调灌服，每日 2 次；或用氟哌酸治疗，每千克体重 0.01 克，每日分 2 次灌服。

⑥对腹泻严重，造成脱水的羊，可用 5％葡萄糖盐水 300～500 毫升，5％碳酸氢钠 20～50 毫升，成年羊 1 次静脉注射，羔羊用其

1/5 量。

七、乳房炎

(1)病因　挤奶方法不当,乳汁没有挤净,泌乳初期母羊喂精料及多汁饲料过多,或因羔羊突然死亡,使母羊停止哺乳,乳房肿胀,或因乳房外伤感染细菌而引起。

(2)症状　病羊不愿行走,乳房肿大,皮肤发红,手摸患处,感到坚硬、发热。泌乳量减少,常伴发体温升高。精神不振,食欲减退,乳汁呈黄色或粉色。如不及时治疗,可造成乳房化脓溃烂,乳房组织破坏而丧失产奶能力。

(3)防治

①采取正确的挤奶方法,挤乳时应尽量挤尽乳汁,保持羊舍的清洁卫生,并注意防止乳房外伤。

②乳房外敷:乳房炎初期,乳房红、肿、热时,可用毛巾浸冷水敷乳房,每日 2 或 3 次,每次 15～20 分钟。中、后期炎症减轻,乳房变软,可改为热敷,并对乳房进行按摩,每日 2～3 次,每次 10～15 分钟。

③乳房基底封闭:用 0.25% 普鲁卡因 50～100 毫升,加入青霉素 40 万国际单位,作乳房基部环形封闭,隔日 1 次。

④乳房冲洗灌注:挤过奶后,将生理盐水注入乳房,清洁 2 或 3 次,然后再注入 20 万～40 万国际单位青霉素或 10 万～25 万国际单位土霉素。体温升高时,可口服磺胺药物,每千克体重 0.07克,或肌注抗生素。

⑤中药治疗:贝母 10 克、蒲公英 8 克、双花 8 克、苦参 6 克、连翘 8 克、花粉 6 克、白芷 6 克、甲珠 6 克,研为细末,开水冲调,候温灌服,日服 1 剂,连服 3 天。

中药加减:患乳房肿胀不明显,乳汁混浊呈黄色者,去甲珠及花粉,加红花及当归各 8 克;乳房肿胀明显,并有全身症状时,另加大黄 10 克、全蜕 6 克;粪便干燥,食欲减退时,另加蜂蜜 80 克、灸马钱子 1 克、甘草 10 克。

八、耳黄病

(1)病因　天气炎热,急行,饮食不均都能引起此病,夏季较易发生。

(2)症状　病初耳下垂,随后由耳尖至耳根发生水肿,内有黄色积液。病羊食欲不振,逐渐消瘦,发病有时单耳,有时双耳。

(3)防治　用三棱针刺破耳肿胀处皮肤,挤出里面黄色的液体即可,也可待液体流出后注射少量酒精。

九、胎衣不下

(1)病因　羊胎衣不下一般多发生在流产或难产后,其病因多是妊娠期运动不足,饲料中矿物质特别是钙、食盐缺乏以及维生素营养不足;或因饮喂失调,体弱气虚,子宫弛缓而引起。此外,子宫炎、布氏杆菌病等均能引起胎衣不下。

(2)症状　多为部分胎衣垂于阴门之外,从阴道中流出污红色恶露,污染阴部及关节,一部分胎衣仍留在子宫内。

(3)防治

①加强妊娠母羊的饲养管理,加强运动,增强妊娠母羊体质。

②产后 4 小时胎衣不下的,可皮下注射脑垂体后叶素 1~2 毫升。

③可用 1% 高锰酸钾或 2% 的克辽林溶液注射入子宫腔,促使胎衣排出。

十、羊中暑

(1)病因　气温过高,尤其是气温高而又湿度大的环境下,如炎热夏天长途运输,以及羊舍小羊只拥挤,舍内闷热通风不良,或在烈日下放牧时间过长，由于散热困难，使羊体内蓄积热量而发生本病。

（2）症状　病羊精神倦怠，头部发热，出汗；步态不稳，四肢发抖；心跳亢进，呼吸困难，鼻孔扩张，体温升高至 40～42℃；黏膜充血，眼结膜变蓝紫色；瞳孔初散大，后收缩，全身震颤，昏倒在地。如不及时治疗，多在几小时内死亡。

（3）防治

①圈舍、围栏应宽敞，通风要良好，设置凉棚或树木遮阴，避免环境过热。

②炎夏放牧尽可能选阴坡，避免和缩短阳光直接照射时间。

③适当补给食盐，供给充足的饮水。

④避免在夏伏天，长途运输羊只。

⑤羊一旦发生中暑，应迅速将羊移至阴凉通风处，用水浇淋羊头部或用冷水灌肠散热，也可驱赶病羊至水中，使散热至常温为止。

⑥根据羊只大小及营养状况适量静脉放血，同时静脉输入生理盐水或糖盐水 500～1 000 毫升；兴奋不安时，肌肉注射氯丙嗪 2～4 毫升或内服巴比妥 0.1～0.4 克；心脏衰弱时用强心剂，肌肉注射安钠咖；对心跳暂停者可进行人工呼吸或用中枢神经兴奋剂 25％的尼克刹米 2～10 毫升。

⑦中药土方治疗：西瓜瓢 1 千克（去籽），白糖 50 克，混合加冷水 500～1 000 毫升，1 次内服；十滴水 10～20 毫升，樟脑水 20～30 毫升加水灌服；用仁丹 3 包捣碎，加水 300 毫升内服；生绿豆 250 克，捣浆喂服。

十一、尿结石

（1）原因　本病的发生主要是由于饲料中的钙、磷比例严重失调，蛋白质、维生素缺乏而引起。当饲料中钙多磷少时，钙在体内以不溶性磷酸钙由粪便排出；饲料中钙少磷多时，磷酸钙从尿中排出。如喂给大量酸性含磷过高的饲料，磷在小肠被吸收，血液中磷酸钙含量增高，大量磷酸钙在小肠回收时，由于胶体渗透压降低而被析出，再加上饲料蛋白质、维生素缺乏，特别是维生素 A 缺乏使泌尿系统上皮细胞脱落在肾盂和膀胱之中，被析出的磷酸钙附着而形成结石。

尿结石多发生于公羊和 3～5 月龄的羔羊。

（2）症状　初期鞘皮毛上沾有大量污白色小晶体，出现尿滴淋，屡呈排尿姿势弓腰疼痛不安，精神沉郁，结膜潮红；后期腹腔积有尿液，出现腹水现象，腹围增大，不时起卧，食欲废绝，如治疗不及时最后引起尿毒症或造成膀胱破裂而死亡。

（3）防治

①饲料配合应多样化，钙、磷比例应适当；要适当喂些含维生素的饲料和多汁饲料如胡萝卜等；适当提高饲料中的蛋白质水平。

②羊尿结石应做到早期确诊，早期治疗。可顺阴茎口方向轻轻将结石物掐送出去，然后用导尿管注入少许 1％的稀醋酸即可治愈。结石堵塞尿道突时，可用剪刀剪掉尿道突，然后涂抹碘甘油，按治疗量静注乌洛托品和肌注青霉素，如结石堵塞 S 弯处，在此处剪毛消毒，局部麻醉，在结石部位做纵行切开皮肤及皮下组织，露出阴茎，把阴茎也作纵行切开，挤出结石彻底消毒，术部撒上青霉素粉，用羊肠线进行尿道皮肤缝合。

③中药治疗：金樱子 10 克、竹叶 10 克、知母 10 克、黄柏 10 克、泽泻 8 克、双花 10 克、黄芪 10 克、桃仁 15 克、甘草 6 克，研成细末灌服。煎水时加大剂量 70％，每天 1 剂，连服 3 天。

十二、羔羊异食癖

（1）病因　由于羔羊缺乏矿物质、微量元素以及维生素 A、维生素 D 等而引起。

（2）症状　病羔啃食母羊羊毛，或在羊圈内捡食脱落的羊毛或啃食土块等。患病羔皮毛粗乱，食欲减退，日渐消瘦，有时流口水，磨牙。胃肠内形成毛球后，表现腹痛。

（3）防治

①注意补给维生素 A、维生素 D。

②饲料中适当添加贝壳粉、食盐及微量元素添加剂。

③胃肠中毛团严重时应进行手术治疗。

十三、白肌病

（1）病因　饲料中硒和维生素 E 不足，特别是硒的缺乏是引起本病的主要原因。羔羊较易发生。

（2）症状　病羊胴体横纹肌上有白色条纹，心肌受损，心脏肿大。贫血，皮肤、黏膜苍白，肌肉弛缓无力，行走困难，步态僵直。心跳、呼吸加快，食欲减退，多有下痢等消化不良症状，一般体温无变化或稍低。急性者未现出症状即突然死亡。

（3）防治

①给羊直接补饲维生素 E 和亚硒酸钠。

②给怀孕后期母羊注射 0.1％亚硒酸钠溶液 3～5 毫升，每隔2～4 周注射 1 次，共注射 2 或 3 次。对生后 2～4 日龄的羔羊注射 0.1％的亚硒酸钠溶液 1 毫升，间隔 1 月再重复注射 1 次，可预防羔羊白肌病。

十四、瘫痪病（母羊妊娠病）

（1）病因　母羊怀孕期特别是后期的营养不足，产羔后乳腺迅速膨大泌乳，血糖、血钙等含量急剧下降，血压降低，使大脑皮层发生抑制而引起发病。

（2）症状　病初精神沉郁，黏膜苍白，食欲减退。有的怀孕羊后期流产或双目失明，流口水、磨牙；也有的头颈高举向后弯曲，发生痉挛,卧地不起,昏迷不醒。死前呼吸浅表,瞳孔散大,四肢做游泳状。

(3)防治　加强饲养管理,特别是怀孕后期应喂富含维生素的青饲料,补喂钙、磷矿物质饲料,并保持适当的运动。产羔后立即给大量温盐水,促使降低的血压迅速恢复正常。

此外,要补充钙、糖,增加血钙、血糖的含量。每只羊静脉注射10%的葡萄糖酸钙80～100毫升,每日1次,连用2～3天;或静脉注射10%氯化钙注射液30毫升,每日1次,连用2～3天。注意钙制剂静脉注射要缓慢,不能漏到静脉血管外。同时,配合对症疗法。

十五、羔羊消化不良

(1)病因　母羊妊娠后期饲养不良,所产羔羊体形瘦弱,胃肠机能欠佳;羔羊饮食不当,如采食量过大,食物及饮水温度太低以及顶风吃食等都可引起羔羊消化不良。

(2)症状　精神不振,食欲降低,体温正常。由于消化不良,食物不能被充分消化吸收,身体逐日消瘦,全身症状轻微。

(3)防治　加强母羊妊娠后期的饲养管理及羔羊出生后的护理。羔羊消化不良的治疗可采用以下药物:人丹,每日2次,1次2袋,至食欲好转后停药;10%高渗盐水20毫升,20%葡萄糖100毫升,维生素C 10毫升,1次静脉注射,1日1次,一般2～3次即愈;乳酶生,1次2～3片,1日2～3次,连用3～5天;用中药治疗时可选用椿皮散、健胃散等均有良好疗效。

第五节　羊中毒症

一、有机磷农药中毒

(1)病因　羊误食了喷洒过农药的农作物、牧草和被农药污染的饲料、水,或用有机磷农药驱羊体寄生虫时用量过大,或羊直接舔食了有机磷农药均能引起羊中毒。常用的有机磷农药有甲胺磷、敌敌畏、敌百虫、乐果、1059、1605 等。

(2)症状　中毒羊转圈、磨牙,口吐白沫,瞳孔缩小,肌肉颤动,四肢发硬,呕吐、腹泻,严重者全身战栗,狂躁不安,无目的地奔跑,呼吸困难,心跳加快,抽搐痉挛,大小便失禁,昏迷,最终死亡。

(3)防治

①严禁到刚喷过农药的地方放牧,用有机磷农药如敌百虫等驱虫时,应掌握好剂量;对有机磷农药应要保管好,防止羊误食。

②羊一旦发生中毒,可用特效解毒药如解磷定、氯磷定等解毒。用量第 1 次每只羊 0.2～1.0 克,以后减半,可同时静脉注射生理盐水。也可用 10% 硫酸阿托品皮下注射,用量每次 0.5～1.0 毫升,严重时加大 2～3 倍。

③用泻剂排出胃肠道滞积物,先用 1% 盐水或 0.05% 的高锰酸钾溶液洗胃,再灌服 50% 硫酸镁溶液 40～60 毫升,进行导泻,使内毒物尽快从胃肠道排出。

二、有机氯中毒

(1)病因　羊误食了有机氯农药污染的草料和饮水,或农药保管不严被羊只舔食而引起中毒。常用的有机氯农药有碳氯灵、毒杀酚、六六六、滴滴涕。

(2)症状　中毒的羊兴奋不安,易惊恐,肌肉抽搐或痉挛性收缩,四肢僵硬,步态不稳,流涎,磨牙,吞咽困难,腹泻。严重者表现呻吟,狂躁,眼球突出,心动加速,呼吸浅快,黏膜发绀,如治疗不及时,可导致死亡。

(3)防治

①预防措施同"有机磷中毒"的预防。

②羊只发生有机氯中毒,可用氯磷定治疗,剂量同"有机磷中

毒"。

③静脉注射生理盐水 200～500 毫升或 2％～5％碳酸氢钠溶液 20～50 毫升。并用 2％～5％的石灰水清液 50～100 毫升进行洗胃。

三、毒草中毒

(1)病因 由于误食毒草,或有毒的植物叶子,如半干的野桃树叶、苦杏树叶、霜后大麻叶、高粱再生苗、黑斑病甘薯等而引起中毒。

(2)症状 中毒羊狂躁不安,转圈,磨牙,肌肉和眼球震颤,四肢麻痹,口吐白沫,呕吐,胀气下痢,喜卧阴暗处,体温升高,呼吸脉搏加快。

(3)防治

①尽量避免在有毒草的地方放牧,禁止吃有毒的植物叶子等。

②对中毒羊可皮下注射 1％硫酸阿托品注射液 0.5～1.0 毫升,同时静注生理盐水或 5％葡萄糖生理盐水 500 毫升,并加入维生素 C。

③可灌服甘草、绿豆、蛋清等解毒药物,也可用 4％高锰酸钾液或 3％过氧化氢溶液洗胃。

四、敌鼠钠中毒

敌鼠钠为国产灭鼠药,杀鼠力强,毒性大。

(1)病因 羊误食了被敌鼠钠污染的饲料和饮水,或羊直接舐食了敌鼠钠而引起羊中毒。敌鼠钠的作用机理是抗凝血,影响羊体正常凝血过程,降低凝血原的合成,延长出血时间,增加血管壁的脆性,使血液外渗,发生内脏器官、皮下出血,进而导致血管壁破裂而加重出血,引起羊的死亡。

(2)症状 中毒后表现的共同症状是便血、尿血,急性死亡的病例天然孔流出煤焦油样血液,血液凝固不良,尸僵不全。病初表现精神沉郁,食欲减少,体温正常,心跳加快,每分钟达 $80\sim100$ 次,呼吸加快,眼结膜潮红,略有黄染,瞳孔散大,视力减退,瘤胃臌胀,粪粒表面附有血液,小便赤红;后期表现为全身肌肉痉挛,呼吸困难,心音不清,最后倒地,在痛苦的呻吟中死亡。

（3）防治

①禁止羊在投放敌鼠钠的地方放牧,灭鼠药应存放在安全地方,以免羊只误食。

②一旦发生中毒,每只成年羊静注维生素 K_1 40 毫克,同时配合维生素 C 10 毫升,氢化可的松 15 毫升,10％安钠咖 2 毫升,5％和 10％葡萄糖各 500 毫升,连续治疗 $2\sim3$ 天,小羊剂量减半。

五、尿素中毒

（1）病因　尿素添加剂量过大,浓度过高,和其他饲料混合不匀,或食后立即饮水以及羊喝了大量人尿都会引起尿素中毒。

（2）症状　发病较快,表现不安,呻吟磨牙,口流泡沫性唾液;瘤胃急性膨胀,蠕动消失,肠蠕动亢进;心音亢进,脉搏加快,呼吸极度困难;中毒严重者站立不稳,倒地,全身肌肉痉挛,眼球震颤,瞳孔放大。

（3）防治　合理正确使用尿素添加剂,避免羊偷食尿素化肥及喝过量人尿。发现尿素中毒应及早治疗,一般常用1％醋酸 $200\sim$ 300 毫升或食醋 $250\sim500$ 克灌服,若再加入食糖 $50\sim100$ 克,加水灌服效果更好。另外,可用硫代硫酸钠 $3\sim5$ 克,溶于 100 毫升 5％葡萄糖生理盐水内,静脉注射。临床证明 10％葡萄糖酸钙 $50\sim100$ 毫升,10％葡萄糖溶液 500 毫升静脉注射,再加食醋半斤灌服,有良好效果。

六、霉变饲料中毒

（1）病因　羊采食因受潮而发霉的饲料，其中的霉菌产生毒素，引起羊只中毒，有毒的霉菌主要有：黄曲霉菌、棕曲霉菌、黄绿霉菌、红色青霉菌等。

（2）症状　精神不振，停食，后肢无力，步行蹒跚但体温正常。从直肠流出血液，黏膜苍白。出现中枢神经症状，如头顶墙壁呆立等。

（3）防治　严禁喂腐败、变质的饲料，加强饲草饲料的保管，防止霉变。

发现羊只中毒，应立即停喂发霉饲料。内服泻剂，可用石蜡油或植物油 200～300 毫升，1 次灌服，或用硫酸镁（钠）50～100 克溶于 500 毫升水中，1 次灌服，以排出毒物。然后用黏浆剂和吸附剂如淀粉 100～200 克、木炭末 50～100 克，或 1% 鞣酸内服以保护胃肠黏膜。静脉注射 5% 葡萄糖生理盐水 250～500 毫升或 40% 乌洛托品注射液 5～10 毫升，每天 1～2 次，连用数日。心脏衰弱者可肌肉注射 10% 安钠咖 5 毫升，出现神经症状者肌肉注氯丙嗪，每千克体重 1～3 毫克。

参 考 文 献

[1] 贾少敏,张英杰,刘月琴.中草药饲料添加剂的作用及对羊生产性能的影响.中国草食动物科学,2012专辑,97-99.

[2] 刘月琴,张英杰,日粮营养水平对羊繁殖性能的影响.中国草食动物,2007专辑,76-77.

[3] 肉羊技术体系营养与饲料功能研究室.肉羊饲养实用技术.北京:中国农业科学技术出版社,2009.

[4] 孙军龙,张英杰,刘月琴,等.月龄对杂交羔羊肥育性能和肉品质的影响.饲料研究,2011(02):65-67.

[5] 孙五洋,张英杰,刘月琴.羔羊早期断奶研究进展.中国草食动物科学,2012专辑,119-121.

[6] 岳文斌,等.动物繁殖新技术.北京:中国农业出版社,2003.

[7] 张英杰,刘月琴.种羊引进技术.河北畜牧兽医,2005,21(3):37.

[8] 张英杰.中国肉羊业发展对策.新农业,2010(3):4-5.

[9] 张英杰.养羊手册.2版.北京:中国农业大学出版社,2005.

[10] 张英杰.羊生产学.北京:中国农业大学出版社,2010.

[11] 张英杰.规模化生态养羊技术.北京:中国农业大学出版社,2012.

[12] 张英杰,刘月琴.羔羊快速育肥法.北京:中国农业科学技术出版社,2014.